本书是教育部人文社会科学青年基金项目
“苏锡常传统民居建筑装饰的空间特性及生态传承研究”
研究成果（项目编号 13YJC760010）

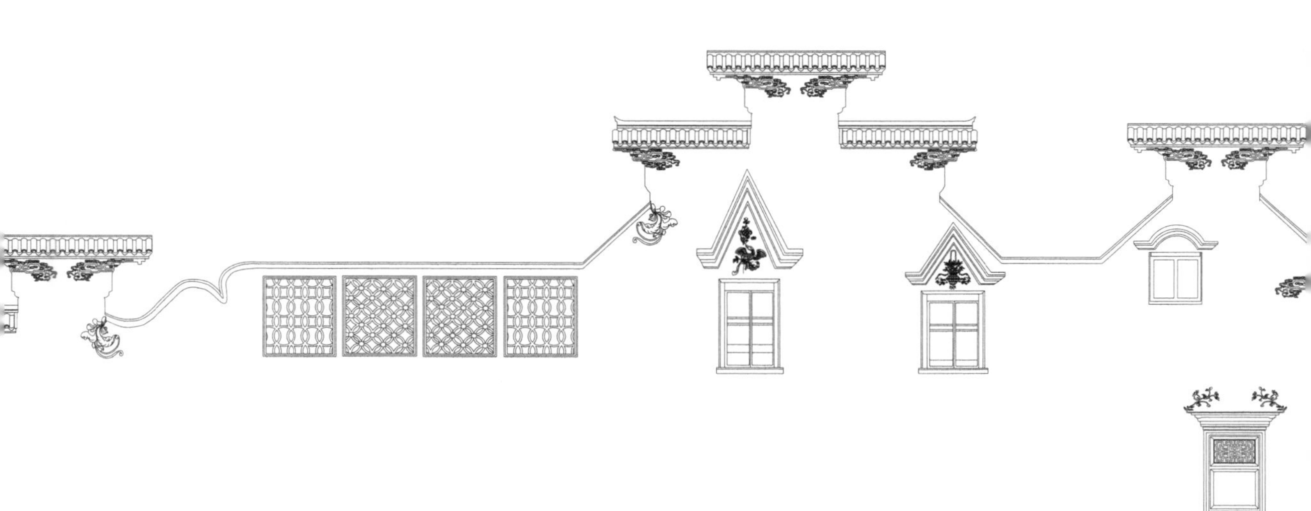

苏南传统民居建筑装饰研究

Study of Architectural Decoration for Traditional Dwellings in Southern Jiangsu

崔华春 著

本书得到江南大学产品创意与文化研究中心
中央高校基本科研业务费专项资金专项资助
（项目编号 2017JDZD02）

中国建筑工业出版社

图书在版编目(CIP)数据

苏南传统民居建筑装饰研究／崔华春著．—北京：中国建筑工业出版社，2017.12
ISBN 978-7-112-21674-1

Ⅰ．①苏… Ⅱ．①崔… Ⅲ．①民居-建筑装饰-研究-苏南地区 Ⅳ．①TU241.5

中国版本图书馆CIP数据核字(2017)第318067号

苏南地区传统民居集我国建筑装饰文化之大成，具有独特的人文精神与设计思想。它是我国传统建筑文化的重要组成部分，对本土建筑的历史研究与当代设计而言均具有十分重要的意义。将苏南地区传统民居建筑装饰作为一个整体对象，通过近三十余次的实地深入考察、测绘和文献资料分析，从设计学、建构文化等视角展开研究，探索苏南地区明末至民国期间传统民居建筑装饰的生成机制、类型特征、空间属性、风格嬗变和意境营造，揭示其精神内涵、设计理念与设计方法。

本书适用于研究建筑理论、建筑设计以及文物保护等相关领域的人士，以及高等院校建筑学、历史等相关专业的广大师生。

责任编辑／贺　伟　吴　绫　李东禧
图片绘制／崔华春　刘桂铭
图片摄影／崔华春
责任校对／焦　乐

苏南传统民居建筑装饰研究
崔华春　著
*
中国建筑工业出版社出版、发行（北京海淀三里河路9号）
各地新华书店、建筑书店经销
北京富诚彩色印刷有限公司印刷
*
开本：787×1092 毫米　1/16　印张：19¾　字数：320 千字
2017年12月第一版　2017年12月第一次印刷
定价：68.00 元
ISBN 978-7-112-21674-1
(31524)

序

《苏南传统民居建筑装饰研究》一书是崔华春博士在其博士学位论文的基础上，进行了比较长时间的打磨，再思考，修订而成的学术研究成果出版物。作为崔华春博士的指导教师，遵嘱为该书写序，应该是当仁不让的。一是，《苏南传统民居建筑装饰研究》的出版非常及时，适逢包括苏南地区在内的江浙两省14个江南水乡古镇联合申报世界文化遗产之际，该书可以帮助更多的人从建筑装折及装饰的层面，来重新和系统地认识作为中国传统建造文化中具有代表性的地区——苏南传统建造技艺的历史、文化价值与当代价值；二是，《苏南传统民居建筑装饰研究》作为新的、关于苏南传统建筑与建造文化的学术研究成果，亦需要进行一定的学术性推介与传播。况且，在当下网络自媒体十分发达的时代，再无“王婆卖瓜”之说了。

《苏南传统民居建筑装饰研究》是建立在实地调研获得大量的一手资料，并整理绘制400余份典型样本基础之上的，而非仅为文献资料的整理分类、研读、考辨和辑录等案头研究工作。前期的调研工作可谓扎实。其中作者曾去调研对象的现场就达近30次，充分体现出作者对学术的敬畏之心。同时，数十次现场的考察，一方面加深了作者对研究对象——装饰本体的认识，以及装饰本体与建筑环境空间两者之间关系的认知；另一方面，亦引发了研究的新线索与新的问题，即建筑装饰是否存在着空间属性？建筑装饰作为传统建造中的子项，其与建筑母体的关系又是如何协作的？总之，这种以实证为基础的研究和踏实的工作态度，对于设计学的研究来说，是正确的，同样是值得肯定与提倡的。

至于《苏南传统民居建筑装饰研究》一书的主要特色，笔者以为有如下三点。

其一，学界既往涉及中国各地民居装饰本体的研究，其成果可称之为十分丰富。但其研究主要是个案式的研究，且大多集中于民居装饰的本体物质特征的总结与归纳，以及对其历史、文化、民俗等方面的一般性阐释。另外，就既往许多研究本身而言，亦存在着问题意识不强，或者说问题感不明显的通病。而《苏南传统民居建筑装饰研究》把若干同属一个文化圈的邻近城市（镇），就特定时期内的传统民居建筑装饰作为一个整体，来讨论与研究其区域性特征，具有很好的系统性，有助于论证更大空间范围内的、能代表地域特征的共性，以及比较各城市（镇）的差异所在。同时，《苏南传统民居建筑装饰研究》亦专门讨论了传统民居建筑装饰所存在着的空间属性问题。可见，《苏南传统民居建筑装饰研究》研究问题与目标的设定，对江南地区传统建筑的研究是有新的推进作用的。

其二，充分运用“图说文论”的解析方式。《苏南传统民居建筑装饰研究》利用作者绘制的400余份典型样本，与文献资料考辨相结合，着力于图式分析与研读，以期发掘新的研究证据。通过图式的梳理与比较，《苏南传统民居建筑装饰研究》更加直观地反映苏南传统民居建筑装饰语言借于儒家精神的底色，所呈现的是与当时地域生活文化之间的互动关系。尤其是包括文人园、文人画、戏曲娱乐、小说坊刻等在内的文艺形式的紧密关联。从一定程度上看，《苏南传统民居建筑装饰研究》揭示了苏南传统建筑装饰所具备的整体区域特性的地域文明特征。另外，作者亦利用图式的解读，进一步探讨了苏南传统民居建筑中的使用主体“人”与建筑装饰布局、大小与尺度的关系。比如人的尺度与建筑装饰的关系，人对处在不同视点位置、高度等建筑装饰视觉感知特点的分析等，这些对于图式的深度分析，使研究成果具有了新意。总之，《苏南传统民居建筑装饰研究》充分体现了设计学研究的特色。

其三，《苏南传统民居建筑装饰研究》从“秩序”和“虚实”两个认知维度，来重新定义了苏南传统民居装饰的空间属性。通过以“秩序空间”和“虚实空间”两种不同性质的空间界定，来阐述建筑装饰与苏南传统民居空间两者之间的内在关系，论证了建筑装饰所存在的空间属性。进而，《苏南传统民居建筑装饰研究》提出了建筑装饰与建立视觉形式、象征语义与秩序空间之间存在的一种对应关系。这种对应关系，即是对其内在价值观念和等级秩序的物化响应。同时，更为重要的是，《苏南传统民居建筑装饰研究》揭示了建筑装饰对于苏南传统民居的意义，不在于影响建筑界面更在于干预建筑空间。

总体而言，《苏南传统民居建筑装饰研究》一书深化了苏南整个区域的传统民居建筑及其装饰研究，亦在一定程度上拓展了中国传统民居及其相关研究的研究视角和领域。

愿崔华春博士的学术之路越走越宽。

是为序。

过伟敏

丁西冬于蠡湖无用堂

前 言

本书将苏南地区传统民居建筑装饰作为一个整体对象，通过深入的实地考察调研和文献资料分析，从设计学、建构文化等视角展开研究，探索苏南地区明末至民国期间传统民居建筑装饰的生成机制、类型特征、空间属性、风格嬗变和意境营造，揭示其精神内涵、设计理念与设计方法。

本书对苏南传统民居建筑装饰的自然条件及人文语境展开分析。苏南地区的自然环境和资源、明清时期的社会变革、经济的发展繁荣、工匠制度的流变、市民工商阶层的崛起、文人士大夫的独立精神与隐逸情趣以及相关艺术的蓬勃发展等因素共同孕育了苏南民居建筑装饰的杰出成就和鲜明特征。厘清集木雕、砖雕、石雕、彩画于一体的苏南民居装饰体系，从载体、工艺等角度归纳其艺术特色。依据装饰与建筑结构的不同关系，将苏南传统民居建筑装饰分为“结构性装饰”与“附加性装饰”两大类型。结构性装饰在保证结构功能的前提下对建筑构件本体进行适度的工艺处理，具有程式化、有机性、适宜性和整体性等特点。附加性装饰则更注重视觉形式和象征意义的表达，更加具有相对独立于建筑结构本体的艺术审美价值。

本书系统解析了苏南传统民居建筑装饰的精神内涵与图式结构。从“崇文尚教与文人符号”、“教化图本与世俗风貌”、“吉祥寓意与宗教信仰”三个方面对其题材进行分类解析并归纳出四大类典型的构成图式。总结出向心式、截景式、长卷式、散点式等典型图式所遵循的吸附聚合、以小观大、有序铺陈以及适形同构等基本构成规律。从“秩序”和“虚实”两个认知维度扩充了民居装饰的空间属性。根据民居空间的功能逻辑和等级差异，建筑装饰建立视觉形式、象征语义与秩序空间之间的对应关系，从而体现价值观念和强化等级秩序。阐明建筑装饰通过“创建空间层次”、“营造复合空间”等途径生成虚实空间，拓展民居空间的内涵和外延。

对苏南传统民居建筑装饰风格进行分期和断代。将其发展演变划分为“发育期（明末至清顺治年间）”、“定型期（清康熙至嘉庆年间）”以及“变革期（清嘉庆晚期至民国时期）”三个时期。结合社会思潮与价值取向的流变，对“经世致用与尚雅摈俗”、“崇情尚美与工巧繁丽”、“因循固化与中西交融”三种风格特征展开背景分析与成因总结。深入探究了民居装饰语言与生活观念的互动机制，提出包括情境、画境、诗境在内的民居建筑装饰意境的建构体系。探明苏南民居建筑装饰建构情感体验、图式审美和诗意境界的具体途径，即指向“情境建构”的清晰体现宗法伦理意识的儒家情怀、雅致清逸的文人情趣以及直抒胸臆的世俗情韵；指向“画境建构”的经营位置、随类赋彩和传移模写；指向“诗境建构”的虚实相济与境生象外、文本指引与点题立意以及托物言志与闲情偶寄。三位一体的装饰意境建构促成了苏南民居建筑的空间体验由形式审美向精神境界的跃升。

PREFACE

In this book, architectural decoration of the traditional dwellings is counted as whole research. Based on extensive fieldwork and the rich references, from the perspective of design theory and tectonic culture, this article explore the formation mechanism, characteristics of styles, spatial attributes, style transmutation and creation of artistic conception of the traditional dwellings' decoration in the period from late Ming Dynasty to the Republic of China, so as to reveal its spiritual connotation, design concept and design method.

This book analyzes the regional natural conditions and humanistic historical context of the traditional dwelling buildings in southern area of Jiangsu. The influential factors of architectural decoration of the traditional dwellings in southern Jiangsu including the natural environment and resources, the social transformation in the Ming and Qing Dynasties, the prosperity and development of the economy, the change of the artisan system, the rise of the industrial and commercial stratum, the independent spirit and seclusive temperament of the literati, the flourishing development of the related art and so on. Here, the book will clarify southern Jiangsu dwellings' decoration system which combine wood carvings, brick carvings, stone carvings and color painting in to one, from the carrier, technology and other aspects of its artistic characteristics to conclude artistic characteristics from the carrier, technology and other aspect. According to the different relationship of decoration and the structure of architecture, the architectural decoration of traditional dwellings in southern Jiangsu can be divided to two types: structural decoration and additional decoration. Structural decoration is to have a fabrication processing for building components in the premise of ensuring the structure and function, it is stylized, organic, suitability and integrity. Additional decoration should pay more attention on visual form and symbolic expression, compare

with formal, it has more aesthetic value of relatively independent architectural structure.

This book analyzes the spiritual connotation and schema structure of architectural decoration of the traditional dwellings in southern Jiangsu systematically. It classified and analyzed four kinds of typical formative schema from theme of "advocating the literature and education, the scholar symbol", "educating books and paintings, the secular life", "auspicious meaning and religious belief". After that, this book summed up the basic rules of formation including adsorption polymerization, getting the big picture from small things, orderly laying out, homogeny of adaptable pattern and so on, these rules are abided by some typical schemas, such as the centripetal type, cross-style, long-roll type, scattered type and other typical plans. The spatial attributes of residential decoration are expanded from the two cognitive dimensions of "order" and " false or true — the actual situation". According to the functional logic and the level difference of the residential space, the architectural decoration establishes the Corresponding Relation of the visual form, semantic symbol and the order space, to reflect the concept of values and strengthen the hierarchical order. Here, the article clarified that the architectural decoration through "creating space level", "creating a composite space" and other ways to generate the actual situation of space and expand the connotation and extension of dwelling space.

Meanwhile, for architectural decoration of traditional dwelling in the southern area of Jiangsu, its division of history into periods for style evolution, its cause of formation and its style traits were contained in this paper. The development of its evolution is divided into three periods: “the development period” (the middle of the Ming Dynasty to Shunzhi age), “the molding period” (Kangxi to Jiaqing), “the changing period” (the late Jiaqing to the Republic of China). Combining the trend of social thoughts and value orientation, the style of each period is described as follow: “Pragmatism and Elegant” “Exquisite, Rich and Flowery” “Solidification of the old style and Fusion of East and West. Then this paper analyzed the background and summarize the factors

around these three styles. Here is an intensive study of the interactional mechanism of dwelling decoration language and life concept. This study put forward a construct system own the trinity of emotional situation, picturesque scene and poetic conception. What's more, this book further explored the concrete method of building decoration to create the emotional experience, schema aesthetics and poetic conception. So this book included the patriarchal ethical consciousness of the Confucian feelings, flexible and elegant temperament of literati and direct expression of the secular mood for "emotional experience construction", business location, drawing color adhere to the type and biography written transfer mode for "schema aesthetics construction"; mutualism of blankness and conception beyond image, the textual guidelines, expressing emotions through describing concrete objects and occasional notes with leisure motions for "poetic conception construction". Trinity of the decorative mood is to promote the construction of the Southern Jiangsu residential building space experience reaped from the aesthetic form to the spiritual realm.

目 录

Study of Architectural Decoration for Traditional Dwellings in Southern Jiangsu

第1章 绪 论

1.1 选题背景

1.1.1 全球化与建筑文化“增熵”问题

当下建筑领域的一个普遍现象是，全球化压抑了地域建筑文化的多元化发展，全球范围内建筑形式雷同、城市特色消失。这种“千城一面”的现象在拥有灿烂建筑文化和悠久历史传统的中华大地尤为严重。文化、经济、技术的全球化使人们与传统的地域空间距离越来越远，地域文化特色渐趋衰微，建筑文化的多样化遭到严重破坏，导致了建筑文化的“增熵”，如何面对日益加剧的建筑和城市的“文化增熵”是摆在我们面前的严峻问题。割裂传统文脉的拿来主义和现代主义都值得反思，用来标榜所谓新文明的“全球化”和“国际式”的建筑形式更值得怀疑。因为寻根意识和全球意识彼此都具有抗衡对方造成的“文化增熵”的作用[1]，越来越多的学者和建筑师开始提倡“历史性”和“地方性”，重新强调建筑对历史主义、民族传统、地方特色的保护和继承。

1.1.2 传统民居建筑装饰的现代危机

除了文化全球化造成地域传统建筑文化的迅速流失，经济全球化的影响也非常严峻。城镇化的快速推进致使规模小、布局分散、不能完全满足规模化经济发展需求的传统民居，正在全国范围内以前所未有的速度遭到拆除，或正面临着被很快拆除的危险。还有些地方以建设为名，实则进行商业开发，使传统民居遭到严重的“保护性”破坏。这些去真建“伪”的所谓建设导致承载历史信息和地域文化的民居建筑及承载其装饰艺术的实物大量消失，加速了建筑文脉的断裂。在经

[1] 侯幼彬．建筑民族化的系统考察 [J]. 新建筑，1986(022): 21.

济发达的苏南地区，这种由所谓城市发展引发的破坏更是触目惊心。因此，对于苏南地区传统民居建筑装饰的系统研究刻不容缓。

另外，从“代际公平”[1]的角度出发，传统民居建筑装饰具有留存标本、记忆历史和象征文化等多重价值，可看作是一个地区人类文明的重要载体，是与人们的生活经历与情感体验息息相关、需要传承的宝贵文化遗产。在历史遗迹迅速消亡的当下，抓住尚存的机会选择有意义的视点，使传统民居建筑的“形”、“神”、“理”得到更多角度的彰显和更深层次的挖掘是本书对苏南传统民居建筑装饰进行系统研究的意义所在。

1.1.3 建筑装饰研究的细化与系统化趋势

我国对传统民居建筑装饰的研究从20世纪上半叶开始作为民居研究的一部分，至今已经历了半个多世纪的发展，从最初的民居研究的附属逐渐转变为研究的主体，受到人们的广泛关注。对于传统民居建筑装饰的研究也由最初的建筑学范畴，逐渐扩大到与设计学、社会学、民俗学等多学科结合的领域。如同传统民居的研究一样，对于传统民居建筑装饰的研究已不再局限于局部个案或专题，而是扩大到由方言、生活方式、文化心理结构等所形成的地区，即具有共同特征的民系范围去研究[2]。这种研究视角不仅可以认识其宏观历史演变，而且也可辨析不同区域装饰文化的特征与异同。民居建筑装饰从本体形式到其文化内涵、审美风格以及地域风格比较，再到历史文化层面的研究以及保护与开发再利用层面的研究，均取得了丰硕的成果。

苏南传统民居装饰是我国民居建筑装饰艺术中极具代表性的一支，其独特意匠与风格与当地的文学品格、艺术趣味、生活情调、审美取向等具有深层的同源关系，是苏南地区风土民情的生动写照。苏南民居建筑装饰的外显形式背后，蕴藏着深刻的造物设计理念与设计审美思想。以传统苏南地域文化为内核的建筑装饰无论在形式设计层面、技术表现

[1]“代际公平”指当代人和后代人在利用资源、满足自身利益、谋求生存与发展上权利均等。即当代人必须留给后代人生存和发展的必要环境资源和自然资源，是可持续发展战略的重要原则。最早由美国国际法学者爱迪·B·维丝提出，代际公平中有一个重要的“托管”概念，由三项基本原则组成：一是“保存选择原则”；二是“保存质量原则”；三是“保存接触和使用原则”。

[2] 陆元鼎．中国民居研究五十年[J]. 建筑学报．第15届中国民居学术会议：特刊，2007(12)：67.

层面还是意境营造层面均体现出鲜明的地域特色。它赋予日常生活空间以文化和艺术的特质。对苏南传统民居建筑装饰的深度研究将有助于推进我国传统建筑文化的继承与发展，有助于弘扬本应代代相传的生活哲学、设计理念、工艺思想与工匠精神。

1.2 研究对象及范围界定

1.2.1 研究空间及时间范围

本书的研究区域界定为传统意义上的苏南地区，地处太湖流域，包括苏州、无锡、常州三座历史文化名城及其所辖县级市。苏南地区拥有相近的方言、生活方式、意识形态以及社会经济形态，在文化上具有整体性和一致性，并且形成了鲜明的地域特色，与其他地区相比则有明显的差异性。

根据现有遗存来看，苏南地区传统民居从明末开始增多，历经明代、清代、民国三个时期的演进，发展成为一个成熟的体系，现存的文献资料也多集中在明末至民国时期内。本书的研究时间即界定在明末至民国时期。

1.2.2 研究对象

苏南地区独特的自然环境、经济环境、社会结构以及文化艺术氛围，孕育产生了优秀的传统民居建筑装饰体系。尤其明中叶以来，苏南地区商品经济日趋繁荣，人文蔚起、大族兴旺，置地营构府邸以及造园活动日趋高涨，建筑装饰艺术不仅满足了人们置地营宅的消费趣味，同时也是居者经济实力与人生态度理想的体现，逐渐形成了独特的建筑装饰艺术风格。现有遗存的传统民居大多为明末至民国时期的缙绅富商所建，文献所载资料也多属此阶层的宅居，因此本书主要以乡绅、富贾、缙绅、文士等社会精英富裕阶层的宅居建筑装饰作为研究对象。研究内容包括建筑装饰的本体特征；对装饰的历史性演变进行断代分期，每个时期装饰题材、图形、式样等生发及定型的时间；建筑装饰视觉表达与空间属性的关系以及建筑装饰与生活观念、城乡文化等之间的影响与互动关系等。

1.3 研究现状

“传统民居包含着因地制宜、因材致用、充分利用空间并与风土环境相适应的正确建筑原则和经济观点”[1]，依附于民居空间的建筑装饰亦是如此。自古以来苏南地区经济发达、人文荟萃，蕴成了当地形式丰富、风格鲜明的传统民居建筑装饰。尤其是自明中叶以来，苏南地区经济繁荣、相关艺术蓬勃发展、文人园林兴建繁盛。受此影响，传统民居建筑装饰呈现出清雅秀丽的江南风貌和含蓄内敛的文人气质，可谓独具一格。而近代开埠的影响、民族工商业的兴起、早期工业化的发展促使苏南地区的一些城市特别是无锡出现了许多具有杂糅风格的民居建筑装饰。在建筑文化同质化的当下，这些优秀的传统民居建筑装饰艺术遗产日益受到人们的广泛关注，成为学者及建筑师研究的热门课题。学者们不断扩大和深化其研究领域，从营造技术、形式题材、艺术特征、审美风格、文化生态等不同视角形成了一批极具参考价值的研究成果。其他地区的同类研究以及与本课题相关的苏南地区经济、文化、工艺美术、园林、家具等领域的研究成果都对本课题的研究具有重要的启示作用。

1.3.1 同类研究

近年来涌现出大批同类研究成果。这些研究从地域角度出发，对富有地域特色的传统民居建筑装饰进行多角度解析。研究的主要地区有山西、四川、安徽、江苏、浙江、广东、福建等地。特别是各院校利用地缘关系，以田野调查、测绘结合文献分析、图像学等研究方法对不同地域建筑装饰的基本形式、时代特征、装饰符号寓意等进行分析和研究。例如相关论文有过伟敏、罗晶的《传统民居装饰构件的近代演变——以南通地区为例》，范青青的《浙北传统民居的建筑装饰艺术》，杨敏的《晋商传统民居建筑装饰中的三雕艺术》，李媛的《论关中传统民居建筑装饰形态特征》等。硕士论文有董智斌的《甘肃传统民居建筑装饰艺术研究》（2009，西北师范大学）、李轲的《陕西传统民居建筑装饰艺术研究》（2009，西安美术学院）、刘雁的《山西传统民居建筑及装饰研究》（2012，青岛理工大学）、梁珊珊的《关中传统民居院落空间装饰艺术

[1] 驭寰．古建筑名家谈 [M]. 北京：中国建筑出版社 ,2011:4.

研究》（2015，西安建筑科技大学）等。还有部分博士论文，例如曾娟的《岭南民间传统建筑装饰样式近代演变研究》（2011，中山大学）、陈庆军的《承志堂的图像——徽州居民建筑装饰研究》（2012，南京师范大学）等。涉及的主要研究内容有：不同区域传统民居建筑装饰的形式、纹样寓意、文化蕴涵、营造技术及匠师匠作研究，对建筑装饰的专题研究、比较研究，以及对建筑装饰的保护、更新与再利用的研究等，对本课题的研究有一定的借鉴作用。

还有一些书籍从全国的宏观范围对不同地区的传统民居建筑装饰的题材、创作思想、艺术特征、文化源流等进行论述，对课题也颇有借鉴意义。例如沈福煦、沈鸿明的《中国建筑装饰艺术文化源流》（2002），王其钧的《中国建筑装饰语言》（2004），刘森林的《中华装饰：传统民居装饰意匠》（2004）等书，从建筑装饰的渊源、艺术特征、题材内容、表现形式以及美学价值等多方面进行了论述。李允鉌的《华夏意匠——中国古典建筑设计原理分析》（2005），从建筑文化、建筑材料与营造技术等角度对中国古代建筑装饰进行了深入剖析，并专门对色彩、装饰及内檐装修等专题进行阐述，提出了“材料决定论”。周君言先生的《明清民居木雕精粹》（2011）一书以浙江东阳、义乌等地的木雕为研究主体，将木雕装饰的起源与发展、风格与特征、匠艺技术与题材流变进行了独到的分析与论述。本书附有大量珍贵图例，在研究分类及研究方法上有独到之处。

1.3.2 相近研究

在苏南地区范围内对传统民居建筑装饰的研究已有一些成果，但将苏南地区民系范围作为一个整体对传统民居建筑装饰研究的却寥寥无几，大多是从苏州、无锡、常州的地域范围进行研究，出现了一些个案和专题研究，对本书有重要借鉴作用。

1.3.2.1 个案研究

个案研究主要有苏州东山、苏州西山堂里仁本堂、苏州西山东村敬修堂、苏州震泽师俭堂、无锡荣巷、无锡薛福成故居等。郑丽虹在《苏州东山古民居建筑装饰研究》中认为苏州东山民居建筑装饰的母题和内

涵不仅是苏州文化的反映，还具有乡土性和商儒结合的装饰特点。何建中先生的《东山明代住宅大木作》、《东山明代住宅小木作》针对东山明代民居，以图文并茂的形式对大木作、小木作做了详细分类，并在结构、做法、艺术特点等各方面做了一定梳理。潘新新的《雕花楼香山帮古建筑艺术》一书通过春在楼的建筑布局、建筑特色以及三雕艺术特色等展现了春在楼所蕴含的人文景观。彭长武的《苏州西山敬修堂“三雕”艺术研究》（2010，硕士论文）通过实地调研及测绘，揭示了敬修堂的木雕、砖雕、石雕的丰富生动，精巧雅致和其题材的文化寓意。郑曦阳通过对仁本堂雕饰的解读，认为苏州清代商人的宅第建筑装饰不仅具有商业文化的表达，也包含着文人化品位，体现出精繁细腻的装饰特征。王稼句的《西山雕花楼》一书通过摄影手法记录了装饰的精彩风貌，并对仁本堂各种雕饰装饰题材进行了分类分析。马天佑在硕士论文中从建造时间、空间形态要素、建筑装饰等不同角度对东山春在楼和西山仁本堂进行了比较论述。周楠的《无锡荣巷古镇民居建筑装饰初探》（2009，硕士论文），以田野调查、测绘等手法详尽梳理了荣巷传统民居建筑装饰的题材、形式以及文化蕴涵等。雍振华在《江苏民居》分册中有苏南传统民居装饰典型个案的客观记录和分析。这些研究成果以田野调查、摄影记录以及部分测绘的手法对典型案例的建筑装饰本体形式特征进行了客观描述和记录，并对其题材、艺术特征以及文化蕴涵等方面进行分析和研究。

1.3.2.2 专题研究

近年来，在苏南地区范围内出现了一些传统民居建筑装饰的专题研究，主要集中在门窗类入口、砖雕、彩画、脊饰、门当等方面。例如过伟敏、王珊的《无锡传统街区建筑入口门楣装饰特征》以对比手法论述了传统式类型建筑入口的门楣装饰特征。过伟敏、史明、王珊的《无锡传统街区建筑的装饰雕刻》一文，通过田野考察，对无锡传统街区建筑的入口装饰题材、艺术特征、形式结构进行了客观分类和总结。顾蓓蓓的《苏州地区传统民居的精锐——门与窗的文化与图析》（2012，苏州大学博士论文）基于田野调查，对苏州传统民居清代门窗的种类、构件的艺术特色、题材以及辟邪文化等进行了梳理，并对自然和社会背景进行了分析。廖军、蔡晓岚的《传统苏式木雕门窗的装饰艺术》对门窗的材质、装饰题材、装饰工艺、空间分割以及文化意蕴等方面进行了分析。

雕饰也是人们热衷的一个专题，特别是在砖雕方面，出现了不少研究成果。早在1963年，郭翰在《苏州砖刻》一书中以摄影手法收录了从明崇祯到民国期间的几十座门楼的珍贵图像。居晴磊的《苏州砖雕的源流及艺术特点》（2004，硕士论文）和张旭的《苏州传统民居门楼砖雕艺术审美研究》（2014，硕士论文）均以苏州砖雕门楼作为研究对象。居晴磊以类型学结合系统学、民俗学、技术学，将苏州砖雕进行了断代分期，并对每个历史时期的风格特征及题材内容进行了分析。张旭主要对砖雕门楼在环境、文学、意境等不同层面所体现出的审美特点进行了论述。姬舟的《吴县东山地区香山帮砖雕艺术考察与探索》一文对东山香山帮的砖雕艺术在施作部位、艺术风格、题材分类、砖雕技法等方面作了系统梳理。杨耿在《苏州建筑三雕：木雕·砖雕·石雕》（2012）一书中，记录了苏州市区、古镇及古村落的砖雕门楼70余座，以及多处传统建筑的具有代表性的梁枋木雕、长窗裙板木雕、栏杆以及柱础石雕等。尤为可贵的是，该书以图文并茂方式，将三雕画面的故事及寓意都进行了详细解读。

彩画专题也有不少研究成果，例如纪立芳的《清代苏南民居彩画研究》、居晴磊的《对江南苏式彩画的几点思考——从彩衣堂到忠王府》、时卫平的《谈江南彩衣堂建筑彩画的艺术独特性》、卢朗的《彩衣堂建筑彩画记录方法探析》（苏州大学硕士论文）等，对以彩衣堂为代表的苏南民居建筑彩画的发展轨迹、工匠师承、构图特征、艺术特色以及彩画的记录原则、方法、环境、图案等进行了研究和论述。

此外，还有屋脊专题的研究，例如史明的《无锡传统民居屋脊的基本造型与变化》一文，分析了无锡传统民居屋脊的基本造型与变化，认为其具有"物尽其用，效率为先"的特点。史明的《民国时期建造的无锡私邸的外观装饰观念及其表征》认为，其外观装饰并不只是传统立面上的附属物，还传达出开放时代的认知特点。

1.3.2.3 从建筑装饰本体到人文设计艺术及传承保护等深层次研究

对于苏南民居建筑装饰本体形态的客观描述和认知也分散于一些传统民居的书籍中，对本书有重要的借鉴意义。陈从周教授的《苏州旧住

宅》（1958），在其几年来调查了数百处苏州传统民居的基础上，对其中50余处进行摄影、测绘，同时对民居产生的自然条件、社会背景、建筑装饰等方面进行了论述。徐民苏的《苏州民居》（1991）对居民布局、室内家具的构造、种类和艺术形式等方面进行论述。《苏州古民居》（2004，苏州市房产管理局编），选取二十座大型明清宅第进行详尽测绘，并配以简要说明及摄影图片，为国内外的专家、学者提供了苏州古民居建筑装饰的宝贵资料。马振韩等《苏州传统民居图说》（2010）一书图文并茂地介绍了苏州传统民居的风貌，涉及建筑装饰的色调、贴式、梁架、屋面、门窗以及各式装折、门楼、彩画、油漆等内容。

过伟敏教授的《建筑艺术遗产保护与利用》（2006）是研究无锡传统民居及其建筑装饰的重要专著。该书基于大量田野调研工作，运用建筑学和设计艺术学相结合的研究方法，对无锡建筑遗产的艺术风格、装饰特征等进行了全方位、多角度的解析和研究，并对建筑装饰的题材、纹样等进行了绘制梳理。

还有一些在宏观范围内的研究成果也涉及本课题相关内容。张道一先生主编的《中国古代建筑木雕》、《古代建筑雕刻纹饰》等系列丛书（2006），从建筑装饰的题材专题入手，以资料收集、实地拍摄等形式记录了部分苏南地区建筑装饰的优秀案例。关于苏南传统民居建筑装饰艺术特点的研究，散见于各种民居研究、装饰研究的书籍和文献中。例如潘谷西先生主编的《中国古代建筑史 第四卷 元、明建筑》、孙大章先生编著的《中国古代建筑史 第五卷 清代建筑》等书都涉及苏南地区的彩画、雕饰等装饰内容，并配以相应的图文论述。

1.3.2.4 装饰营造技艺研究

对于苏南民居建筑装饰传统营造技术研究对本课题也具有支撑作用。有的散见于民居营造技艺的书籍中，有的以专题研究形式呈现。香山帮是苏南地区极具代表性的传统匠作系统，清末民初香山帮建筑大师姚承祖的《营造法原》是“唯一记述江南地区代表性传统建筑做法的专著”[1]。在《营造法原》中，与建筑装饰相关的木作、砖细、石作、灰塑等的形制、技艺、配料等内容分述于各章节中。第八章“装折”对苏

[1] 朱栋霖，周良，张澄国．苏州艺术通史（下）[M]．南京：江苏凤凰文艺出版社，2014:1557.

南地区传统建筑中的各种小木作的名称、种类以及构造等内容进行详细传载，成为民间建造工匠的指导典范。朱启钤先生曾赞曰："……它虽限于苏州一隅，所载做法，上承北宋、下逮明清，今北京匠工习用之名辞，辗转讹误，不得其解者，每于此书中得其正鹄。"[1] 近年来还出现了许多对《营造法原》的研究成果，例如祝纪楠先生的《"营造法原"诠释》（2012）一书，以"清本归源"为归旨，对姚承祖先生的《营造法原》进行通俗易懂的注解和诠释，排除了许多因工匠的俗语俚语、方言吴音所造成的误解或不明，并辅以各种图例、资料进行进一步阐释，对课题具有重要指导作用。

20 世纪 70 年代末，苏州对古建的复兴推动了对香山帮的研究。刘慎安、邱仁泉的《"香山帮"能工巧匠录》一文（1989，《苏州史志·资料选辑》），对香山帮的建筑营造世家和名匠作了相关调查和梳理。李嘉球的《香山匠人》（1999）一书以香山地区的工匠人群为专题，对苏南地区的建筑文化进行了深入剖析。崔晋余的《苏州香山帮建筑》(2004)，对香山帮的历史渊源、建筑技术、代表人物以及传承和发展等问题进行了论述。沈黎的《香山帮匠作系统变迁研究》（2009，同济大学博士论文）在建筑学角度上结合社会学、文化人类学等学科背景，对香山帮的建筑技艺、文化特性以及匠作组织系统进行多视角、多维度的研究。

营造技艺方面的专题研究成果也颇为丰硕。钱达、雍振华在《苏州民居营建技术》（2014）一书中，对建筑装饰中的木雕、砖雕、水作、石雕以及刷饰等的设计、施工等进行了总结和分述。石红超的《苏南浙南传统建筑小木作匠艺研究》（2005，硕士论文）通过与传统小木作工匠的直面交流、深入匠师们施工现场等田野调查方式获取了大量资料，对苏南传统建筑木作、水作、油漆作以及小木匠作工艺，以文字、摄影、图表等形式进行了抢救性的保护记录。

1.3.3 相关研究

1.3.3.1 关于苏南地区明清时期生活文化及相关设计造物的研究

对于苏南传统民居建筑装饰研究需要将其还原至客观的历史语境

[1] 崔晋余．苏州香山帮建筑 [M]. 北京：中国建筑工业出版社 , 2004:148.

中，因此关于明清时期的经济、文化、社会生活等方面的研究对本课题也有重要启示和借鉴作用。明清时期，《长物志》、《闲情偶寄》等古典书籍，直接或间接地涉及苏南地区传统建筑装饰的相关营造技术、形制规范、设计思想等方面，“对建筑装饰在设计与技术方面起了推进作用”[1]。

文震亨所著的《长物志》是对晚明文人生活艺术化、艺术生活化的生动记录，是体现文人生活情趣和设计思想的重要著作。在卷一“室庐”中载有对门、窗、栏杆和照壁等用料、工艺、髹漆的论述；也有对厅堂、茶寮、琴室等功能空间，以及阶、台、街径、庭除（院落）等涉及的建筑装饰的描述。他在构造、材质、工艺等方面提出了“宁古无时、宁朴无巧”的设计准则。

《闲情偶寄》是李渔总结其造园和生活经验之作。李渔通过各种生活细节勾勒出明清文士的心态与志趣。全书以创新和实用为设计原则，展现了明清文人在生活领域的实践和探索，为苏南民居建筑装饰树立了既崇尚创立新制、又信奉俭简为雅的设计理念。

针对上述典籍，近年出现了不少诠释类的书籍和深入研究的文章。谢华的《“长物志”造园思想研究》（2010，博士论文），朱孝岳的《“长物志”与明式家具》，陈建新的《李渔造物思想研究》（2010，博士论文），侯寅峰、朱晓牛的《从“闲情偶寄”看清朝李渔的造园品格》等文章分别从闲尚美学、造物思想、居室家具以及美学品格等不同角度对以上典籍中的内容进行了深入剖析和梳理。

1.3.3.2 关于苏南地区经济、艺术、文娱以及工艺美术的研究

关于明清时期经济、文艺、文娱以及工艺美术等方面的研究成果对于厘清苏南传统民居建筑装饰的生成背景具有重要的支撑作用。李伯重的《工业发展与城市变化：明中叶至清中叶的苏州》认为在明中叶至清中叶，苏州显著扩大，于清中期逐渐形成“卫星型”特大城市。他分析了此间的变化地域范围及主要动力，苏州城乡人口的比例变化，并深入分析了苏州的经济支柱以及工业发展引发的城市变化。徐茂明在《江南士绅与江南社会（1386-1911）》一书中，从文化权利、家族迁徙与区

[1] 陈从周．苏州旧住宅［M］．上海：上海三联书店，1959：绪言．

域文化互动等方面深入阐述。还有一些博士论文，申明秀的《明清世情小说雅俗流变及地域性研究》（2012，复旦大学）、吴春彦的《明末清初常州地区戏曲活动与创作研究》（2011，南京师范大学）、郑锦燕的《昆曲与明清江南文人生活》（2010，苏州大学）、郑丽虹的《明代中晚期“苏式”工艺美术研究》（2008，苏州大学博士论文），把与苏南地区建筑装饰密切相关的小说、戏曲、工艺美术等不同进行了深入细致的分析和研究。

1.3.3.3 与民居建筑装饰密切相关的园林、家具以及室内环境设计的研究

对明清时期的江南园林、家具以及室内环境设计的研究成果对本课题也有重要借鉴作用。明末造园家、文人、画家计成的《园冶》是我国第一本园林艺术专著，全书使用了大量骈文，用典颇多，既有思想深度又有实践经验。作为居游一体的住宅形式，园林集中体现了“虽为人做、宛若天成”的明代文人造园思想，对苏南民居建筑装饰的设计原则及审美取向影响颇深。《园冶》的“装折”和“门窗”载有作者实践积累多年的明代建筑小木作设计图样，含槅心图四十余幅、栏杆图百余幅，对屏门、窗槅等也有详尽描述。书中还详细记述了立基、屋宇、墙垣、铺地等方面的设计原则及方法，绘制了相关设计图片达两百余幅。陈从周的《苏州园林》、曹林娣的《图说苏州园林》系列丛书，对江南园林通过摄影、测绘等方法进行记录，从不同角度为我们展现了苏南地区私家园林的造园手法、历史演进、人文景象等。

同一区域同一时期的家具与建筑装饰在文化风格、艺术特点以及精神内涵等方面均出于本源，具有相通之处，因此对于家具和室内环境设计的研究对本课题有启示作用。北京故宫博物院周京南的《苏式家具对清宫家具影响探论》，濮国安的《苏式家具与广式与京式家具》等从地域流传、互动影响的角度进行了分析和研究。王世襄的《明式家具研究》以详尽的图文形式从明式家具的时代背景、种类及形式、结构及造型规律、装饰等方面进行了深入剖析，苏式家具在某些方面与其气息相通。杨海英的《明清家具雕刻装饰流变历程》，戴连库先生的《清代家具研讨》，陈烨、松魁彦的《明式家具与清式家具的比较分析》等文从不同角度对

明清时期家具的装饰特征等进行了详细论述。李瑞君的《清代室内环境营造研究》（2009，中央美术学院）、朱力的《明代住宅室内设计研究》（2007，中央美术学院）等博士论文则从设计学的视角对明清时期的室内环境进行了深入剖析和论述，对本课题的研究具有启示作用。

1.3.3.4 聚落研究的启示和借鉴

“聚落研究是乡土研究的基本方法”[1]，其研究方法是“在一个生活圈或文化圈的范围里，全面地研究乡土建筑的整个系统，把乡土建筑和乡土文化、乡土生活联系起来进行研究”。[2] 以清华大学建筑学院陈志华、李秋香等为代表的“聚落研究”的思路和方法对本课题研究具有借鉴作用。他们在乡土瑰宝系列之《住宅》、《户墉之美》、《千门万户》、《雕塑之艺》、《雕梁画栋》等多部书籍中，对乡土建筑装饰通过专题形式进行了详尽分析和阐述。他们以社会学调查和研究的方法，将乡土建筑与地域社会经济、文化传统结合起来，将乡土建筑置于完整的地域和历史语境中进行考量和关照，建立了更加客观和科学的认知。

1.3.4 研究现状总结

对于传统民居建筑装饰的研究大多数学者以田野调查、测绘、案例分析等方法为主，从装饰形式、装饰工艺等角度对民居建筑装饰的本体进行鉴赏性描述，还有的运用跨学科研究的方法，拓展到装饰工艺记录方法、建筑艺术遗产保护和传承的角度进行研究。研究成果整体而言比较丰富，为本课题的顺利展开提供了坚实基础。但有些对建筑装饰的研究大多停留在装饰中“饰”的视觉形式表层，将建筑装饰抽离空间、历史、人文等环境进行孤立地感性认知和描述，从建筑装饰的基本形式、装饰符号寓意、艺术特色等层面进行分析，并没有将建筑装饰作为一个有机整体来对待。即使有对影响民居建筑装饰生发演化的自然和社会成因做出相关描述，也鲜有以动态系统的视角来观照，较少对隐含在形式背后的价值观念、生活方式、文化审美、创作方法等深层结构进行深入探析，对装饰的文化本质、生成机制、设计理念的深刻剖析相对匮乏。

[1] 蔡凌．侗族聚居区的传统村落与建筑 [M]. 北京：中国建筑工业出版社，2007：2.
[2] 同上．

涉及苏南传统民居建筑装饰的研究多以苏州、无锡、常州等区域的个案及专题研究为主，均取得了一定的研究成果。从区域分布来看，苏州的研究较多，主要集中在明清时期；无锡的研究相对较少，主要集中在清末、民国时期。对于常州传统民居建筑装饰的研究最少。苏州和无锡传统民居装饰研究因多基于调研测绘和突出典型个案及专题而显得较为深入细致。而对于常州传统民居的研究则大多集中于历史、文化及其他相关艺术的宏观层面。将苏南地区传统民居建筑装饰作为一个整体对象来研究的直接成果非常少，鲜有对装饰视觉表达与空间属性关系的研究、深入系统的历时性演变研究和共时性地域比较研究。

因此，将苏南地区传统民居建筑装饰作为一个有机整体，将其还原至历史语境和特定的地域环境中，在建筑装饰本体属性、装饰视觉表达与空间属性关系层面、装饰的历史嬗变、装饰与生活文化观念互动以及意境建构等方面都有较大研究空间。

1.4 研究目的与意义

1.4.1 研究目的

本书将突破传统的孤立式、割裂式研究方式，将装饰还原至地域、历史和文化的多元语境中，探明苏南传统民居建筑装饰的生成机制。在田野考察的基础上结合文献研究，客观准确地把握苏南地区传统民居建筑装饰的风格特征以及蕴含的人文信息与时代思潮。厘清苏南民居建筑装饰的载体类型及其语言特点，发掘建筑装饰视觉表象背后所寓寄的场所精神，归纳出建筑装饰的典型图式及其构成规律，组建苏南传统民居建筑装饰视觉文化符号的识别系统。将建筑装饰还原至其依附的空间语境中，探寻建筑装饰如何营造空间氛围、如何组织空间秩序，厘清建筑装饰与不同性质的空间形态、生活方式之间的内在关联。

对明末至清初的苏南传统民居建筑装饰发展演变进行断代分期，并厘清不同历史时期艺术风格及设计思想的嬗变轨迹。探寻苏南传统民居建筑装饰意境营造的方法和途径，使当代对苏南民居建筑装饰的借鉴不停留于其视觉表层，而更指向它所蕴藏的与自然、生活、情感以及崇高的东方式诗性理想相融共生的设计理念。

1.4.2 研究意义

自后现代以来，西方建筑设计的新思潮层见叠出。处在经济、社会、文化和生活方式急速转型期的当代中国需要积极引进国际建筑设计新思潮。但同时，对于有着五千年灿烂文明的中国而言，新时代造物理念不应该割裂历史传统去照搬西方或盲目地走国际化道路。民族创造力的勃发需要及时吸取先进文明的有益养分，但她的根脉一定深藏于自身的文化土壤。面对博大精深的中国传统建筑艺术宝库，不同历史阶段、时代背景和视角的探索与挖掘通常能获得宝贵的创造灵感。在西学东渐过程中探索符合自身特点的发展路径，是近现代中国政治、经济、文化越过低谷、走向崛起的成功经验。新时代的设计理论创新可以将挖掘本民族的造物传统和引进西方新兴学说联系起来，结合东西、融汇古今。基于地域文化和传统精神的方法论创新将有助于培育本土设计的身份感和自信心。苏南传统民居建筑装饰具有独特的地域特征和丰厚的文化内涵，深度解析其设计理念，既能更好地总结历史经验，又能为消解当代设计面临的困惑带来启示。

经济的快速发展、城镇化的进程使传统民居已遭到了不同程度的破坏，研究、继承、借鉴地域性传统民居装饰的经验与手法，可为苏南地区在当下的保护与修复工作提供理论依据。挖掘苏南地区传统民居建筑装饰在物质层面及非物质层面的可持续发展的人居文化，可以以此启迪现代建筑设计的创新和健康发展。追溯传统，憧憬未来，对于苏南地区传统民居建筑装饰的研究为当代建筑生态化、人文化的发展探索提供基本规律和历史经验范畴的有力支撑。对传统建筑装饰的深度解析能唤起新一代设计师对自身文化传统的尊重和认同，使他们对种种无根之流行思潮、舶来之新式学说进行冷静反思。这一研究同时也为古今以及中西设计思想的对照、比较提供一个新的视角。

1.5 调研、方法与本书框架

1.5.1 调研情况

苏南地区遗存了大量传统民居建筑装饰资源，涵括明、清、民国三个时期。这些历经沧桑的历史遗存散落在城市街区、自然村落空间中，是不可再生的珍贵文化资源，与古民居、古村落、历史街道等一起共同构筑了区域性的建筑文化。本课题选取苏南传统民居建筑装饰的典型个案或专题，广泛展开田野调研，拍摄照片 11276 张。根据实地调研，结合文献资料相互印证，对典型地区的典型案例进行图像分析，对相关建筑装饰进行绘制工作，绘图 400 余幅。

在苏州调研的传统民居建筑装饰主要集中在古城区以及周边乡镇或古村落中。苏州的传统民居建筑遗存量最多。从历史遗存来看，明末以前的民居相对较少，明末后逐渐增多。从明成化、弘治年间到民国时期，列入文物保护的民居有 306 处之多。从实地调查来看，留存相对完好的大多是缙绅富贾所营建的大型住宅。“苏州市人民政府 1982 年对古建筑的普查表明，市内保存较好的 252 个古建筑中，古典大宅有 164 处”。[1] 这些住宅客观真实地反映出明清时期苏南地区上流社会富裕人家的生活方式及审美取向。调研地点包括东山镇、东山陆巷、杨湾等古村落，西山的东村、堂里、明月湾等古村落，黎里、周庄、甪直、同里、震泽等乡镇，以及古城区的典型大宅和平江路、山塘街等地保护相对完好的传统民居。

在无锡所调研的民居主要集中在城区。无锡清末至民国时期的民居较多，许多诞生于此时的传统民居融入了西式建筑的特征，是无锡作为民族工商业发祥地的历史见证，体现出中国工商发展与近代无锡文化嬗变的文脉。调研有无锡城区的部分大宅；南长区的南长街、大窑路；滨湖区的荣巷、大长巷、孙巷、周新老街及周新镇的部分故居；北塘区的惠山古街以及下河塘等地区的传统民居。常州地区受现代化进程破坏比较严重，保留的传统民居相对较少。调研地点主要集中在常州老城区、青果巷地区、天宁区、钟楼区以及郊区等地。

在调研资料中选取具有代表性的建筑装饰进行了绘制整理。例如苏州地区的西山堂里的仁本堂、西山东村的敬修堂、东山春在楼、里黎的柳亚子故居以及若干典型的民国建筑以及依河传统民居；东山陆巷的惠和堂、粹和堂、怀德堂、怀古堂、遂高堂等；同里的退思园及部分一般

[1] 徐民苏，詹永伟．苏州民居 [M]. 北京：中国建筑工业出版社，1991：54.

民居；周庄的沈厅、张厅及部分一般民居；东山杨湾的部分传统民居等。再如无锡城区的南长街清明桥附近的沿河民居、周新老街张卓仁故居、荣巷街区以及惠山直街的部分传统民居和常州青果巷地区的部分民居。

1.5.2 研究方法

以跨学科方法对苏南地区传统民居建筑装饰的生成背景、工艺及载体、建筑装饰的象征及图式构成规律、装饰表达与民居空间的内在关系、历史嬗变、意境建构等方面进行了较为全面系统地分析和研究。本书所用到的主要研究方法如下：

1.5.2.1 田野调查法与文献研究相结合

根据研究内容，对苏南地区遗存的传统民居建筑装饰进行深入田野调查，采用摄影和测绘相结合的方式收集大量第一手资料。在关注“物”的视觉呈现同时也关注“人”的生活情态，全方位了解民居建筑装饰的人文环境。同时，查阅大量相关资料，分析已有的相关研究成果的思想、方法、动态等，与调研资料相互印证，以取得对课题具有价值的信息。

1.5.2.2 跨学科研究方法

当下设计学科研究强调交叉与融合，而苏南传统民居建筑装饰所涉及的要素恰恰也是十分多元且复杂的。对于这一课题的研究突破装饰形象、图式、组合等表象形式层面，突破单纯从建筑学角度来看待建筑装饰与民居本体关系，准确把握装饰现象背后的真实语义与支配原理，以设计学为主，结合建筑学、类型学、符号学、美学等其他学科的理论与方法，将建筑装饰纳入更大的人文范畴，在对其所处的社会环境和政治、经济、生活和文化等要素的关联性分析中探寻它的本质与内涵。

1.5.2.3 分析与归纳演绎法

从设计学的特点出发，采用典型案例分析与归纳演绎相结合的方法，从设计实例中推演出苏南地区传统民居建筑装饰的发展规律，寻求多角度全方位对于建筑装饰的深入分析与解读。

1.5.3 本书框架

本书将苏南传统民居建筑装饰纳入宽广的文化和社会语境中进行共时性分类和历时性演变研究，目的是阐明其空间属性，厘清其地域特征和风格嬗变，探寻民居建筑装饰意境的建构方法和途径，全面立体地揭示装饰风貌与特色。

从自然生态与经济环境的制约、工匠制度与技艺的传承、社会思想与意识形态的影响、相关艺术的促进和影响等四个方面入手探究苏南民居建筑装饰的生成机制。借助建筑类型学对苏南民居建筑装饰的工艺及载体进行分类，归纳各工艺类型的艺术特色。梳理结构性和附加性装饰类型以及装饰特征。借助符号学阐明苏南民居建筑装饰的形式与内涵的关联性，以及苏南民居建筑装饰所特有的典型图式和构成规律。

以传统民居建筑装饰的空间表达为研究突破，解读建筑装饰在空间语境中所体现出的生活情态、社会功能以及文化意义。厘清建筑装饰与秩序空间、虚实空间之间的逻辑关系，探讨建筑装饰如何呼应空间序列组织视觉流程、赋予空间意义、创建空间层次。

从历时性角度对苏南传统民居建筑装饰的设计思想及风格嬗变进行断代和分析论证，厘清不同历史时期经过时代变迁、文化融合以及艺术形式的扬弃过程，建筑装饰的变迁脉络和风格特征。

借助“意境论”深入探讨苏南传统民居建筑装饰对复杂空间体验和场所精神的营造途径。阐明苏南民居装饰所独有的情境、画境、诗境三位一体的意境构建体系。

本书框架图如图 1-1 所示。

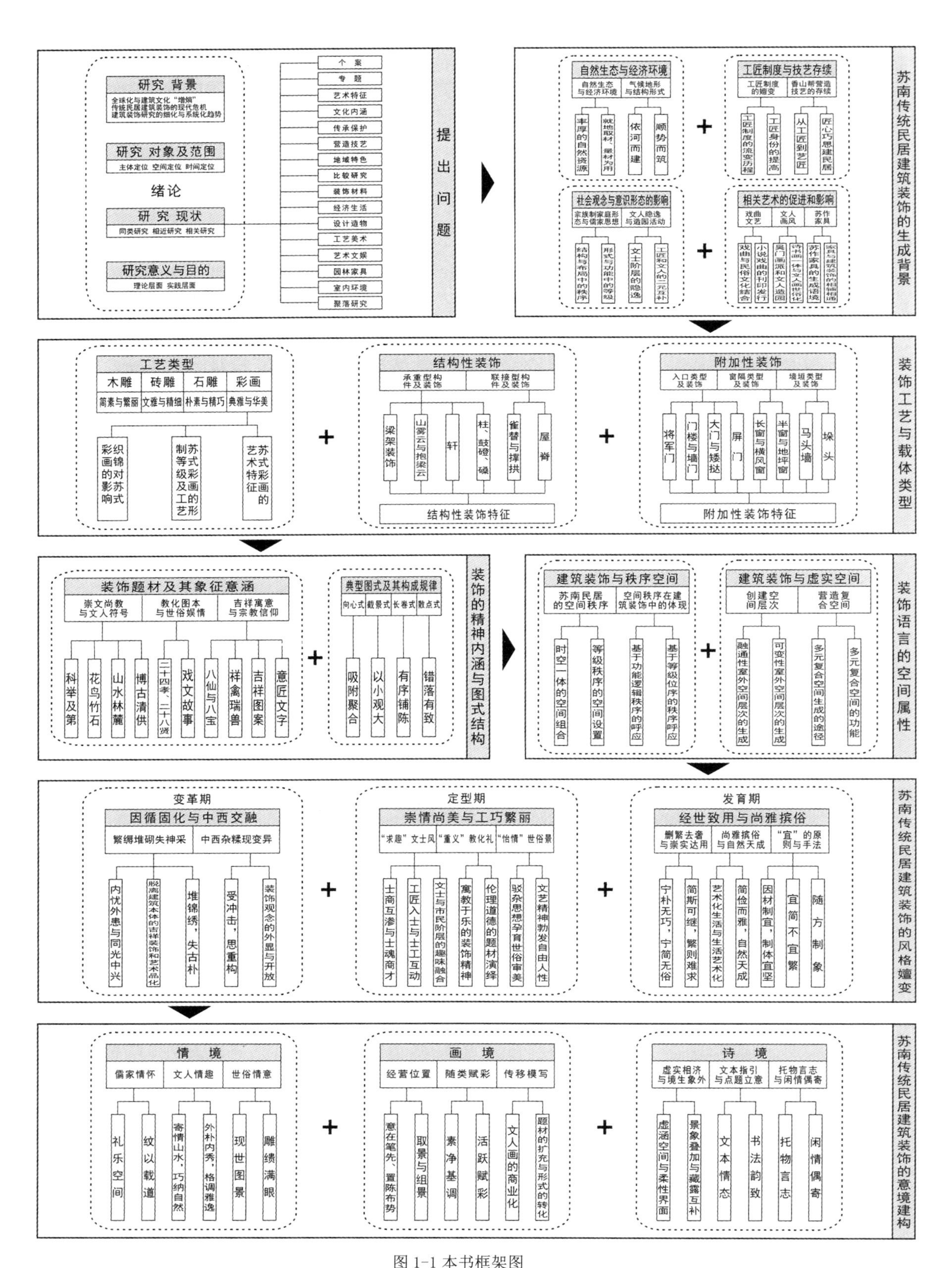

图 1-1 本书框架图

Fig. 1-1 The frame of the book

第 2 章 苏南传统民居建筑装饰的生成背景

民居形态是居住者按照自身意志适应和改造自然环境的结果。自然生态、经济模式、意识形态、建筑材料、建造技术以及人文环境等都是影响和制约民居生成和发展的重要因素。苏南传统民居建筑装饰的视觉形式、审美趋向、空间意象同样深受以上多种因素的影响。建筑装饰体现着人与当地气候、自然环境的和谐共生关系，同时被赋予宣示社会等级秩序，倡导天、地、人和谐共处的生活哲学和处世哲学的传播职能。

苏南地区传统民居不仅遗存众多，而且反映了我国封建社会后期建筑技术和艺术的最高水平。由于受官式建筑形制的约束和影响相对较少，苏南民居在宅居选址、布局等方面善于顺应复杂多变的地形地势，与自然环境结合密切，呈现出灵动、自然、质朴的风貌。这一地区的民居建筑在选材上依据因地制宜、因材制宜的原则，在建筑形象及装饰形式的艺术创造上受地域文化和相关艺术的影响较深，反映了各个社会阶层的审美情趣和时代面貌，富于鲜明的江南地域特色。

2.1 自然生态与经济环境

地域特征不仅包涵一个地区的自然生态环境属性，而且也包涵它的文化历史信息以及居民的生活方式、风俗习惯、审美取向、价值观念等人文信息，是制约民居建筑装饰形态的首要因素。民居建筑装饰产生和发展的过程，既是与自然生态和人文环境相适应与互动的过程，又是与建筑构造之间的协调与对话的过程，同时也是与经济发展相适应的过程。民居建筑装饰的基本样式和艺术风格都与该地区特定的历史传统及文化类型相关联，具有一定的稳定性和独特性。

2.1.1 自然资源与建筑材料

自然材料是构成苏南传统民居及其装饰的物质基础。“五材并用”是中国传统民居建筑材料选择的一个基本准则。李诫在《进新修营法式序》中讲道：“檝栌枅柱之相支，规矩准绳之先治，五材并用，百堵皆兴。”他主张尽展各种材料所长，为建筑所用，以达“百堵皆兴”的目的。尽材料所长是传统设计理念和造物思想中的核心观点之一。《考工记》谓：“天有时，地有气，材有美，工有巧，合此四者，然后可以为良。”[1]“材美”和“工巧”同样是优良民居建筑装饰所秉承的基本法则，“材美”来于自然，“工巧”源自人工。

弗兰姆·普敦在《建构文化研究》中指出，建筑既包含视觉层面要素，也包含建构及触觉等层面要素。民居建筑作为与民众生存密切相关的日常生活空间，不是以视觉观赏为唯一目的，而是要营造与整个身心高度协调的理想场所。地域性的天然材料决定了苏南民居在构造和装饰方面的基调。各种自然材料的感性特征和表现潜能在苏南民居建筑装饰中得到了充分而又个性化的运用，它们是营造苏南民居空间意境和视觉趣味的物质基础。人们在长期的营造实践中，通过对建筑材料和装饰材料的反复使用、认知和对比，发展了各种高超的技能并加以传承。依据不同的空间功能和审美需求，充分利用自然资源，选用最适宜的营造技艺，创造出多姿多彩的民居建筑装饰形象。

2.1.1.1 丰厚的自然资源

民居建筑装饰必须依托于一定的建筑材料。装饰拉近了建筑材料和人的关系，使它在体现构造职能的同时，还能散发出生活与情感的“温度”。苏南地区沃野平畴、物产丰富，被誉为“鱼米之乡”。清乾隆《吴县志》卷二载“地无不耕之土、水无不网之波、山无不采之石”[2]，道出了苏南地区拥有异常丰富的植被资源、水利资源以及矿产资源，这些都是苏南传统民居建筑装饰得天独厚的物质材料资源。

苏南传统民居为传统的土木结合构筑方式。建筑装饰用材亦是以木材、砖瓦、石材为主，以就地取材、量材为用为原则，与环境形成良好的和谐共生关系。苏南建筑装饰依据材料的自然本性，运用恰当的工艺

[1] 李砚祖．材美工巧《周礼·冬官考工记》的设计思想 [J]. 南京艺术学院学报（美术与设计版），2010（05）: 79.
[2] 张乃格，张倩如． 江苏古代人文史纲 [M]. 南京： 江苏人民出版社 , 2013: 715.

技术和表现形式，挖掘材料本身独有的属性和气质，匠心独运地自然融合于民居空间中，传达着居者的个性追求和审美情趣。

2.1.1.2 就地取材、量材为用

木材拥有优良的自然属性，为许多材料不可比拟。它轻质高强度，富有良好的弹性和柔韧性，易于加工，特别适合于用作建筑装饰材料。不同木材有不同肌理与纹理，给人以温和素朴的感受。大木作体现出的材料特性和力学逻辑下的结构美本身富有极好的装饰性，而小木作灵活多变的处理手法进一步充实了民居的空间意象和审美意蕴。

图 2-1 红松 西山东村敬修堂长窗
Fig. 2-1 Korean pine. The French window in Jingxiu Hall of Dongcun Village in Xishan Island

苏南民居建筑装饰主要用榉木、楠木、严柏、樟木、杉木、红松等木材。太湖周围的山体植被繁盛，盛产榉木、楠木等木材。用于民居建造的木材一部分就地取材，还有一部分来自于四川、浙江、湖南、福建、两广、安徽、东北等地（图 2-1）。大木作中的梁、柱、檩、枋、椽等以花旗松为主，立贴式屋架以杉木、花旗松为主。小木作中的门窗、栏杆、隔断等以杉松、红松、白松、花旗松以及其他易加工、不易变形的硬木为主。[1] 通过精湛的工艺，木材以各种不同色泽与质感的表面赋予苏南民居建筑的温暖肌肤。

苏南民居装饰的砖、瓦、石等主要材料均为就地取材。苏南地区拥有烧制各种砖瓦的细泥，自产砖瓦质地细腻缜密、久负盛名。特别是苏州陆墓镇一带一向以烧制品质高洁的砖瓦而著称。据史志记载，从明代

[1] 祝纪楠 .《营造法原》诠释 [M]. 北京：中国建筑工业出版社 , 2012: 27.

图 2-2 东山陆巷惠和堂砖细墙体和砖雕
Fig. 2-2 Huihe Hall's exquisite brick wall and brick-carving in Luxiang Village of Dongshan Peninsula

始，苏州陆墓就被钦定为“御窑”，为皇室烧制专用的大型清水方砖，细腻坚硬，扣之铿然有金属之声，故被称为金砖。在陆墓镇以西的御窑还保存有明朝正德年间和清代乾隆、同治、光绪等时期的金砖。金砖为皇家专用，民间砖雕用的是半金砖、半王砖和方砖。金砖和半金砖质量最好，雕饰出的花纹精致牢固，普通民居多用半王砖（图 2-2）。方砖一般用于镶装大门和铺地，经济较弱的人家方用普通方砖雕刻[1]。与清水砖齐名的还有广泛用于民居屋顶的优质黛瓦。得天独厚的原料与严格的工艺使苏南的“雕作青砖”黛青光滑、古朴坚实，使砖雕艺术在建筑装饰中始终占有重要地位。

苏南地区盛产民居建筑装饰常用的花岗岩、太湖石、青石、绿豆石、黄石等石材，并以储量丰富、质量优异而著称。“石有聚族、太湖为甲”[2]，太湖沿岸及湖中岛屿盛产太湖石，具“瘦、漏、透、皱”等特点，姿态秀润，是园林及民居庭院中叠石掇山的上好选择。苏州的金山、焦山、木渎、光福、藏书等山体盛产花岗岩，其中，金山石较其他山的石质更

[1] 郭翰．苏州砖刻 [M]. 上海： 上海人民美术出版社，1963: 序．
[2] 王建伟．造园材料 [M]. 北京： 中国水里水电出版社，2014：28.

为优良、坚硬细腻。据《吴县志》记载，金山“山高五十丈，多美石，巉巉高耸皆碧绿色。”[1] 清中叶后，苏南多类建筑中的青石多被金山石所取代（图 2-3）。民居中的墙体、柱础、阶沿、台基等大多用强度较大的花岗岩及青石。青石产自洞庭西山，纹质细腻、宜于浅雕，也多用于金刚座、栏杆等处。绿豆石石质较松脆但易于雕作。尧峰山出产黄石，嶙峋入画，即可砌筑蹬道，亦是园林建筑中堆山叠石的美石[2]。

苏南传统民居建筑装饰充分挖掘了木材、砖瓦、石材的材料语言，在民居空间中引入了质朴、自然的界面基调和柔软与坚硬、粗涩与光滑等肌理变化。特定材料与相适应的技艺服务于尊贵、质朴、豪放、精致等语义的传达，共同形成与建筑构造、与空间功能完美融合的苏南民居装饰语言。

图 2-3 周庄住宅石雕
Fig. 2-3 Stone carving in house of Zhu's in Zhouzhuang Town

[1] 杜国玲．吴山点点幽 [M]. 北京：现代出版社，2015：20.
[2] 祝纪楠．《营造法原》诠释 [M]. 北京：中国建筑工业出版社，2012: 174.

图 2-4 东山陆巷民居屋脊
Fig. 2-4 Ridge of dwellings in Luxiang Village of Dongshan Peninsula

2.1.2 气候地形与结构形式

自然秩序抽象存在于民居形式及空间形态中。苏南地区四季分明、冬冷夏热、梅雨显著。因此苏南传统民居的结构以缓解夏季的潮湿闷热为主导。民居建筑多南向和东南向，民居以木构架为主，体量小巧适中、屋脊较高、进深较大、薄墙多窗、构筑空透。相对温和的气候使民居的门窗多采用以利通风、灵活可拆的整面长窗或低矮的槛窗，外观雅秀通透，具有苏南地区独有的特色。屋面结构相对简单轻巧，墙体多为硬山山墙，因此民居屋面之间的任意组合成为可能，屋面之间参差穿插、屋脊相互连接，形成苏南民居特有的“第五立面”（图2-4）。

自然地形、地貌特征直接影响和制约着传统民居的方位朝向、结构造型及空间组织。在自然秩序和生活需求的共同作用下，苏南民居成为人与自然高度结合的空间系统。位于太湖之滨的苏南地区水网密集、河道纵横交错，苏南民居多因地制宜，充分利用地形地貌进行规划与布局，其形态与自然地貌呈现出高度的适应性，与苏南地域环境有机关联。苏南民居多以河道为中心对称布局，其排列和生长大多受制于河流走向，成线性发散分布状态形成聚落，或以水为中心，或临水而居，依河成街成宅，与自然地形紧密契合，苏南民居线性的聚落形态反映出建筑与河道相依的布局特征。甚至单个民居的轮廓形状、功能设置、朝向设定、门窗大小以及位置选择也根据河道走向来安排。苏南民居的空间组织及特质蕴含着地形本身所具有的抽象秩序。水系与相关街巷共同成为传统民居的交通和生长骨骼。民居与水系相互依存的密切关系赋予苏南民居鲜明的亲水性布局之地域特征，人造空间与自然环境之间具有高度同构的关系，错落之中包含有清晰的秩序。

2.1.2.1 依河而建

图 2-5 周庄水巷
Fig. 2-5 Water Lane in Zhouzhuang Town

依河而建的民居在苏南地区传统民居中占有较大比重。民居常以院落作为空间组织媒介，垂直于河道或者街巷，形成长条状进落式的平面及空间组织形式。根据民居与河道、街巷的关系，它们可以归纳为滨河街巷民居和水巷民居两种类型。滨河街巷民居往往与河道、街巷平行，民居于河、街之间，一般有两种空间模式：一种是河道—民居—街巷—民居式，一种是河道—街巷—民居—街巷—民居式。

河道—民居—街巷—民居式宅居通常正面临街、背面临河，兼有水陆两套交通系统，非常便利。紧邻河道的民居往往压驳岸而建，沿河道和街巷蜿蜒毗邻，根据地形地貌进行适应和灵活调整，因地制宜进行建造与布局，经济实用，形成与河道平行的线性空间组合序列，充分显示出与河道相互依存的关系。受河道影响，街道呈现出自然曲折之势，具有天趣和节奏感。在临水房屋外侧，居民往往为了方便日常生活中洗涤、购物、交通等所需，设计建造多种形式的水踏步、水码头，既与自家建筑布局相匹配，又与河道的交通相连通，具有独特的沿河民居风貌（图 2-5）。

河道—街巷—民居—街巷—民居式宅居，往往在街巷和河道之间设置公共的水踏步，以供居民日常生活和商贸所用。此种模式的民居出门即是街巷，同时距水陆交通体系也仅有几步之遥而已，可兼得水陆两套交通体系之便利。受商品经济的发展和影响，临街住宅布局紧凑而巧妙，或前店后宅，或底店楼宅，可同时满足居住和商贸双重性质，形成典型的商住结合模式。

水巷民居于河道两岸压驳岸而建造，河道居中形成交通水巷。东西走向的河道常常紧临沿河民居，设有灵活多样的下河水踏步；南北走向

的河道两岸，水踏步通常与河道垂直，设置于前后两宅的夹道中，将河道和民居有机结合起来（图2-6）；人们还通常会在较窄的水巷设置小桥和廊桥，丰富了临水民居群体表情，将人、环境、建筑艺术有机结合起来（图2-7）。水巷民居的进深受河道的存在和走向的限制和影响较大，同时，民居空间排列方式也受其制约。苏南一带地少人稠，为了争取更多的建宅基地和生活空间，人们将顺应河道的民居空间排列方式进行了巧妙转变，在纵向高度上叠加以寻求空间的释放和扩展，而不仅仅是传统式帖服地平面的通过进深串联来扩大空间。因此，沿河民居往往为造型轻巧的两层构造，有的出挑水面、有的略退、有的紧贴驳岸，重重叠叠、凹进凸出，立面式样极其丰富，形成虚实结合、错落有致的独特立体空间组合效应。同时，民居平面布局也会利用、顺应自然地形地貌，随岸就形、高低参差。配合外部构造的因地制宜，内部空间关系亦紧凑巧妙，呈现出随曲就折、灵活多变的面貌。建筑单体的不同组合方式使民居呈现出多样表情和灵动面貌，同时为民居装饰铺垫了理想的语境。沿河民居一方面形式多样，另一方面由于要满足近乎相同的生活起居功能需求，

图2-6 周庄民居水踏步

Fig. 2-6 The footfall of the river of dwellings in the Zhouzhuang Town

图 2-7 周庄临水民居
Fig. 2-7 Dwellings at the edge of the water in Zhouzhuang Town

其单体建筑又在尺度、轮廓等方面呈现出较强的相似性，在河道两岸形成节律性的线性排列模式。

2.1.2.2 顺势而筑

苏南地区留存了一部分由普通百姓自建的小型传统民居，有些小型民居的片段或者单个院落以空间单元的形式存在，是苏南民居中最活跃的层次。小型民居的建筑面积相对较小，在适应复杂的地势变化上具有更大灵活性。受地形特征、地基位置、水陆交通等诸多因素的限制与影响，室内外空间单元及组织具有灵活多变、适应性强、主次有别、尺度宜人等特征，呈现出与周边环境高度融合的面貌。同时，经济变化、人口增减、功能变更等因素也使生活本身具有动态特征，民居空间会处在持续不断地新陈代谢中。

民居的平面布局出自功能需要，很少矫揉造作，它简朴、大方、丰富、活泼。[1] 小型民居三合院、横长方形、四合院、曲尺形等类型的平面布局最为常见。这些具有简单形态逻辑的空间单元是组成复杂空间的母体，通过重复、连接等方式形成复杂多变的空间组合形态。横长方形民居以两进居多，大门设于正中，中间间以天井，主屋后面设有厨房、杂物间等下房。如果在主屋两边设厢房或廊，即为三合院。正屋一般面阔三间或五间，两边设厢房，俗称为三间（五间）两厢，是苏南民居的母题之一，数量较多。横长方形的民居会产生许多灵活多样的变体，形成形式多样的民居。四合院形式也比较多，这种民居一般为横纵长方形，主屋前面三面用廊连接，或者为四面有走廊可通行的环楼；还有的以居中一间为主屋，两边附有厢房，对面用廊；或在两面主屋的左右用廊连接，形成“工”字形；或在主屋的前面加厅或者戏台，形成“凸”字形，如果后面再加穿堂，则形成“十”字形。还可因地制宜，用以上变体进行自由组合，形式变化极其自由丰富。曲尺形民居是人们为了争取向东、向南等好朝向而形成的一种形式，通常占地面积不大、经济适用，是中大型住宅中经常用到的组合单元之一。方形的一颗印式民居在苏南地区也很常见。一颗印式民居一般天井居中，两层房屋对称布置，下为起居室、厨房等，上为卧室，南面正中设有大门，相对集中封闭但舒适明朗。

[1] 杨廷宝著，齐康记述．杨廷宝谈建筑 [M]. 北京：中国建筑工业出版社，1991:42.

图 2-8 西山东村敬修堂大木构精致雕花
Fig. 2-8 Exquisite carving of timber structure in Jingxiu Hall in Dongcun Village of Xishan

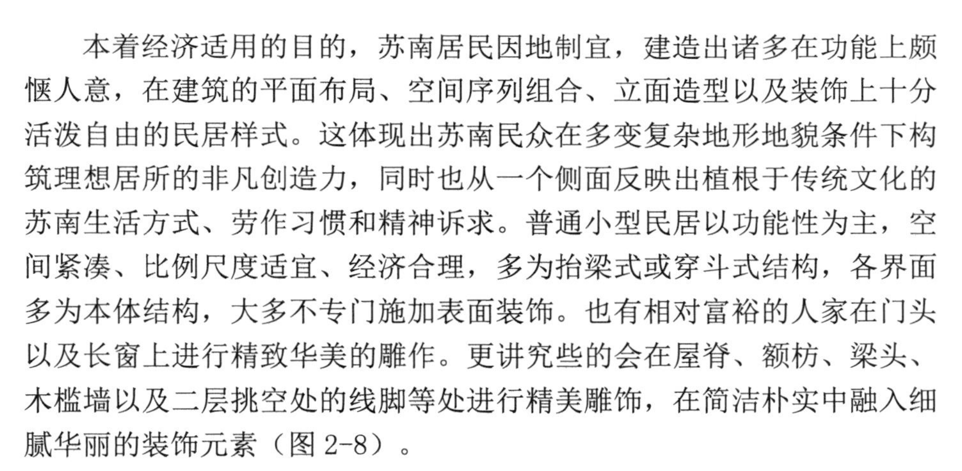

本着经济适用的目的，苏南居民因地制宜，建造出诸多在功能上颇惬人意，在建筑的平面布局、空间序列组合、立面造型以及装饰上十分活泼自由的民居样式。这体现出苏南民众在多变复杂地形地貌条件下构筑理想居所的非凡创造力，同时也从一个侧面反映出植根于传统文化的苏南生活方式、劳作习惯和精神诉求。普通小型民居以功能性为主，空间紧凑、比例尺度适宜、经济合理，多为抬梁式或穿斗式结构，各界面多为本体结构，大多不专门施加表面装饰。也有相对富裕的人家在门头以及长窗上进行精致华美的雕作。更讲究些的会在屋脊、额枋、梁头、木槛墙以及二层挑空处的线脚等处进行精美雕饰，在简洁朴实中融入细腻华丽的装饰元素（图 2-8）。

2.1.3 经济发展的驱动

中国古代社会是一个以农耕自然经济为主体、以乡土宗族制度为基础的农业社会。自宋代开始，“工商亦为本业”的思想开始出现，民间开始出现了弃农从商、官商融合现象，商业得以繁荣，经济得以发展。

宋室南迁使我国的经济政治中心的南移，推动了苏南地区经济文化的交流与发展。明代中叶以后，苏南地区的商品经济有了长足发展，促使基于雇佣关系的民营手工业不断涌现。凭借“控三江，跨五湖而通海”的地缘优势，苏南各地自古以来就是漕运重镇和物流集散地，经济借此繁荣。清中期有人生动记载了苏州经济繁茂之势：“苏州为水路充要之区，凡南北舟车，外洋商贩，莫不毕集于此……近人以苏杭并称为繁华之都”[1] 由此可以看出，苏南地区的苏州因其优越的地理条件和水陆交通条件，经过数百年的积累于明清时期达到商品经济空前繁荣，成为全国商贸经济的中心口岸以及文化艺术中心。随着经济的发展，苏南居民的观念意识、生活方式、风俗习尚等方面都发生了相应的改变。

工商业的迅猛发展、文风的极度兴盛以及得天独厚的优美自然环境吸引了大批达官显贵、文人雅士以及富商大贾云集至苏南地区，促使苏南地区发展为人口稠密、文化精雅、经济繁荣的地区。外籍商人除了择地修建自身的居住府邸之外，还会依据地势之特征，沿河或沿街建造大量的商居两用建筑，或前店后宅，或下店上宅，形成具有水系特色的民居建筑及其装饰风格。此外，外籍商人为了本体商业利益，大兴土木兴建了大量构造及装饰都极其考究、奢华富丽的会馆。商业及文化繁荣的苏南地区还吸引了大批出自本地的达官富贾及大儒名流回归故里，大兴土木构筑了私家园林或气派宏伟的府邸，以鸣得志。其规模之庞大、形式之丰富、数量之繁多前所未有。各种高超的营造技艺及装饰艺术在各类宅居中得以充分展现。苏南地区发达的经济和优渥的自然环境及深厚的历史文脉相辅相成，孕育出传统民居建筑装饰崇文内敛、尚德厚生、细腻秀雅的独特风格和高雅意境。

2.2 工匠制度与技艺存续

工匠承担了营造活动中的多元化角色。他们不仅是设计者与建造者，也是建筑技艺的传承者、创新者和传播者，同时还是建筑技术经验及规则的归纳提炼者及调适者。工匠是建筑装饰的创作主体，在苏南地区装饰营造体系的形成和发展过程中，起到关键作用。民居装饰作品在其创

[1] 范金民．明清江南商业的发展 [M]. 南京： 南京大学出版社，1998：146.

造性的构思和自由的灵性发挥中获得了持久的生命力，作品体现的不仅是显在的技艺与形式，更是丰满而独特的人性。因此，工匠制度和工匠的生存状态是影响民居建筑装饰的重要因素。

明清时期，工匠制度经历了多次变革。制度枷锁的松解使工匠的创作激情显著提高。随着身份、地位发生重大转变，工匠拥有了一定的“文化资本”。例如苏南地区的香山帮在明清时期名匠辈出，形成悠久的传承历史和很高的职业荣誉。苏南民居建筑装饰中蕴涵着香山帮匠人的匠作文化的精髓。

2.2.1 工匠制度的嬗变

明朝初期，太祖朱元璋把“田野辟、户口增”视为治国之急务，推行垦荒屯田等一系列农业措施，使小农经济得到迅速复苏与繁荣。在经济领域，朱元璋亦采取了一些扶持商业、鼓励通商的有力举措。经明洪武、建文、永乐三朝的励精图治，明朝社会经济空前繁荣，阶级结构发生流转变化，新兴的资本经济迅速发展，传统自然经济的统治地位逐渐被削弱。经济领域的发展变化促使工匠制度发生了一系列重大变化，为民居建筑及其装饰的发展提供了强大的工艺技术支持，同时激发了文化资本的转变。

2.2.1.1 工匠制度的嬗变历程

明朝初期仍沿用元代建基于自然经济的工匠制度。工匠一旦被编为匠户，就被束缚于匠籍，要代代守其业，不得脱离匠籍、不得从文科举为官，要承担各种官方工役，对工匠的人身束缚非常大，奴役程度也非常严重，匠师地位低下、生活极其困苦。明洪武十一年（1378 年），规定凡是赴京的工匠，每月会供给薪水和生活必需品，休工者停给，“听其营生勿拘”，这是工匠制度的第一次改变。据此可见，明初期的工匠制度与元相比已相对宽松，休工工匠可自由生产经营。据《明会典》记载：“凡轮班人匠，洪武十九年（1386 年）令籍工匠验其丁力，定以三年为班，更番赴京轮作，三月如期交代，名曰轮班匠。”[1] 这是工部侍郎秦逵提出的班匠每三年服役一次的轮班制度，每次三月，由元代常年役作改为

[1] 左国保，李彦，张映莹．山西明代建筑 [M]. 太原：山西古籍出版社，2005:34.

役有定时。虽然规定是三年一役，但由于工匠所从事的各种工种的简繁程度不尽相同，因此便派生出多种时长的轮班制。例如，木匠为五年一轮；锯匠、油漆匠、雕銮匠等则为四年一班；搭材匠和土工匠等为三年一班；石匠为两年一班；琉璃匠、裱褙匠等则仅有一年一班。轮班制度是工匠制度的重大变革，工匠们在制度之内拥有了非服役期间的自由时间，可从事自己所擅长的手工业生产，提高了劳作热情，促进了手工业商品的生产和发展。明成化末年，随着商品经济的发展，又推出了“以银代役”的工匠制度，进一步增加了工匠自由劳作的空间。工匠制度对传统建筑及其装饰的发展具有双重影响。从正面看，建造领域的各路能工巧匠被组织在一个系统中步调一致地施展才华，规模化集中劳作和严格的传承制度有效推动了技艺水平的不断提升和设计理念的不断完善；从负面看，强制性的身份固化伤害了工匠们的职业尊严，日趋腐败的官府监督体系剥夺了工匠们自由工作和经营的权利，严苛的用工制度限制了工匠们自主发挥创造力的积极性。

2.2.1.2 工匠身份的提高

明代工部官吏从能工巧匠中选拔担任，极大地提升了匠师的身份与地位。明代营缮组织机构中的所正、所副都是从懂建筑的工匠中提拔上来的，有木工、瓦工、装潢工、斫工、石工等，数量之多、职位之高为前朝未有。这种现象基于当时深刻的政治、经济及社会背景等因素。明朝的营造事务极其繁多，仅明代初年对南京皇城的扩建就有二十三万工匠被役使，同时有上百万的兵卒、民夫也被役使于这场浩大的营建工程中。据《明实录·太祖实录》记载：“初营建北京，凡庙社、郊祀、坛庙、宫殿、门阙，规制悉如南京，而高敞壮丽过之。”[1] 这些规模宏大的营造工程不仅需要更高的建筑技术、更好的建筑工具和机械来支撑，更需要拥有丰富营造经验和卓越技艺的优秀匠师来直接参与甚至领导才能使其顺利完成。加之明代英宗后，皇帝多平庸无能，内阁首辅大臣和宦官之间权利交替，贪污腐败、慵懒无为的官吏懈怠工期进度，促使朝廷另辟蹊径，从工匠中选拔杰出的匠师来担任营造官员，以保证营造项目的正常推进和完成。另外，不堪统治者欺凌压迫的工匠进行各种形式的反

[1] 孟凡人．明朝都城 [M]. 南京：南京出版社，2013: 253.

抗，这也使统治阶级选拔有威望有能力的匠师充当营造的官吏，从而用“以匠制匠”的方式来治理工匠。能工巧匠成为工部官吏，一方面为能力技术高超的匠师提供了施展才华的广大平台，另一方面极大地提高了工匠们的工作激情和创造热情，促进了明代建筑的发展。[1]

经过明代工匠制度的不断变革，至清代时，工匠世袭的低贱身份发生了巨变，逐步从毫无自由、终年在官府监督下劳作的生产状态中解放出来，成为在制度内拥有工作自由、经营自由的手工艺者。大批拥有专业手艺的工匠获得前所未有的工作自由，地位得以提升，从而释放出巨大能量。工匠生活劳作的态度更加积极明朗，形成了一支庞大的拥有精湛技艺、实力雄厚的手工业者队伍。工匠在从事手工业生产的同时还可自由经营。工艺技术文化的传承机制由内卷式和固化式向积极的方向发展。工艺技术由凝固状态呈现出可积累、可转换状态，具有了潜在“文化资本”特征，建立了自身发展逻辑。工匠制度的转变使民间手工业的发展环境更为宽松，为工匠提供了自由发挥建造技艺的机会和场所，正如王贵祥先生所说的：“建造的过程，是使材呈其美——因才施用，使工肆其巧——殚能极艺，极尽工巧。”[2] 体现出独有的形式和风格。工匠不仅具有生产的力量而且也拥有了更大的创新能力和热情，民间手工业的快速发展为建筑装饰提供了必不可少的技术和工艺支持。

2.2.2 香山帮营造技艺的存续

香山位于距苏州古城西南 30 公里处，以香山为地理中心的民间匠帮组织是中国传统建筑的重要流派，“香山帮”匠人是苏南传统民居营造范式的创造者。以建筑艺术闻名于世的北京故宫、苏州园林以及苏南地区的诸多古典园林均为香山帮哲匠所造。苏南地区大量集实用与审美一体的传统民居及其建筑装饰艺术精品亦出自香山帮匠人之手，堪称建筑技术和艺术高度融合的典范。

2.2.2.1 从“工匠”到“艺匠”

香山帮历史悠久，最早可追溯到春秋战国时期，香山帮（时称南宫

[1] 左国保．山西明代建筑 [M]. 太原：山西古籍出版社，2005：32.
[2] 王贵祥．中国古代人居理念与建筑原则 [M]. 北京：中国建筑工业出版社，2015:404.

乡）先人就营造了著名的阖闾大城以及大量的军事性城堡。阖闾、夫差时期的30余处离宫别苑都出自他们之手。秦汉时期，香山匠人参与了诸多城市建设、防御、皇家宫廷、衙署园林、达官贵人的豪宅私邸以及坊市民居等各类建筑的营构，建筑及装饰技艺日趋成熟精湛。西晋末年大批士族南迁，“长江流域遂正式代表着传统的中国。”[1]逃避战乱的文人士族纷纷隐居山林、寄情山水。苏南地区本土吴文化与外来中原士族文化相互渗透融合，逐渐从“崇武”转向了“尚文”，形成文化新格局。南朝时期的苏南一带崇佛重教，兴建了许多寺庙，从一定程度上促进了香山匠人的建筑营构技术。隋朝开通了纵贯南北的大运河，促进了南北文化经济的交流。至唐代开埠通商，苏南地区更加繁华，不仅成为南北经济中心，也是文风最为鼎盛之地。这一时期，苏南地区的私家园林也得以长足发展。

“华堂夏屋，有吴蜀之巧”[2]，苏轼的一个“巧”字道出了宋代苏南地区民居匠心独运、精巧秀丽的风格特点。宋室南迁，是使香山匠人从建筑技艺到建筑文化发生深刻蜕变的另一契机。南宋时期经济政治中心南移，许多士家大族随之举族南渡，苏南地区因其良好的地缘与文风吸引了大批名士望族隐居聚集于此。他们在此大兴土木、构筑宅邸，营造活动再掀高潮。应营造局势所需，《营造法式》在苏州（宋称平江府）重刊，使香山帮匠人能以我国建筑技艺之经典作为创作的参考蓝本。至今在洞庭东西两山还留存着诸多颇具宋代遗风的传统民居。在宋代文人细腻婉约的审美情趣熏陶下，香山涌现出许多技艺精湛、变通灵活、擅于因地制宜的精工良匠，促成了香山帮建筑技艺的规范与成熟。

元明至盛清，苏南地区人文荟萃，商品经济日趋繁盛，崇奢习气日增，人们竞相修筑私家园林或大型宅邸。残酷的政治社会现实使得诸多文人、画家放弃仕途、归隐山林，甚而直接参与到私家园林及民居的设计中。匠人以精湛技艺实现文人心中图景，文人以浓厚文化底蕴促进匠人技艺的进一步精进。文人与匠人之间的良好文化互动，促使香山帮建筑技艺趋于精雅化和艺术化，促使香山帮建筑名匠荟萃，并从“工匠”转为“艺匠”，使技艺与品格达到了前所未有的高度（图2-9）。成功承建故宫

[1] 钱穆．国史大纲[M]. 北京：商务印书馆，1996:237.
[2] 郭华瑜．中国古典建筑形制源流[M]. 武汉：湖北教育出版社，2015:55.

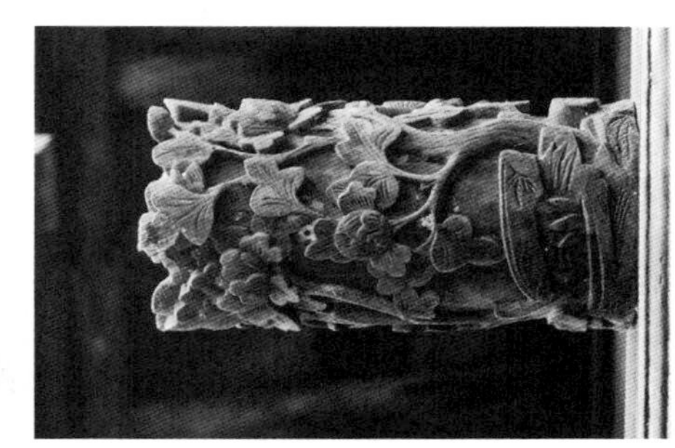
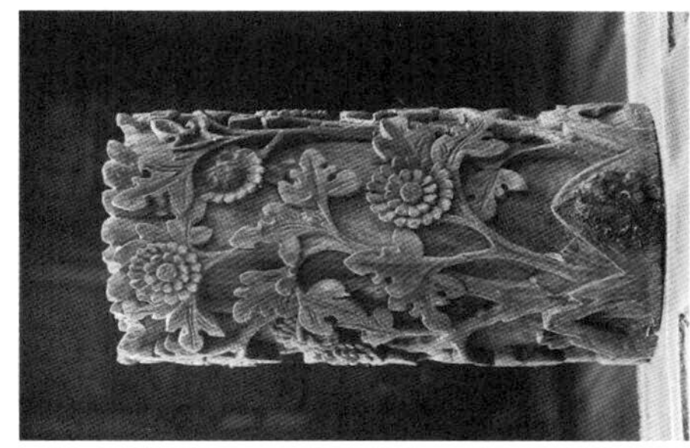

图 2-9 西山东村敬修堂雕花门簪
Fig. 2-9 Carved decorative cylinder in Jingxiu Hall in Dongcun Village of Xishan

以及承天门（天安门）的香山哲匠蒯祥，由民及官，官至工部侍郎，为香山帮匠人赢得了地位和尊严，同时标志着香山帮建筑技艺进入鼎盛时期。明清时期，具有高超技艺和文化艺术素养的香山帮匠人缔造出独具文化意蕴和深远意境的苏南传统民居及其建筑装饰体系。

2.2.2.2 匠心巧思建民居

陈从周先生对苏南建筑赞曰：“轮廓线条之柔和，雕刻之精致，色彩之雅洁，细节处理之认真，皆它处建筑所不能及者。至于榫卯一节，当推独步，国内无有可颉颃者。次者如扬州、浙东，终略逊耳。”[1]他明确表达了对苏南地区建筑的赞赏之意，认为其在建筑工艺与技术、建筑结构与形式表达等层面都臻于全国最佳。

“香山帮作为一个将技术和艺术完美结合的建筑流派典范，是一个

[1] 陈从周．梓室余墨：陈从周随笔 [M]. 北京：生活・读书・新知 三联书店，1999:343.

图 2-10 西山堂里仁本堂长窗雕饰
Fig. 2-10 Renben Hall’s French window of the Tangli Ancient Village in Xishan Island

以木匠（大木作木匠）领衔，集木匠、堆灰匠、漆匠、泥瓦匠、雕塑匠、叠山匠等古典建筑中全部工种于一体的建筑工匠群体。”[1] 这个群体在历朝历代多元文化的相互交流和激烈碰撞中，经过不断的磨合、传承、变迁、创新与再生，将技术与艺术融为一体，形成相对稳定的构造技术及形式风格（图 2-10）。在苏南传统民居的建造过程中，他们从相地选址到布局擘划、从选材下料到空间组织、从雕镂刻画到意境建构都表现出独具匠心的巧思营构。例如仅厅堂一项，香山帮匠人就创造出鸳鸯厅、花篮厅、花厅、四面厅等多种类型，在满足实用功能的基础上最大限度地赋予了其独立的美学意义。香山帮匠人崇文尚饰、巧手成章，通过雕刻、彩画、堆塑等建筑装饰技艺之巧，塑造了丰富而灵动美好的建筑装饰语言，在使人赏心悦目的同时又借物寄情、借形达意，以精湛技艺描述世俗情怀，赋予了民居建筑本体更多的文化内涵，形成了苏南民居精美典雅、文气氤氲、灵秀婉约的装饰艺术特色。

2.3 社会观念与意识形态的影响

意识形态是一种重要的精神力量，具有强大的社会功能。苏南传统民居建筑装饰深受儒家思想与意识形态的约束和塑造。民居的空间布局与装饰艺术实际上起到了在基层社会传播统治阶级意识形态的职能。在以功能为设计主旨的民居建筑中，不同功能的空间在序列分布、空间尺度、构件形制上都遵循着封建礼制规定的人伦道德观念和伦理纲常。等级观念与伦理秩序在以中轴对称布局的居宅中井然有序地展开，与民众的日常生活相契合。民居建筑空间的有序设定反映着封建社会中内外有别、尊卑有序的传统意识和礼制文化，对其居者传递着无声的教化和规约。

2.3.1 宗族制家庭形态与儒家思想

儒家思想与宗族制家庭形态所形成的礼制文化和典章制度影响和制约着苏南大中型民居的建筑形制、平面布局、空间秩序和装饰形态。建筑成为传统封建礼制的代言物，起到规约和影响着人们行为的作用。儒家礼制将君臣、父子、夫妇等社会关系进行严格定位。严格的宗法制度、

[1] 崔晋余．苏州香山帮建筑 [M]. 北京：中国建筑工业出版社，2004:2.

礼制秩序成为封建社会的统治准则，苏南传统民居及其建筑装饰的各种建制都依此进行了严格的划分与界定。

2.3.1.1 结构与布局中的秩序

在中国传统社会中，设定中心和强调主轴居中、左右对称及主从有序是儒家理治思想统治下的政治、文化观念及社会意识的体现。规模庞大的苏南传统民居占地逾千平方米，主人往往是当时的达官显贵及退隐名士，深受儒家思想的文化浸染。例如苏州葑门的彭宅、干将西路的故宅和任宅、钮家巷的潘宅以及杨家浜的吴宅、苏州西山堂里的仁本堂、西山东村的敬修堂、东山的雕花楼、常熟的彩衣堂、无锡的薛福成故居等均是苏南地区典型的大型宅邸。大型民居的格局在儒家思想的影响和制约下以宗族制的“家族”概念展开，通过中轴线对称方式，将单体建筑用进与落的形式井然有序地组织起来，在结构位序、布局方向等方面形成明确的主从关系。礼制道德、伦理精神的观念借此物化成可居可游的建筑形式。其建筑装饰的形制、色彩、材质、题材等也都依据位置、繁简、品级等来体现主次和秩序，做到长幼、尊卑、男女、主仆有别。它既是人们对于生活理想的艺术表达，也是“中正无邪，礼之质”的儒家思想在建筑装饰细节中的体现。

大型民居一般坐北朝南，以“正落”为明确的纵轴线组织空间，纵轴线为主、横轴线为辅，形成左右对称、布局规整、多进落层层递进的封闭式院落。沿轴线纵向串联排列的院落称为“落”，每落由若干“进”组成，少则三五进、多则七八进。“进”是苏南民居展开的基本单元，由一座门楼、一个庭院或天井、一组房屋（厅堂及一侧或两侧厢房）组成。门楼、天井、厅堂，虚与实、明与暗、开与合，逐进在南北纵向上层层延展开来，具有清晰的南北空间走向。规模较大的民居会在横向上以落拓展，形成多条南北平行轴线，较大规模的能达到六七落之多。按照空间组织序列，大型民居中门厅—轿厅（茶厅）—正厅（主厅）—内厅（女厅）—堂楼等坐落在全宅正中纵轴线上的建筑被称为正落，也称主落，具有居中对称、整齐严整、轴线分明的特征。正落大多是封建大家族中长辈或主要人物起居、活动用房，其中最主要的建筑是正厅，也是整座宅院的中心，是主人会客宴请、商讨大事以及重要节庆、礼仪之所在，

位置最为突显。因此，正厅无论是在房间的进深、开间、体量上，还是在用材、装饰及家具的摆设上都是最高等级，形成整座宅院最具权威的场所，其他空间均次之。苏南大型民居主落狭长幽深，房间位置、装饰、造型、布局、面积以及高度的不同标示着不同的等级。它们不仅功能不同，而且主从关系极其明确。人伦差序在这种主与次、正与偏、内与外的建筑语汇中得以显现。

大厅位于门厅及轿厅之后，从大门、门厅到轿厅（茶厅）的空间具有相对开放的性质，建筑装饰担负展示宅院风貌及主人审美情趣的职能。正厅（主厅）位于轿厅之后，威严整肃、堂堂高显，是大宅最主要的建筑，常为应酬款待宾朋以及婚丧大事的场所，具有半开放、半私密性质，其用料、建筑工艺以及装饰规格为全院最高最精。正厅后面设石库门，为内外宅的分界标志。穿过正厅即为内厅（女厅），此厅为女眷起居及接待亲朋好友之所，是家族内的公共空间，对家族成员而言具有开放性质，但对客人而言具有私密性质。第四进为堂楼，是宅内主人的生活起居场所，亦为藏娃纳闺之地，中间设有坚固的石库门，外人不经允许不得入内，是最具私密性质的空间。大型民居在此基础上据宅基地的面积大小及地貌，灵活组织空间，变化进数，但居中正厅的位置及主要空间序列不变，等级分明、由开放性空间到私密性空间的平面布局不变。

堂楼后面或设花园，或临界墙，或设下房。花园内叠山理水、曲径通幽，富于文人雅趣。高耸的界墙可以有效阻挡冬日北风的侵袭。下房一般与后门相近，紧邻河道或街道，方便洗涤、购物以及运输，可设为仆人住房、柴房、厨房或者杂物间等，四周常设围墙，独立成区。后门功能明显与前门不同，前门主要供主人及客人出入，而后门则为服务性质入口。位于正落东西两侧的纵向建筑为边落，一般西路常设置花厅、书房及次房；东路常设佛堂、厨房等。花厅及书房是读书品茶、吟诗作画等雅活动的所在地，为边落的主要建筑，有花篮、卷棚、回顶、贡式等结构式样，构筑精巧华丽、装饰典雅。厅前或辟天井，或构筑园林，在其间叠石理水、精植花木尽显自然和畅。与布局规整、秩序严谨的正落相比较，边落的空间层次及布局均有所不同。边落的开间进深及面阔等都比不上正落的规模，少了些整齐严整，多了些自由灵动。正落与边落形成了严谨与自由、庄重与精巧的平行呼应，在变化中实现了建筑空

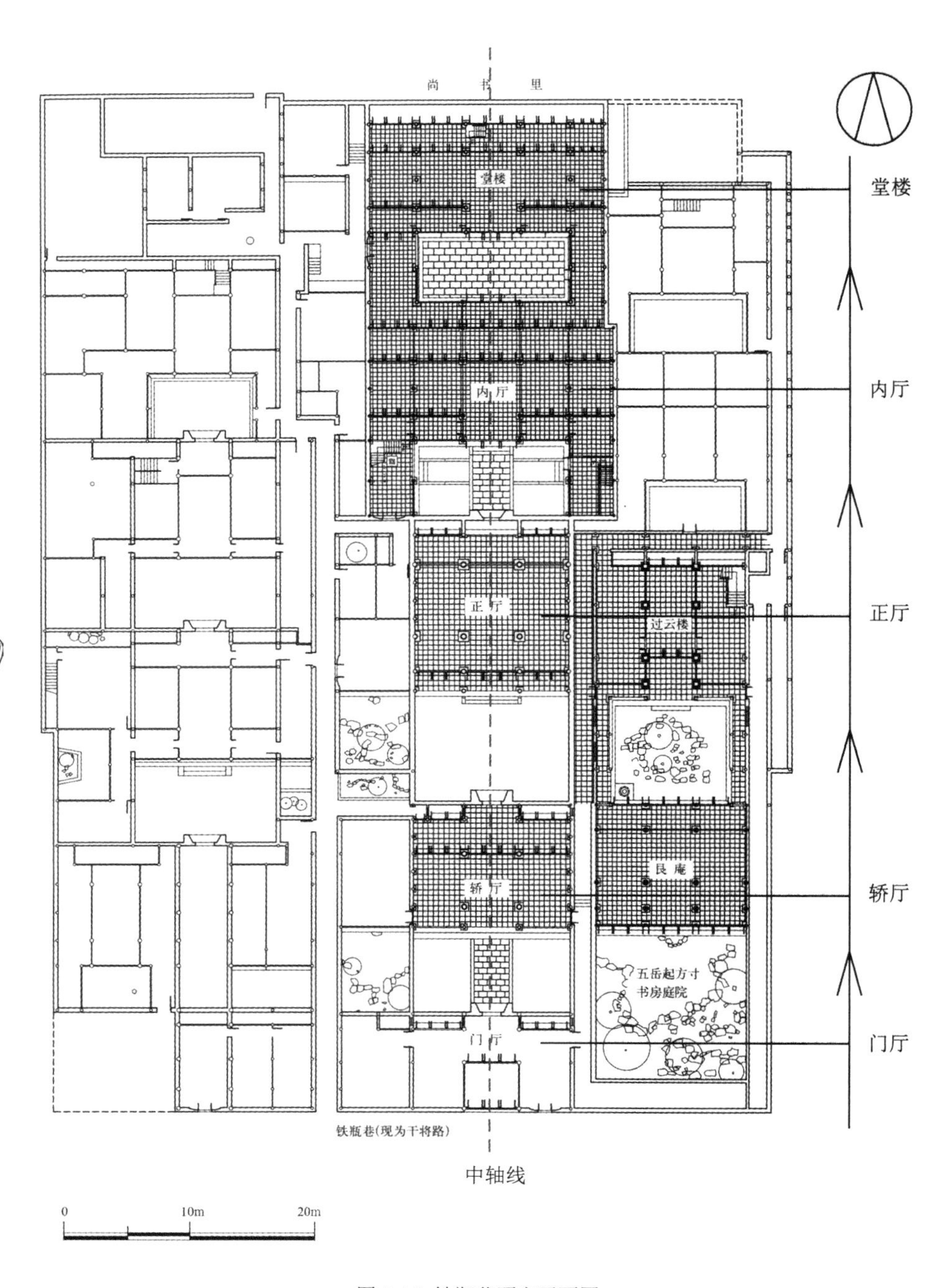

图 2-11 铁瓶巷顾宅平面图

Fig. 2-11 Plan of the house of Gu's in Tiepin Alley

（图片来源：苏州市房产管理局．苏州古民居 [M]．上海：同济大学出版社，2004.）

间形态的有机组织与协调，形成别有韵致的空间关系。边落不设置对外出口，出入大宅均需经正落的主入口，这也是封建大家族不能另立门户的观念在建筑布局中的体现。

大型民居强调中轴线，中轴线是对社会地位、权力的心理暗示以及反复重申（图 2-11）。居于中轴线的人象征着拥有大宅的至高权力，具有掌控中轴线所辐射范围内各种关系的能力。以中轴线为基点所形成的组织框架，不仅遵循了苏南传统民居在功用层面的建造逻辑，而且也是传统社会秩序、政治秩序以及伦理秩序的体现。中轴线一旦确定，作为关系定位，建筑布局中上下左右的位置便直接与居者的社会地位相关联。“在这种长幼尊卑秩序中，处于不同社会等级的人，应该各居其应处的正位，从而使整个社会，都纳入到了一个秩序化的空间环境之中。”[1]

2.3.1.2 形式与功能中的等级

尼采曾经说过：建筑是一种权利的雄辩术。苏南民居的入口形制既符合儒家伦理的秩序需求又可满足特定的功能及审美需求，可以通过一定的规模、形制与装饰形式体现出等级秩序。官绅及商贾阶层修建大型民宅，其大门也相对高显气派，大多为屋宇式大门，呈现严肃威严之势。例如将军门为苏南民居中等级最高的大门形制，布局比较复杂且特殊，由四界门厅、阀阅、匾额、门当户对、垫板与束腰、坤石、高门槛等构件构成，大多用于显贵之大型宅邸中。普通民众则修建中小型住宅，大门尺度相对较小，为墙垣式大门，形制相对丰富。例如石库门是普通民众常用的一种墙门，由青石框、面覆清水方砖的门板、吊铁筋等构件构成，简素耐用。

苏南地区的大中型传统民居常设照壁，分为“一”字形、“八”字形、撇山形以及座山照壁等。照壁与大门形成具有虚空性质的过渡空间，可停马、歇轿，也具有屏障和对景功能，体现了苏南民居的内向性特征，同时也隐含着等级观念。照壁由壁顶、壁身、壁座构成，苏南传统民居的照壁大多从底到顶全部用砖瓦砌筑而成，壁顶为悬山顶和硬山顶，壁身为装饰的重点。比较讲究的照壁体量高大，用砖或石砌就须弥座，以细清水砖磨砖对缝而成或以砖叠砌而成，也有的在壁身上加以精美雕刻

[1] 王贵祥．中国古代人居理念与建筑原则 [M]. 北京： 中国建筑工业出版社，2015.02：197.

进行装饰。

图 2-12 陆巷惠和堂备弄
Fig. 2-12 Alley for servants in Huihe Hall of Luxiang Lane

大型民居中的备弄设置也明确地体现出民居形式和功能中的等级秩序。文震亨《长物志·室庐》："忌旁无避弄。庭较屋东偏稍广，则西日不逼；忌长而狭，忌矮而宽。[1]"狭长幽深的备弄是大宅的主要通道之一，常设于正落和边落之间，贯穿整个大宅。规模庞大的民宅常于正落左右设置多条备弄。备弄具有多重功能：首先，其具有分割作用，有效强调正落轴中心的突出地位，规整了整座大宅的严整格局；其次，备弄是联系大宅前后左右各进厅堂的交通纽带，经备弄可到达厅堂、花厅、书房、厨房等地；再次，备弄是专供女眷、仆从出入的交通要道，以避让男宾和主人，所以又被称之为避弄，是儒家尊卑有序的观念在民居空间中的体现；最后，备弄还具有重要的防火功能。苏南传统大型民居中备弄的独特设置从侧面反映出等级森严的儒家思想和宗法观念下的意识形态和生活方式（图 2-12、图 2-13）。

2.3.2 文人隐逸与文人园林

我国文人园林发轫于魏晋南北朝时期。南北朝时王朝不断更迭，战事频发，仕途纷争极其严酷，文人士族无力对抗现实，于是他们选择了隐逸遁世、寄情山水。五代十国以后至宋，文人意识形态在艺术领域中占有愈来愈重要的地位。文士阶层为了向世人昭示他们高雅的精神世界，抵制世俗的成就标准，崇尚置身于自然山水的独特生活方式。但真正隐退于自然山水的生活是难于付诸实践的。于是，私家园林这个象征自然天地的特殊空间被越来越多的文士阶层所推崇。他们在自己的生活空间中布置咫尺自然山水，以精神性的"隐居"形态来实现"林泉之隐"的

[1]（明）文震亨著，李瑞豪编著．长物志 [M]. 北京：中华书局，2012:29.

生活理想，苏南民居的建造理念及空间形态随之发生改变。

明朝中叶，苏南地区商品经济繁荣，孕育出清新、活泼、开朗的市民文化，再加以得天独厚的自然环境及物质资源，促成了苏南地区文人园林的繁盛，从而使我国的造园活动在元末明初沉寂了一百年之后掀起了又一轮高潮。这对于文气盎然、工艺卓越的苏南民居建筑装饰特色的形成具有极大的推动作用。

图 2-13 黎里备弄
Fig. 2-13 Alley for servants in Lili Town

2.3.2.1 文士阶层的隐逸

明朝统治者推行文化专制制度，以“八股文”开科取士，对文人的思想束缚愈来愈紧。特别是明代中叶以后，严重的政治腐败、权力纷争现象击碎了文人士大夫的求仕梦想。特殊的政治环境和残酷现实逼迫大批文人萌生隐逸思想，决意冲决传统礼教及世俗的束缚，选择既能避世而居、守道出世，又能承载自身精神世界的隐逸生活。园林成了他们归隐避世的理想场所。“官场的失意和士子治国平天下的追求也只能在园林生活中加以实践和实现，这是一种平衡之法，有了这种对物的调遣和指挥快慰，从而导致了心灵的平静和平衡。”[1] 他们通过叠山理水、藏漏互补等独特的园林构筑手法，纳自然山水于庭园之间，将形神与人造的“天地自然”融为一体。文人雅士在园林中焚香品茗、吟诗作画，在追求真我的同时开启了新的生活方式，引领了文化新风尚。

2.3.2.2 工匠和文人的二元互补

“中国古代房屋皆由坞匠梓人打样营造，建筑技艺一直是师徒相传，世代相袭。”[2] 在中国古代造物活动中，工艺过程包涵了设计过程，工

[1] 李砚祖．长物之镜——文震亨《长物志》设计思想解读 [J]. 南京艺术学院学报（美术与设计版），2009（05）: 3.
[2] 童寯．童寯文集 [M]. 北京：中国建筑工业出版社，2001: 405.

匠兼具设计者和工艺施作者两种角色。中国古代匠师对于建筑技艺的传承与传播主要依靠歌诀和口诀的形式进行口传身授，重视经验传承。他们没有条件对建筑原理做系统的学习与研究，多把模仿与移用作为主要设计手段。工匠建造技艺的造诣主要基于对熟练操作的领悟，进而“由技入道”，将实际操作与自我的技艺感悟以及思想情感结合起来，达到较高的创作境界。尽管其中不乏技艺高超之人，但由于文化水平的局限，这个群体的创造力总体来讲很难达到理想的高度。

明代中后期，苏南地区大量具有深厚艺术造诣的文人雅士，放弃仕途、担当设计师，建造私人园林作为隐居居所，人数之多，前所未有。计成、周秉忠、李渔、戈裕良等人都是此类专家，他们不但擅长丹青笔墨、诗词山水，同时也是卓越的园林设计者。文士阶层的参与大大提升了园林艺术的设计质量和审美品位，成就了园林的文人品格。明清园林达到了同类建筑艺术成就的高峰，其精神深深同构到文士阶层的精神世界及心理结构中。明代文人与传统文人“轻物质、重精神”的价值观念不同，他们不仅仅固守在“形而上”的精神层面，还在设计与营造活动中秉承“既出世又入世”的生活观念，注重对现实生活物质层面的关照，追求生活品质与细节，追求自我精神的独立，将明代文人的生活态度和价值追求通过装饰等载体进行转化与映射。

明代文士阶层与工匠阶层的结合形成了前所未有的独特营造及设计群体。例如明末清初的园林大师计成，不仅仅是造园的“鸠匠”，而且是满腹诗书、精通绘画、“性好搜奇”游历的“能主”，当年早已有“并骋南北江焉”的名气（图 2-14）。他为武进的吴玄造“东弟园”（1623）、为仪征汪士衡造“寤园”（1631）、为扬州郑元勋造“影园”（1635）、为阮大铖造“石巢园”[1]，无不打上文人山水的深刻烙印记，并完成了我国第一部造园著作《园冶》（1631）。再如，李渔在如皋造“伊园”（1644）、南京造“芥子园”（1669）、为北京贾汉复造“半亩园”（1677）、杭州自造“层园”，同时完成了被称为古代生活小百科全书的《闲情偶寄》（1671）。[2] 此类文人园林的营造将文人士大夫的审美意趣与工匠精神及精湛技艺完美结合，形成了工匠与文人二重互补结构。文人士大

[1] 石荣．造园大师计成 [M]. 苏州：古吴轩出版社，2013：序 9.
[2] 章舒雯．计成和李渔的生活经历比较及其对造园风格的影响研究 [J]. 中外建筑，2014（09）：103.

图 2-14 同里计成故居

Fig. 2-14 Ji Cheng's Former Residence in Tongli Town

夫与工匠的交流互动弥补了文化素质相对较低的工匠的局限性。文人的参与为宅居的建筑装饰增加了素雅的文人气质与品格。出身平民的工匠为被封建礼教束缚的建筑装饰注入了世俗化和生活化的活泼因子。正如刘森林先生所言："一面是文士的'下行'，一面是工匠的'上行'，士匠合作，创造了中晚明江南众多的优秀住宅建筑"。[1] 工匠与文人的二重互补使生动活泼的艺术形式与含蓄深远的建筑语义结合一体成为可能，确立了苏南民居建筑装饰精而合宜、雅俗互渗的审美取向。

2.4 相关艺术的促进和影响

作为与日常生活密切相关的建筑艺术，苏南民居建筑装饰深受该地区其他艺术形式的影响，他们相互借鉴，彼此促进，形成共同繁荣的局面。苏南地区地处长江以南的三角洲地区，东临上海、南接浙江。该地区不仅是吴文化的发祥地，也是中国近代民族工业的重要发祥地。自古以来她就是经济繁荣、人文渊薮之地。明代中期始，苏南更是全国的文化经济艺术中心，新兴的商品经济渗透和影响到社会的各个阶层。具有一定社会影响力和经济实力的文士、商贾以及市民阶层，不仅仅满足于日常衣食住行的基本需求，更把精神追求、文娱意识自觉地融入日常生活中，从而推动了各种形式的文化艺术生产和消费。各类名家汇聚此地，文化艺术极为繁荣。作为市民文艺代表的戏曲艺术、清新高雅的文人画以及蕴含文思哲韵的明式家具艺术，都极大地影响了苏南民居建筑装饰艺术的发展。

2.4.1 戏曲文艺风尚的浸染

自北宋末年、南宋初期，南戏发源于浙江温州，至清代乾隆年间京剧形成，中国戏曲文化日渐成熟。在此期间，元杂剧、明清传奇、昆曲以及地方戏种等各种戏曲或平行发展，或交融影响，风格不断变化，民间流传下来许多脍炙人口、深入人心的传统剧目。明末清初，随着城市商品经济的兴盛，艺术创作和文化产品市场呈现空前繁荣，而戏曲的繁盛是其中一个尤为突出的文化现象。戏曲为社会各阶层提供了一种艺术

[1] 刘森林．明代江南住宅建筑的形制及藻饰 [J]. 上海大学学报（社会科学版），2014（05）: 76.

化的娱乐方式，对于社会生活与市民文化具有强大的渗透性和影响力，也对建筑装饰的题材选择、形式特征等产生了极大影响，直接促成了戏文体建筑装饰的诞生和繁荣。

2.4.1.1 戏曲与民俗文化紧密结合

戏曲的兴盛是建筑装饰以戏文为题材内容的主要因素。据考清康熙时期仅苏州一地的戏班就多以千计。乾隆年间，徐扬的《姑苏繁华图》描绘的就是苏州胥门到山塘街之间的繁华商业文化景象，不到两公里的地段，戏曲场景就多达十余处，由此可见苏南地区的戏曲文化极其繁盛。昆山人章法的《竹枝词・艳苏州》：“家歌户唱寻常事，三岁孩童识戏文”，可以看出当时苏州的戏曲拥有广泛的群众基础，男女老少皆喜爱之。从“高雅堂会”到“春台戏社”、从三弦琵琶到街头杂耍，戏曲广泛地参与到节日庆典、婚丧嫁娶、祭祀宗教、贸易集会以及庆寿求嗣等民间各种纷繁复杂的习俗事项中。经由不同层次的舞台，戏曲艺术渗透到社会生活的各个领域，成为民间娱乐活动的主要形式，促进了文人娱乐活动的普及以及市民文艺的发展。

2.4.1.2 小说、戏曲的刊印与发行

通过活跃的创作、演出、刊印与发行，小说、戏曲等成为明清时期重要的畅销文化商品。在晚明（万历、泰昌、天启、崇祯）时期，仅“苏州府刻书达 176 种”[1]，“刊印戏曲的书坊达 16 家，刊印杂剧、曲选、传奇 128 本”[2]。明代著名学者胡应麟在《少室山房笔丛》中曾评道：“余所见当今刻本，苏常为上，金陵次之，杭又次之”[3]，又云：“凡姑苏书肆，多在阊门内外及吴县前。书多精整，然率其地梓也”[4]，苏州与常州是刻书最精之所在，两地刻工于明中期达 600 多人。《列国志》、《醒世恒言》等小说由苏州叶昆池刻印，徐士范版本的《西厢善本》于明万历八年（1580 年）影印，周易居三个不同版本的《西厢记》均于明万历二十八年（1600 年）刻印。毛晋的汲古阁于明崇祯年间刻本《锈

[1] 南炳文，汤纲．明史（下）[M]. 上海：上海人民出版社，2014: 1432.
[2] 赵林平．晚明坊刻戏曲研究 [D]. 扬州大学，2014: 92.
[3] 南炳文，汤纲．明史（下）[M]. 上海：上海人民出版社，2014: 1432.
[4]（明）胡应麟．四库全书・少室山房笔丛・卷四 [M]，上海：上海古籍出版社，1987:208.

刻演剧》，其中有《南西厢记》、《玉环记》、《锦笺记》、《牡丹亭记》等60余种，共120卷[1]。小说、戏曲的大量刊印与发行在推广小说和戏曲的同时，也为民居建筑装饰创作提供了大量的形式蓝本（图2-15）。观戏、赏戏成为文人士大夫阶层不可或缺的文化生活之一。在北京、南京、江南等地，官僚商贾、文人士族以及普通市民对戏曲几乎到了痴迷状态，有条件的纷纷组建戏班、蓄养家班、培养名角。奢靡的生活风尚促使上层社会终年以宴聚友，每宴必观戏，彻底颠覆了戏曲不登大雅之堂的陈规。

统治阶级的奢靡享乐、思想领域的相对宽松、商品经济的蓬勃发展、上层阶级的趣味导向、刊印物的广泛发行，这些因素使戏曲以不可阻挡之势蔓延于社会的各个阶层，成为人们最喜爱的、引领社会风尚的文化娱乐活动。浸淫在“戏曲声色之娱”的先人们，或为营造和装饰的能工巧匠，或为运筹和企划的文人雅士，或为知音式的欣赏者，一起促使戏文成为建筑装饰的主要题材。在戏文装饰中用精雕细刻展示常人的生活欲望，描述真实的生活氛围，体现世俗的丰富性与活跃性。戏文装饰如

图2-15 闵寓本北西厢记　酬笺、省简 饾版套印 明崇祯十三年（1640）

Fig. 2-15 Minyubenbei Version of The West Chamber for notes, woodblock overprint, 1640

（图片来源：董捷．月移花影玉人来——评德藏彩色套印本《西厢记》版画．）

[1] 赵林平．晚明坊刻戏曲研究 [D]. 扬州大学，2014: 124-130.

图 2-16 西北街吴宅兰茁其芽砖雕门楼（清乾隆）

Fig. 2-16 The house of Wu’ s in Northwest Street brick-carving gatehouse of named Vibrant Beauty (Qing Emperor Qianlong period)

（图片来源：苏州市房产管理局．苏州古民居 [M]. 上海：同济大学出版社，2004.）

同现实舞台表演一样，成为容纳社会不同阶层不同价值观念与审美趣味的艺术载体，展示出社会与个人之间种种错综复杂的关联与冲突，赋予了私人居所更多的文化性和时代精神，使私密性的民居空间具有了文化场所的性质，成为清代苏南民居建筑装饰中最为重要的艺术篇章。

清代钱泳在《履园丛话》中述到：“大厅前必有门楼，砖上雕刻人马戏文，玲珑剔透”（图 2-16），可见当时苏南民居建筑装饰空间中戏文体装饰的繁盛之势。戏文体建筑装饰的兴盛，得益于官方与社会各阶层对“把戏文装饰作为伦理教化手段”这一观点的一致认同；得益于明中叶启蒙思想家追求个性解放与“真性情”的进步意识；得益于一批清代文人在市民文艺思潮影响下以戏曲为己业，秉持戏曲“本色论”中“宜

俗宜真”的价值取向；得益于能工巧匠对于建筑装饰技艺的探索与累积；得益于文士阶层大量参与居所设计与营建；得益于儒商阶层将之选作表现奢华富丽场景的手段，以及他们的营造实力与热情。苏南传统民居空间中纷繁精致的戏文装饰通过独有的叙事结构和艺术表达将历史、世情、文化、审美融为一体，通过“戏文”这个介质成功跨越了“雅”与“俗”的界限，赋予日常生活空间雅俗相宜的精神气质。

2.4.2 文人画意趣情调的陶冶

明代苏南地区商品经济的极度繁盛促进了文化艺术的繁荣与发展，文人画是其中最具代表性的一种。苏南地区物阜民丰、文化昌明，于明代在苏州形成了卓有成就独具特色的画家群体，例如以沈周、文徵明、唐寅、仇英四家为代表的工笔写实性绘画登上了历史舞台。吴门画派以“精笔墨、标士气、尚意趣”为旨归，具有意态轩昂、文雅蕴藉的地域特色及风格。吴门画家绘画题材丰富，山水、人物、花鸟等题材均擅长，在同一个文化地理区域里，文人画对建筑雕饰的题材择取、组织布局、经营位置、画面构图、风格情趣等必然产生较大影响。明清时期的苏南民居建筑装饰因文人画的影响而呈现出清润典雅、意趣浓郁之风尚。

2.4.2.1 吴门画派和文人园林

吴门画派和文人园林之间有着千丝万缕的联系。计成在《园冶》中以“入画”作为构园的一种标准。吴门画派兴起之际，正是苏南地区造园热潮之时，园林不仅是文人日常生活空间，更是文士雅人书斋画室的延伸。山水画和园林之间虚实虽殊，却有诸多相通之处，洪再新先生认为“园林艺术的意义在于它把中国山水画的构思原则立体化”[1]。明早期的文人画延续元代文人画的画理，具有萧疏、淡泊、冷峻的美学品格，明中期，以沈、文、唐、仇四家为代表的吴门画派，在继承元代文人画理的同时注重求新，讲究“以形写神”，以文入画、以意入画、以理入画，抒写胸中逸气。文人画的创作思想也受其隐逸观念的影响。他们将苏南自然山水的真境与自我主观情感、理想情致结合起来，呈现出优雅、淡远的庭院式山水风格。文人在直接参与园林设计的过程中，将画理自

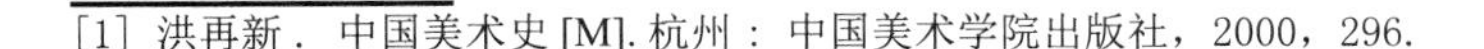

[1] 洪再新．中国美术史 [M]. 杭州：中国美术学院出版社，2000，296.

然而然构入园中，这种风格同时深刻影响到文士阶层的园居理想，形成从自然山林到城市山林的转换。他们尝试将真实的太湖山水情怀与意象融入日常园居生活中，创造心灵之所，寄托隐逸之情。文人构园理论上的成熟加上匠人精湛技艺的保障，使文人园林在叠石理水、景致安排以及建筑装饰题材的选择上转为更加细腻、雅洁的文人山水格调。明代苏南文人喜雅集，作为文士阶层推崇的可居可游之所，同时又是交朋会友的场所，园林在一定程度上具有公开展示的意义。因此，文人园林的审美风格和构园理想对社会各阶层的居住观念具有强大的引示作用，极大地影响到民居装饰的立意及题材选择。

2.4.2.2 诗、书、画三位一体

吴门画派的画家文士大多博学多艺，诗书画印等皆擅长，在视觉领域形成许多新的风貌和特点。“许多学者认为文人画从宋代开始。”[1]苏轼认为“诗画本一律，天工与清新”，文同等人也认同文士画是融绘画、书法、诗韵于一体的艺术形式。至元代，诗、书、画三位一体的文人画形式开始普遍。当时，苏南地区的苏州是文人雅集的中心，例如倪瓒、杨维桢、王冕、黄公望、谢应芳等人都参与过元元贞元年（1295 年）的玉山雅集。其中手卷、册页等由多名雅士联手完成，由画、诗、书、跋、题、记等艺术元素共同构成。画为主要形态内容、跋为胸中之感慨与逸气、题具点题作用、记为客观信息。绘画、书法、印章等艺术形式在画面中相得益彰、相映生辉，形成独具特色的文人画艺术形态。至明代，“从明初到嘉靖年间，主持画坛的代表是崇尚南宋院体的浙派和宫廷画派”。其共同点是“都采用‘半边’或‘一角’式构图，水墨淋漓的斧劈皴法，以及带有政治说教意味的表现题材”，[2]而苏南地区则不然，依据地缘优势，仍然沿袭元末的雅集之习，推崇并流传元末倪瓒、黄公望、王蒙、吴镇等大家诗书画一体的画作，并形成了独具吴门特色的文化现象。作为吴门画派代表之一的沈周“成为重振文人画的中流砥柱”[3]，在继承元代文人画的基础上，充分利用个人及地域的文化资产，加以创新和变通，山居雅集、园林居所、娱乐农耕等题材皆入其画，题

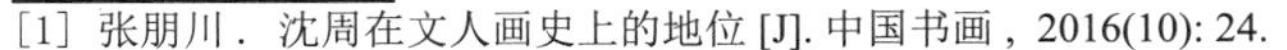

[1] 张朋川．沈周在文人画史上的地位 [J]. 中国书画，2016(10): 24.
[2] 洪再新．中国美术史 [M]. 杭州：中国美术学院出版社，2000: 345.
[3] 张朋川．沈周在文人画史上的地位 [J]. 中国书画，2016(10): 25.

图 2-17（明）九段锦 沈周
Fig. 2-17 Shen Zhou's Jiuduanjin Paintings
（图片来源：日本东京国立博物馆藏）

材丰富、立意新颖贴近生活，影响和带动了诸如文徵明、唐寅、祝允明等一大批画家，形成了表现苏南风土情貌与自然景物的理想模式，具有吴门画派独特的品格和风貌（图 2-17）。

明朝晚期，随着书画市场的成熟，吴门画作的形式和题材更加丰富，但其诗书画一体的特色始终如一。坊刻、插画、刺绣、竹雕文房等工艺美术都受到吴门画作诗、书、画结合形式的影响，苏南传统民居的建筑装饰也不例外。建筑装饰非常讲究装饰立意及各种装饰元素的组织，砖雕门楼上的上下枋与字碑、厅堂中的匾额、楹联、小景的题名等都折射出文人气息，是联系民居环境和主体之间意义的纽带。这些蕴含诗书画形式的建筑装饰多与居者的个性志向、精神境界、观念气质和文化追求相契合，多由文人雅士题写，字字珠玑、意蕴深邃，为苏南民居建筑装饰注入了浓重的文人气息，提升了民居装饰的立意与品格。

2.4.2.3 文人画的世俗化倾向

随着苏南地区商品经济的繁荣，市民阶层与商贾阶层日趋壮大。新兴的社会阶层拥有了大量财富便开始热衷于各种文化活动，急需大量的

文化艺术产品来满足其日益高涨的精神需求。绘画日趋商品化，出身文士阶层的吴门画家逐渐接受了新兴城市市民及商贾阶层的趣味，画作的主旨与宋元绘画的理想主义及出世情怀已不尽相同。吴门画作中除了花鸟、山水等传统文人画题材外，日渐丰富。一方面，他们以苏南地区文人士族雅致闲适的生活情趣为主题进行创作，同时注重与日常生活体验相结合，体现贵族的生活情趣；另一方面，在一定程度上迎合市民和商贾的审美倾向，出现了大量极具写实性的、渗透出世俗之情的绘画作品，并日趋具有鲜明的商品属性。例如吴门四家出身普通商人市井之家的唐寅，仕途坎坷，以卖画为其主要经济来源；再如出身贫寒的仇英，其绘画创作活动也与生存关联紧密。两人因特殊的经历而成为必须要迎合市场需求的“职业画家”。由于两人在苏南画坛的巨大影响，文人画呈现出“雅俗共赏”的世俗化审美情趣。例如，唐寅的“陶古赠词”图就是

图 2-18（明）陶古赠词图 唐寅
Fig. 2-18 Tang Yin's Painting
（图片来源：台北故宫博物院官方网站）

以北宋初年陶古赠词的历史故事为题材所绘画作（图 2-18），设色秀妍，构图得体。不仅主体人物刻画精妙、情态生动，而且画屏、坐榻、古木、蕉石、插花等均刻画精细，右上又有颇具趣味性的题诗，由此可以看出文人画作流露出的生活之趣、世俗之情。文人画从高高在上的画坛走入了世俗社会，它所原有的自然幽静的林泉之风和清新格调也让普通民众以趋近高雅为荣。

明代中叶以后，民居建筑装饰越来越多地受文人画作的影响，“以画入居，因画成景”，民居中出现了大量充满人文雅趣和世俗审美情趣的建筑装饰。例如长窗的裙板、夹堂板，砖雕门楼的上下枋常常模仿文人绘画或以文人书画为粉本进行装饰，讲究章法和构图，呈现细腻妍秀的艺术效果。虽然与书画艺术的载体不同，但同样被深深地打上了文人士大夫的烙印，反映出文士阶层所追求的审美情趣与意境。它们虽然刻意求工但不堆砌，精美而不失文雅。

2.4.3 苏作家具“简雅”气质的相通

实用舒适、简洁流畅、雅致精细的苏作家具蕴涵浓郁的文人精神和超凡的艺术品格，是明清时期苏南地区居住文化和造物艺术的精华部分。作为与建筑装饰同处于居住空间的最主要的室内陈设品类，苏作家具对同时期的民居建筑装饰产生了重要影响。

2.4.3.1 苏作家具的生成语境

明代是中国传统家具生产的辉煌时期，明式家具是中国古典家具的经典之作（图 2-19）。明代隆庆以前，海禁尚未打开，典型的硬木家具还未流行，在制作技艺上以及造型风格上都是宋元时代的延续。随着社会经济的复苏与繁荣，海外贸易的开禁与发达，各种优质热带硬木被大量输入，为明式家具提供了上等用材。这一时期的手工业生产水平也达到了前所未有的高度，为明式家具提供了必要的技术支持。

苏南地区是明式家具的主要产地之一，“苏作”家具是文士阶层的钟爱之物。明中期以后，苏南地区经济繁盛，逐渐形成了崇实达用、活泼开朗的大众审美意趣。豪门贵族、文人士族兴建起大量的私人园林，园林式的居所与一般民居不同，除了具有实用居住功能的空间，还有抚

黄花梨夹头榫卷云纹牙头平头案

黄花梨灯挂椅

各式牙头纹样

黄花梨透雕龙纹开光圈椅

图 2-19 明式家具

Fig. 2-19 Ming-style furniture

（图片来源：伍嘉恩．明式家具二十年经眼录 [M]．北京：紫禁城出版社，2010.）

琴、赏画、品茗、会客等不尽相同的特殊功能空间，这些空间需要与之相匹配的大量家具，由此推动了苏作家具的繁荣和发展。私人园林特有的空间布局和文化氛围，以及文人直接参与园林、室内陈设的设计，直接影响了家具的设计风格。李砚祖先生认为："明代的室内设计的整体风格便是'简雅'，其室内主要陈设的明式家具更可以作为其典范。"[1]

2.4.3.2 苏作家具与建筑装饰的相辅相通

苏作家具的连接设计源于我国传统建筑的木构架结构中坚韧的榫卯结构，结构科学、技法巧妙、牢固耐用。苏作家具注重材质本身的质地与肌理，挖掘源于天然的装饰意匠与情趣。其装饰重点突出，常常以雕镂镶嵌对结构中的重要部位进行着重强调。苏作家具注重结构工艺与装饰形式的结合，注重整体比例的和谐适度和使用者的舒适度。它的造型结构注重与厅堂的建筑风格相适应，具有简约典雅、隽永纯朴的文人艺术气质。苏作家具的这些特性对苏南传统民居建筑装饰产生了重要影响。

苏作家具与生活紧密相连，蕴含文思哲韵，在实体达用的基础上务求精巧、洗练；在呈现浓郁生活气息和世俗风貌的同时，也体现文人优雅闲适之情趣，是明代宜人宜居生活态度的具体呈现。它与处在同一建筑空间中的民居装饰风格具有相辅相成、互为呼应的密切联系。苏南民居在实用性与艺术性的结合、材质选取与施作技巧、结构与装饰的关系、比例与尺度的关系、文化内涵和精神功能等方面与明式家具存在诸多相通之处。

本章小结

苏南地区传统民居建筑装饰精致文雅、内涵丰富，富于人文气息，充满生活意趣，是一个优秀的独具特色的装饰艺术系统。它受到苏南地区自然环境、经济发展、社会体制、历史人文、民风民俗等诸多因素的影响和制约，是社会文化、日常生活的缩影。

苏南地区得天独厚的自然资源为民居建筑装饰提供了物质保障。商品经济的繁荣为民居建筑装饰的发展奠定了坚实的经济基础。文人隐逸

[1] 李砚祖．环境艺术设计：一种生活的艺术观——明清环境艺术设计与陈设思想简论 [J]. 文艺研究 , 1998(06):129.

及工匠获取自由为民居建筑装饰设计提供了设计人才和技术保障。封建社会的礼制及宗法观念规约着建筑装饰的空间序列及形式表达。“虽由人作，宛若天开”的私家园林与文人雅士在私家园林中的艺术化生活为苏南民居建筑装饰提供了现实摹本。相关艺术的蓬勃发展丰富了建筑装饰语言的表情。明朝中叶以后，政治腐败与经济繁荣的双重世象使苏南地区在建筑艺术方面有资本、有品位、有文化、有技术的消费者、设计者及从业者增多，为传统民居建筑装饰的长足发展提供了强劲动力。

第 3 章 装饰工艺与载体类型

建筑装饰依附于民居实体而存在，与民居结构形成紧密的依存关系。如果说建构是“结构的诗意表现”，那么建筑装饰就是表现苏南民居诗意存在的建构语言。建筑装饰的初始，很少有构件是为了纯粹装饰而独立存在。逐渐地，在保障建筑构件功能结构的基础上，为了实现儒家教化目的，体现宅主的社会地位及经济实力，反映其审美趋向和价值追求，富有装饰意味的艺术处理才越来越丰富。

依据装饰与传统民居中承重结构的不同关系，将苏南传统民居建筑装饰分为结构性装饰及附加性装饰两种类型。在对功能和构造理性处理过程中产生了结构性装饰。它是对建筑自身结构理性的艺术表达或者自然润色。这种寓装饰于结构的方法，传递的是结构的内在联系和本身的形体美。随着人们对居所的人文及精神需求不断提高，附加性装饰的设计表达日趋丰富。此类建筑构件被赋予了更加灵活和生动的装饰处理，可以更为细腻地传达居者的社会地位和志趣爱好，更为生动地映射居者的内心和精神世界，塑造出具有丰富意义和特定氛围的民居空间。

3.1 建筑装饰的工艺类型

传统民居建筑装饰是一种以手工艺操作为主的技术体系。它一方面会受到当地气候环境、自然资源等客观因素的影响，另一方面也会受到文化传统、工匠制度以及生活方式的影响。明清时期，中国传统民居达到又一个营造高峰，苏南地区的传统民居建筑装饰也有了长足发展。苏南地区具有丰富的自然资源、深厚的人文底蕴、繁荣的商品经济以及精湛的技艺传承。集木雕、砖雕、石雕、灰塑、彩画以及金属铸锻等装饰技艺于一体的苏南建筑装饰工艺体系具有精致、细腻、文雅、工巧的艺术特色。

3.1.1 木雕工艺

苏南传统民居为典型的传统木架构体系，除了墙体、屋面、基石等处采用砖、瓦、土及石材之外，其余大部分皆为木构。因民居木构的主体性以及木材易加工的特点，木雕成为苏南传统民居空间装饰的主要形态。因施作空间、施作部位、功能需求、材质肌理以及所处视域范围的不同，木雕所采取的技法、题材、简繁程度都有所不同，呈现出丰富多彩的装饰风貌。

明清时期，苏南传统民居的装饰木雕受苏作家具的影响颇深，在造型和线条等细节的处理上精细巧妙、颇具匠心。同时，民居装饰木雕艺术根据自身的功能和装饰需求、根据烘托和定义民居空间氛围的需要进行创新和变化。由于木材在自然力侵蚀下容易变形及损毁，因此木雕主要集中在檐下及室内空间。长窗、挂落、隔断、梁枋、雀替、栏杆等都是木雕艺术的主要载体。明中前期，木雕风格相对简约素朴，主要施作于梁枋、雀替、屏风、蜂头、栏杆等处。至明中后期以后，苏南民居木雕逐渐向丰富细腻、精致雅丽方向演化，除了施作于上述位置以外，还在门窗、山雾云、牛腿等处施以大量精美雕饰，大大丰富了民居空间的装饰立面。

按照雕刻手法和成品的不同外观效果以及技法由易到难、形态表达由平面到立体的顺序，可将苏南民居木雕工艺分为线雕、隐雕、平雕、浮雕、镂雕、透雕、圆雕等。作为木雕的初级形式，线雕相对简单，《营造法式》称之为“就地随刃雕压出花纹者”。隐雕是线雕的深入发展，进一步将平面线刻形象细部刻画。平雕则是留出平整的图案表面并线刻花纹，将底稍刻打毛的方式。浅浮雕图案凸起底面小于 5 毫米，有一定的层次感；深浮雕图案凸起底面较多，一般大于 5 毫米以上，呈凸起圆面，也有平凹面，层次相对丰富，类似于半圆雕、高浮雕的手法。镂雕在深浮雕的基础上，将部分重点形象脱离底面成圆雕效果，整体雕刻形象参差错落、层次分明，立体感更强。透雕则将镂雕的底挖掉成镂空状，留主体形象，玲珑剔透、脉络清晰，是两面均可欣赏的雕饰物。圆雕即为立体雕塑，可四面观赏。

民居中的装饰构件，有的以承重功能为主，有的以视觉装饰为主，

图 3-1 周庄朱宅轩梁
Fig. 3-1 The beam of Zhu's house in Zhouzhuang Town

依据不同的需求施以不同的工艺。线雕、平雕、浅浮雕等工艺常常施于梁枋、门窗等处；深浮雕、圆雕主要施于雀替、蜂头、牛腿等处；镂雕、透雕等主要用于山雾云、花罩及门窗等装饰部位。不同的木雕工艺会形成不同的艺术效果，它们在局部有所侧重而在整体上往往综合运用，混合成丰富的装饰形象。梁坊等处因处于较远视域范围内，故而注重雕饰大的形体轮廓，舒朗简洁；而施作于门窗、隔断等小木作的雕饰，比如长窗的夹堂板、裙板等处由于其处于近距离视域范围，注重对装饰细节的刻画和雕镂，形成室内外立面的精彩点缀。例如周庄朱宅（现周庄博物馆）的轩梁，在不影响构件承重功能的前提下，于轩梁表面有的浅雕菊花、有的浅雕兰花；蜂头处圆雕各种花卉，精美异常（图 3-1）。朱宅大厅的十八扇长窗的裙板上浅雕梅、兰、竹、菊、牡丹等各式瓶花，并辅以各式小的博古架、插花、寿桃、瓜果之类，花繁叶茂。夹堂板上也浅雕梅兰竹菊等各种花卉与之呼应，极富装饰意趣（图 3-2）。

苏南地区的木雕装饰发展脉络清晰。明代至清代初，木雕整体呈现简约素朴、文雅灵秀的风格，体现出苏南地区深厚的人文内涵和独特的审美取向。这个时期木雕施作部位相对较少，装饰题材以几何纹和花草纹为主，注重与整体结构的协调与呼应。清代初期至清代中后期，木雕逐渐趋向繁丽华美，注重对装饰细节的表现。木雕工艺也日臻完善，追求立体化的工艺技巧和表现效果，发展出透雕、贴雕、嵌雕等多种工艺，形成不同的肌理和表情。雕刻施作部位日益扩展、题材内容亦日益丰富，木雕装饰的面积愈大、画面愈热烈，建筑构件本身隐退得愈成功，装饰与建筑构件达成巧妙契合。从花鸟虫鱼到珍禽异兽、从生活场景到戏曲片段、从自然山水到博古清案，既有社会生活的真实反映，又有理想憧憬的美妙幻象，蕴含苏南地区所特有的文人风格与民俗气息，可谓雅俗相宜。戏文、小说、历史故事等经典片段成为新的民居建筑装饰题材，例如《西厢记》、《二十四孝》、《三国演义》等都是人们喜爱的装饰蓝本，人们甚至将其进行多画面的连环雕刻。作为炫耀的资本，它们被强调刻镂之巧和繁缛之美。清末民国时期，由于受西方思潮和艺术的冲击，传统的装饰构图方式有所改变，木雕纹饰中的形象逐渐增加了写实性，出现了新时代的造型特点。

3.1.2 砖雕工艺

宋代《营造法式》中的“事造挖凿”即砖之雕凿的工艺。苏南地区砖材本体质量优良，在色调上易与苏南民居黑、白、灰为主的色彩体系取得整体和谐的效果，加上严苛的宅第制度对装饰的限制，质地朴实无华的砖材成为民居建筑装饰的理想选择。明清时期苏南地区快速发展的商品经济，以及浓郁文风的熏陶和精湛的工艺技术支持，共同促进了苏南民居砖雕艺术的兴盛。

砖材与木材、石材相较，有其自身不可比拟的优点：砖雕具有防腐、防水、耐磨等特性，更加坚固耐用；与石雕相比较有更易加工的特点，能如木雕般可施以雕、刻、镂、塑、镶、嵌等各类工艺，具有刚柔并济的材料特性。

随着硬山式建筑式样为明代民居广泛采用，砖在民居中的使用开始大量增加，砖雕也逐渐发展起来，进而促进了制砖业的迅猛发展。“从明朝嘉靖年间始，苏南地区烧砖和刻砖的数量已相当可观”[1]。室外，民居的门楼、屋脊、垛头、照壁、包檐墙的抛枋、地穴镶框以及细照墙的墙角等处均有砖雕；室内，有清水青砖铺地和厅堂贴面，砖作斫事日渐繁盛。历朝历代的统治阶级对民居装饰向来有严苛限定，例如琉璃等高级材料不能在民居装饰中使用，对彩绘也有严格限定。而砖雕在清代

[1] 郭翰．苏州砖刻 [M]. 上海： 上海人民美术出版社 , 1963: 序 .

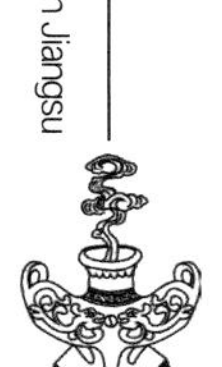

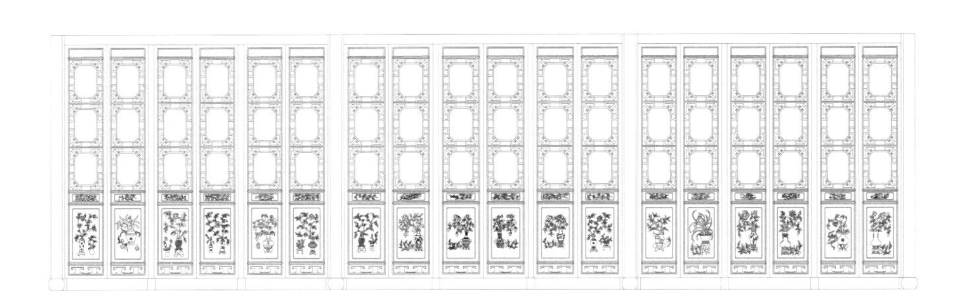

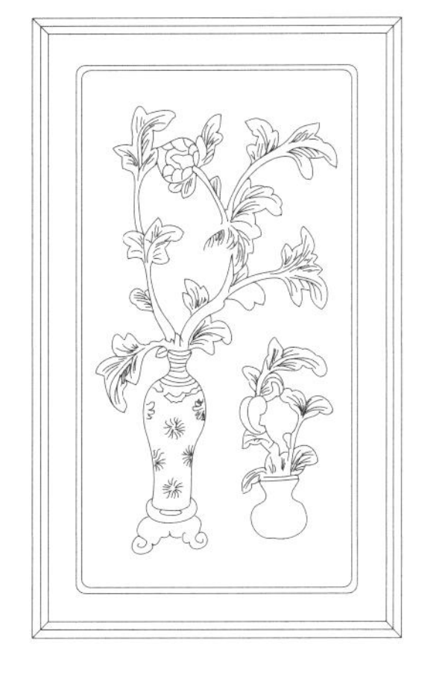

图 3-2 周庄朱宅大厅长窗及裙板雕花

Fig. 3-2 The French windows and carved apron panels in hall of the Zhu's house in Zhouzhuang Town

有“黑活”之称，不受第宅制度的拘囿，故而在民间得以快速发展，成为商贾、文士以及平民各阶层都喜爱的宅居装饰手法。

明中期，苏南地区的砖雕艺术已规模初显。这一时期的砖雕以平雕和浅浮雕手法为主，重视对雕饰线条的推敲和表现，擅用富有装饰意味的对称构图，装饰纹饰以几何纹、花卉植物纹为主，整体风格粗犷质朴。清康熙以后，随着苏南地区商品经济的快速发展，民居砖雕日渐增多，但其风格还相对粗犷。至清乾嘉时期，随着社会经济的发展，仕商互融，

图 3-3 柳亚子故居饴谋燕翼砖雕门楼

Fig. 3-3 Brick-carving gatehouse named Ease and Comfortable in Liu Yazi's Former Residence

图 3-4 东山陆巷石雕残件
Fig. 3-4 Lacquer pieces of carved stone in Luxiang Lane of Dongshan Peninsula

社会风气日渐趋奢，装饰工艺日益精致复杂。除了斫砍全形的建筑构件外，在隐刻、剔地等基础上仿木雕工艺，发展出深浅浮雕、透雕、多层透雕、圆雕等工艺。

例如砖雕门楼等“硬花活”，雕镂玲珑剔透、层次丰富立体，从简到繁、从平面走向立体。砖雕题材也得以丰富和拓展，祥禽瑞兽、吉祥图案、戏文场景等题材大量出现，装饰风格渐渐由雅趋俗、由简趋奢。人们借用砖雕的精工细作、峻宇雕墙来彰显宅主的匠心独运，可谓“无雕不成屋，有刻斯为贵”，砖雕得以蓬勃发展，“以绮、妍、精、绝称誉于世”[1]。苏南砖雕又因为深受江南文人书画艺术的影响，体现出精细典雅、气韵生动、文气盎然的风貌，赋予各种空间界面以丰富的细节（图 3-3）。苏州陆巷的一石雕件上的装饰图形以浅雕手法，左右为云纹、卷草纹横向 S 形对称组成，中间以打结的心形连接，两端为对称如意，在坚硬的石材上形成了极富动感的柔软线条。整体造型生动，灵动适形（图 3-4）。浮雕即“剔底起突”，是石雕中相对复杂的工艺。

“苏南地区遗存有大量的砖雕精品，以砖雕门楼为例，仅苏州古城区尚存 295 座，如果包括吴县各乡镇，数量多达 800 余座。”[2] 苏州东山的明善堂，为明代时期的建筑，砖雕门楼精美独特，是当时的代表之

[1] 曹林娣．中华文化的“博物志”——略论苏州园林建筑装饰图案 [J]. 苏州大学学报（哲学社会科学版），2007（07）: 95.
[2] 周勋初．中国地域文化通览・江苏卷 [M]. 北京：中华书局，2013.07：494.

作。仿木结构的塞口墙雕刻细腻精美，是苏南传统民居砖雕以及砖细的精华之作。明善堂的门楼以及塞墙通体以清水方砖斜贴饰面，墙顶筑脊，抛方上部以砖雕斗栱饰，荷叶斗形态各异，具有极强的装饰性（图 3-5）。左边塞口墙抛方是鲤鱼跃龙门，右边塞口墙抛方为五鹤捧寿；左壁十二只荷叶斗垫上分别雕以象征多子多福的青蛙、鱼，象征恩爱美满的鸳鸯以及富有当地情趣的螺丝、虾、螃蟹、蜻蜓等小动物，垫栱板上分别透雕"喜鹊登梅"、"游鱼荷兰"等纹饰；右壁荷叶斗垫上雕各种游鱼，垫栱板上透雕寓意多子多福的石榴、桃子等，象征春夏秋冬的海棠、牡

图 3-5 明善堂砖雕门楼及塞口墙
Fig. 3-5 Brick-carving gatehouse and walls for demarcation in Mingshan Hall

丹、菊花、梅花以及象征富贵吉祥的铜钱及万字等，与左壁相呼应。抛方深浮雕“五鹤捧寿”，左壁抹角雕镂“喜上眉梢”及“鱼戏莲花”，右边抹角雕镂“雀梅报春”和“富贵牡丹”与之对应。天井的两垛边墙上通体磨砖对缝镶贴，上方施作仿木斗栱飞椽，垫栱板镂雕各种花卉，抛方以十字篆体“寿”字进行装饰，抹角处镂雕各式花卉水果等。雕刻华美绮丽、雄浑大气，与门楼组成一组蔚为大观的砖雕艺术品，实为明代砖雕遗存中极为罕见的精品。

3.1.3 石雕工艺

苏南地区夏季气候闷热、潮湿多雨，为保护木架结构，多以石材做基部以保护与防潮。苏南地区盛产美石，香山匠人领衔的工匠技艺高超，这两点促成了苏南石雕艺术的快速发展。

石雕多分布在民居的基座部分，如坤石、磉石、鼓磴（柱础）以及门框宕等处。“宋代《营造法式》中将雕刻技法概括为剔地起华、压地隐起华、减地平钑华及素平四等”[1]，这些在苏南传统民居的雕饰中都能看到。因石质料相对坚硬难以琢磨，镂雕、透雕等工艺运用相对较少。

不同工艺使石雕形象呈现不同的艺术效果，线雕、阴雕装饰形象轮廓清晰，以优美、富有表现力的线条取胜。苏州东山杨湾的明善堂，其砖雕门楼外侧的青石门楣上有一组寓意“欢天喜地”的石雕，以剔地法錾斫喜鹊、梅花、獾等。居中的獾的主体形象以宋明时期典型的“剔底起突”等雕斫古制而成，近乎深浮雕效果，具有鲜明的体积感，浑厚丰满，动态灵动劲健，细节刻画精致。整幅画面看似简素，但整体雕工卓绝超群、形神兼备，为不可多得的明代石雕之精品（图 3-6）。

坤石位于民居的入口两侧，下部为长方体状的须弥座。大型民居将军门的坤石上部多作圆鼓形结构，有纹头坤、挨狮坤、葵花坤、书包坤等式样。其中葵花坤比较常见，运用阴雕、浅浮雕、深浮雕、圆雕等手法进行重点刻画和装饰，象征着仪式和威严。普通民居的上部则为相对简洁的长方体结构，以几何纹样或动植物纹样饰之，整体素朴文雅。例如苏州陆巷一民居的坤石上部为长方体，上凿錾一憨态可掬的麒麟，做张口昂首之势。底为减底平钑，边框明刻，主体起凸为高浮雕效果，简

[1] 祝纪楠．《营造法原》诠释 [M]. 北京： 中国建筑工业出版社，2014:175.

图 3-6 明善堂青石门楣石雕
Fig. 3-6 stone-carving in Mingshan Hall

繁得当（图 3-7）。

苏南民居的磉石及鼓磴多为素平处理，而大户人家则会雕以几何纹、花卉纹等进行装饰，细腻秀美，与结构完美融合。例如位于苏州西山堂里的沁远堂，其将军门抱鼓石残留的须弥座内侧石雕的云草龙形象即是具象和抽象结合的典范（图 3-8）。此石雕夔龙头部及身体都被抽象归纳为边角硬挺的几何形，在端部及形体的交接处饰以流畅的云纹或草纹，抽象和具象巧妙结合，形成极富创意和个性特征的装饰形象。

洞庭西山堂里仁本堂将军门有一对石质抱鼓石，一面为双龙捧寿，一面为鲤鱼跃龙门，石雕刻画流畅兼有古拙之气。双龙捧寿雕左右对称

带翼降龙，居中“寿”字，线条流畅简练，以富于弹性的长曲线来表现龙的躯干，翼与尾则由云水纹组构而成，使两龙有穿行于云水之间的感觉。尽管是对称构图，但静中寓动，充分体现出苏南地区匠人们的高超造型能力（图3-9）。鲤鱼跃龙门的鱼、龙造型极其简约，用简笔白描描绘头部和尾部，造型简练但形象极其生动传神。鱼、龙两个原本孤立、分散的物像通过两根流畅绵延的线条巧妙联系起来，相互呼应，点明鱼龙幻化的主题。饱满灵动的云水纹承担了联结鱼、龙角色，营造氛围的作用。整个雕饰简繁对比、线面呼应，充满视觉美感和张力（图3-10）。

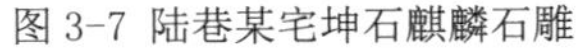

图3-7 陆巷某宅坤石麒麟石雕

Fig. 3-7 Carved stone of Chinese unicorn used a special stone in Luxiang Lane

图 3-8 西山堂里沁远堂须弥座
Fig. 3-8 The pedestal of Buddha in Qinyuan Hall of the Tangli Ancient Village in Xishan Island

3.1.4 建筑彩画艺术

作为附加性装饰，苏式彩画因其历史际遇和文化渊源形成了独特的艺术特色。苏式彩画在承袭宋代彩画秀美内敛风格的基础上，又融入了明代织锦艺术的华美与文人艺术的儒雅，以巧妙独特的包袱锦构图、细腻精美的纹样、典雅柔和的色调，呈现出主次分明、繁而不乱、满而不溢、优雅温润的艺术形象。

苏南地区潮湿多雨，建筑极易受到风雨的侵蚀，再加上冷热交替、阳光曝晒，裸露的木材极易受损。而彩画的矿物颜料具有较强的覆盖力和隔绝性，所形成的保护层能够很好地抵抗自然侵蚀，还可掩饰木材表面的斑痕、节疤等缺陷。此外，矿物颜料中的化学物质可有效防止木材虫蛀。更重要的是，利用彩画或者涂色能够美化和突出民居的重点和细部。

3.1.4.1 织锦对苏式彩画的影响

苏式彩画受宋锦、刺绣等艺术形式审美的影响较大。早在秦汉时期，我国就有将织锦图案及纹饰用于建筑装饰的记载。彩画的源头可以追溯到用宋锦包裹保护梁架来装饰屋宇的习俗。但毕竟丝织品不利于长期保

图3-9 西山堂里仁本堂“双龙捧寿”抱鼓石
Fig. 3-9 Drum-shaped bearing stone named “Two dragons with text of longevity” in Renben Hall of Tangli Town

图3-10 西山堂里仁本堂“鱼龙幻化”抱鼓石
Fig. 3-10 Drum-shaped bearing stone named “Fish transforming to dragon” in Renben Hall of Tangli Town

存和维护，至南宋末年，仿照织锦形式的建筑彩画装饰方式开始出现。明代中晚期，将织锦图案直接描绘于建筑构件之上的装饰形式在苏南地区流行，而用织锦直接装饰建筑的方法日渐式微。建筑彩画渐渐取代了织锦，承担起对梁架保护及美化的职能。据明初第宅制度规定，贴金彩画只有亲王府邸才有资格绘制。明朝末年，在经济发达的苏南地区，一些官邸、豪宅以“沥粉贴金”、“上五彩”的彩画绘制来凸显自己的社会地位与财富。这种以彩画为载体的越礼逾制现象一方面缘于明代苏南地区特殊的社会经济背景，另一方面反映出第宅制度在色彩和图案的应用规制上渐渐失去了对庶民的约束力，从一个侧面反映出明代封建礼仪制度对于民间建筑的控制力在逐步削弱。

宋代推行的“重文轻武”职官制度使得文人艺术得以长足发展，艺术风格也由唐朝的华美丰满、恢宏大度转向了宋代的儒雅清秀、内敛含蓄，并形成了影响后世的美学思想。明代中晚期，文士阶层在苏南地区兴起了文化复古潮流。其作品在题材选取、形式处理以及审美取向上，多取法于宋式美学标准，崇尚高古清雅之风，苏式彩画中可以看出这种明显的承袭关系。苏州织锦在追摹宋锦的基础上不断创新、蓬勃发展，题材日益繁多，图案异常丰富，逐渐形成了自己的独特风格，成为全国丝织业的中心。据文献记载，明代锦纹图案有几十种之多。据沈从文先生研究：“龟背、琐子、云鹤、凤穿花、八达晕、牡丹、方胜、水纹等绫锦，在明经面加金和遍地金织物中，几乎是随处可以接触。”[1] 色泽、纹样丰富精美的织锦，逐渐成为上层阶级甚至普通百姓不可或缺的装饰物，它直接影响了苏式彩画的审美取向。

苏南地区的建筑彩画不仅直接模拟披挂于梁枋上的包袱状锦缎形象，而且其“包袱锦”的结构和题材也多源于宋式织锦。苏式彩画的图案线条纤细流畅、色彩清新淡雅、风格含蓄隽永。在构图、纹样以及设色上，苏式彩画与织锦、刺绣等艺术一脉相承。

3.1.4.2 苏式彩画的形制等级及工艺

苏式彩画是明代苏南建筑装饰艺术非常重要的组成部分。它的形制

[1] 沈从文．花花朵朵坛坛罐罐——沈从文文物与艺术研究文集［M］．北京：外文出版社，1996:146.

在明代已经形成相应的等级。根据民间匠师的口传经验及对现存文献资料的分析，苏式彩画以线条的做法划分为“上五彩”、“中五彩”及“下五彩”三个等级，形成精致富丽、素雅简洁等不同风格。“上五彩”在北方亦称为“金琢墨作”，是苏式彩画中等级最高、最为华丽精致的一种，“中五彩”次之，“下五彩”最低。其工艺特征是沥粉后，在图案的轮廓线及分界线等主体线路均补金线，在堂子局部运用窝金地的做法，图案采用退晕手法，亦被称为“沥粉贴金”。彩画的设计图形常取材于各种织锦中的各种纹饰。“中五彩”北方称为“片金作”，有退晕、不沥粉，线条为白粉线或墨线，装金较少，在图案或轮廓线局部点金做法。“下五彩”在北方被称为“五墨作”，无沥粉、无贴金、无白粉线、无退晕，以墨线拉边。苏南民居遗存的彩画实例中以“下五彩”居多，与官式彩画相较，构图及工艺更加灵活生动、题材内容也相对广泛丰富，色彩多为朱红、土黄及白色等偏暖色调。

3.1.4.3 苏式彩画的艺术特征

苏式彩画主要施作于梁、枋与桁等木构件上，常为三段式构图，左右两端称为包头（也叫箍头），中间一段被称为堂子，靠近堂子的一段为地。苏式彩画的特色主要体现在对中间堂子丰富灵活的艺术处理上，有保持本色地的清水堂子；还有以设计主体的不同类型进行命名的堂子，例如人物堂子、器物堂子、景物堂子、花鸟堂子等；还有包袱锦堂子，即在堂子内彩绘锦纹，如细腻丝滑、格调精致高雅的锦缎包在梁枋上，是苏式彩画中艺术成就最高、最富代表性的种类。包袱锦彩画较多承袭宋代彩画特征，格调高雅，足以代表明清时期苏式彩画的成就。

苏式彩画作为民居彩画中的精品，同官式彩画相比较，在色调、构图及工艺上均有所不同。至明清时，官式彩画在图案及构图上高度程式化，作地仗、以蓝绿色调为主、强调彩画中色彩和形式的严整秩序。而苏式彩画相对自由灵动许多，多为“云秋木”工艺，无油灰地仗，直接施作于梁枋的木质表面，色彩相对淡雅丰富、五彩并重。苏式彩画图形除了大量源自宋锦的纹饰之外，还多与宋代《营造法式》里所载纹饰一脉相承。例如有龟背纹、金锭纹等，宝相花、牡丹等多种程式化的装饰花草。喜鹊、仙鹤、凤凰等祥瑞之鸟兽也都在苏式彩画中有所呈现。苏式彩画在承袭《营造法式》彩画的基础上大胆创新变革，形成了极富苏南地域特色和人文气息的彩画模式。

苏南传统民居中遗存的彩画主要集中于明清时期。明代彩画多为清代重新绘制，由于较好地保留了明代彩画的高雅格调，故而被称为“明式彩画”。商宦文人通常会以彩画来彰显身份，故而在大中型宅邸中会有所遗存（表 3-1）。苏州的东西两山民居，由于地缘优势，保存了近三百余方彩画，从明至清末都有。常熟的彩衣堂、苏州城区的忠王府等处都有珍贵遗存。东山的明善堂、凝德堂、常熟彩衣堂彩画遍施于梁、桁、枋等处，等级相对较高，“上五彩”、“中五彩”、“下五彩”等均有施绘。东山的久大堂、陆巷的遂高堂以及粹和堂都在大厅的脊檩等处有彩画遗存，是等级相对较低的“下五彩”彩画。由于时代久远，都有不同程度的风化和自然脱落现象。

苏南地区明代彩画实例一览

Examples of Colored Drawing Work during Ming dynasty in South of the Jiangsu

表 3-1

建筑名称	年代	建筑类型	彩画制作特点	彩画级别	地点
彩衣堂	明	住宅	采用沥粉贴金，笔法细致，四椽栿堆塑狮子为太平天国时期所作	上五彩	苏州常熟虞山镇
赵用贤宅	明	住宅	浮雕、透雕和彩画结合，彩画仅用白色作绘	中五彩	苏州常熟南赵弄
明善堂	明	住宅	构图规整，锦纹主要由黑、红、黄、白绘成，白粉勾边，局部用金	中五彩	苏州东山杨湾
念勤堂	明	住宅	色彩以红、生褐、白为主，素雅清淡，图案外勾粉条	中五彩	苏州东山雕刻厂
凝德堂	明	住宅	色彩淡雅，箍头用晕，图案黑线勾勒	下五彩	苏州东山翁巷

续表

凝德堂大门	明	门	色彩淡雅，箍头用晕，图案黑线勾勒	中五彩	苏州东山翁巷
凝德堂二门	明	门	色彩淡雅，箍头用晕，图案黑线勾勒	下五彩	苏州东山翁巷
怡芝堂	明	住宅	色彩鲜艳，大片红、白色形成对比，外勾黑线	下五彩	苏州东山白沙
茅厅	明	住宅	用笔细致，彩有朱红、白、青色，外压黑边	下五彩	苏州常熟董浜乡
敦余堂	明	住宅	朱红底上绘图案，黑线勾勒	下五彩	苏州东山镇
熙庆楼显庆堂	明	住宅	包袱锦纹样黑线压边，锦内方胜和锭贴金	下五彩	苏州东山杨湾
遂高堂	明	住宅	包袱锦内为花卉与笔锭胜，纹样外压黑线，枋木线刻七朱八白	下五彩	苏州东山陆巷
双观楼	明	住宅	图案黑线压边，笔锭贴金	下五彩	苏州东山陆巷
寿山堂	明	住宅	檩、椽用黑线绘松木纹，脊檩锦纹黑线勾勒，胜、锭贴金	下五彩	苏州东山镇
乐志堂	明	住宅	锦纹、团花黑线压边，方胜贴金	下五彩	苏州东山翁巷
亲仁堂	明	住宅	锦纹黑、白、红相间，黑线勾勒，笔锭胜贴金	下五彩	苏州东山翁巷
恒德堂	明	住宅	红、白、黑色绘包袱锦纹，黑色压边，胜锭贴金	下五彩	苏州东山镇
慎德堂	明	住宅	图案黄、白、黑色彩相间，松木纹及图案纹样系黑线勾勒	下五彩	苏州西山梅益村
绍德堂	明	住宅	锦纹上绘方胜与锭，璎珞红、黄相间用色，黑线勾勒	下五彩	苏州东山新义村

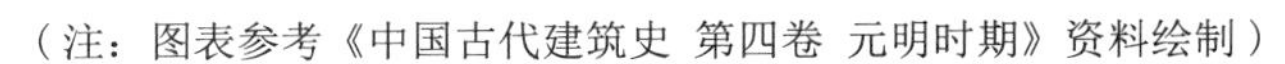
（注：图表参考《中国古代建筑史 第四卷 元明时期》资料绘制）

图 3-11 东山凝德堂明间二架梁包袱彩画
Fig. 3-11 Semicircles-shaped painting on the beam in the main hall named Mingjian in Dongshan Peninsula
（图片来源 ：摹自潘谷西 . 中国古代建筑史（第四卷）元、明建筑 [M]. 北京 : 中国建筑工业出版社 ,2002.）

凝德堂位于苏州东山翁巷，留存的彩画为明代晚期民居苏式彩画艺术的典型代表。正厅的梁、枋、斗栱等处均施作彩画，明间脊檩上绘“笔”与“锭”，以寓“必（笔）定（锭）胜天”，通过谐音手法展现对现实生活的美好期许。凝德堂的彩画构图方式为典型的复合型苏式锦袱制构图，四椽栿与平梁上在矩形包袱之上又施以菱形，栿梁采用正三角“上搭包袱”和倒三角“下搭包袱”组合，上下呼应（图 3-11）。内绘由花冠和曲线组成的锦纹式样，极富秩序感，如丝绸裹搭于梁桁表面。梁桁两端包头绘宝相花，与精雕细镂的山雾云相呼应，还有龟纹、方环等锦纹图式等。彩画整体形象精致典雅，兼具贵族气息和文人气息，同时亦包涵当地民俗特色。正可谓“雕焕之下，朱紫冉冉”，生活空间由此升华为一个细腻、华美、典雅的艺术空间。

作为美化民居空间的典型装饰艺术，苏式彩画既体现了礼制教化的需求，也体现了等级秩序的约束；既有集体智慧的结晶、又有个性化的率真表达；既展示了地域性的风格，又传达了宅主的意趣；既形成了彩画图像之间的融合通达，又与民居构件和建筑空间呼应。“在世俗生活与高雅艺术、物质需求和精神需求多重关系情景网络中，以其特定的程式化模式和独特的视觉形式，记载了苏南这一特定文化区域众多的文化信息和历史轨迹。”[1]

3.2 结构性装饰

结构性装饰是对于具有承重功能的建筑结构构件本体的装饰，其主要诉求是配合功能，而不是只求美观，美在这里从属于结构与功能。对于以实现民居建筑功能诉求为首要任务的各种结构构件而言，从属于空间、功能等实质内容的恰当装饰可以增强其构造的逻辑性，真实地表达材料的固有性质。

《营造法式》以及《清式营造则例》中对于木作制度均有明确分类。承受屋架结构的柱、梁、檩、枋等受力构件为大木作，不承受力仅具有分割作用的门窗、栏杆等木构件为小木作。苏南传统民居的木作亦以此来分。作为传统土木营构建筑中具有结构作用的木构件，大木作不但决定着建筑的整体尺度和外观，同时也是明礼崇德、求美向真精神的重要载体。因此，从“山节藻棁”到“丹楹刻桷”，具有结构功能的民居构件多具有丰富的装饰意涵。苏南民居的大木构件所属装饰中有一部分为典型的结构性装饰。

3.2.1 承重型构件及装饰

苏南传统民居一般为彻上露明造，内部梁架结构一览无余，起主要支撑作用的柱、被支撑的梁、枋及其他附属性、过渡性、连接固定性的构件都暴露在外。这种形制的梁架结构自身就具有较强的装饰意味。例如月梁本身的优美弧线，瓜柱形体等，都直观地体现出结构本体的美感。为了进一步追求形式美感，体现宅主观念意识和营造空间意象，人们还会对构架进行进一步装饰，装饰部位通常出现在梁架、山雾云、抱梁云、

[1] 纪立芳 . 清代苏南民居彩画研究 [J]. 华中建筑，2011（04）:141.

轩、垂莲柱等处。

3.2.1.1 梁架装饰

苏南传统民居梁架主要分为扁作、圆作两大类型。扁作梁一般用于等级相对较高的厅堂之上，断面呈扁方形。圆作梁等级相对较低，断面呈圆形，多用于次要的小型厅堂、门屋或厢房等处。也有在一座建筑中扁作、圆作相结合的做法，比如在明间用扁作，山墙处用圆作；而在厢房中却恰恰相反，明间用圆作而山墙处用扁作，呈现自由灵活的民居木作特色。

1）扁作

富有之家一般用扁作梁，承袭宋代月梁的制作工艺和美学风格，外观优美，古朴浑厚。“扁作柁梁，用料之制，分独木、实叠、虚軿三制。”[1] 三种做法在苏南地区的明代民宅中都能看到，以虚軿为多。独木大多用在小型梁架上，用整木削斫而成，是最浪费木料的做法。实叠法在现存的民居中比较少见，常熟翁同龢故居的门屋前廊即单步梁上，有 8.5cm×4cm 的枋子，类似于“缴贴令大”的“缴背”。随着木料供应的短缺，独木之制渐被摒弃，既能节省木料又可维持原有式样的虚軿法应运而生。虚軿法在苏南传统民居的厅堂扁作梁中几乎都有施用。虚軿法的主要目的之一是追求彻上明造中梁架稳重挺拔的视觉效果，并不是完全出于支撑梁架的力学需求。如果仅用虚軿法，梁底的挖底需要从整木中挖出梁底下顱，也极其浪费木料，于是人们又将梁肩与梁底分开，使木料得到最大限度地节省。苏州东山杨湾怀荫堂月梁用的就是梁肩与梁底分开的虚軿法。

地处太湖一隅的苏州洞庭东、西两山，因交通相对闭塞，环境相对独立和封闭，大量传统民居得以完好遗存，具有明清民居博物馆之称（图 3-12）。东、西两山明清时期的月梁在工艺做法上比较接近，但装饰和整体外观明显不同。首先，从装饰来看，明代月梁无过多装饰，体现出理性节制的美感，具有强烈的人文气息。清代月梁的装饰成分明显增多，在梁面上施加了更多雕刻，雕刻的题材内容更加丰富，装饰风格趋于繁缛。其次，从月梁的高度与跨度、宽度之间的比例关系、梁下挖底的尺

[1] 祝纪楠．《营造法原》诠释 [M]. 北京：中国建筑工业出版社，2014：110.

图 3-12 东山状元楼四椽栿扁作（明代）
Fig. 3-12 Supporting beam for four rafters in Mandarin Restaurant (Ming dynasty)

寸以及斜项等方面来看，明代相对而言比较自由，挖底比较深，在一寸以上，有的甚至能达到 13 厘米。而在清代，《营造法原》上明确记载梁下挖底为半寸。因此，在整体外观上，明代月梁整体线条弯曲有度，饱满而富有弹性，清代月梁的整体造型则相对平直。

另外，同一时代的同一木作构件，由于其所处空间不同，或同一构件的不同部位，其装饰都会有所侧重或差别。例如，同为梁枋，东、西两山普通厅堂的月梁侧面大多无琴面，仅在梁面及两端肩部处理两条优美的弧线，形如飘带，简练婉约，赋予月梁刚柔相济的美感（图 3-13）。讲究一些的厅堂月梁可在两端雕卷草纹。再考究一些的，还可在居中设包袱锦，雕饰植物、花卉、动物、吉祥图案，甚而会在梁底雕饰花卉植物等，以标示所处空间的尊贵地位。而在等级较低的门房等处，侧面则省略线脚装饰，凸显梁架装饰的主次之别。在厢房等小型月梁中，侧面也无装饰线脚，断面为抹去四角的矩形，上凸而富有弹性，结构即装饰，简约大方（图 3-14）。总体来说，东、西两山的明清民居承袭宋元遗风，月梁装饰整体风格素朴文雅、含蓄恬淡，具有神宁气静之气，从而体现出苏南地区民众淳朴精致的生活方式与较高的文化审美追求。

梁头因在房屋立面中处于前凸位置，故而常常被施以巧饰以达到突显及悦目的效果。苏州东山春在楼的大厅及花厅的包头梁上进行了全方

图 3-13 敬修堂四椽栿扁作（清乾隆）
Fig. 3-13 Supporting beam for four rafters in Jingxiu Hall (Qing Emperor Qianlong period)

图 3-14 东山陆巷怀德堂扁作梁
Fig. 3-14 Rectangle beam in Luxiang Hall of Dongshan Peninsula

位雕刻，在包头梁正立面以及左右三个面上，雕有水淹七军、三英战吕布等共 34 幅三国演义的戏文场景，通过不同时空景物的转换与穿插，将丰富的情节在建筑空间中流动展开，戏剧主题鲜明，人物生动传神，刀法洗练，工艺精湛。

2）圆作

圆作与扁作相比较，用料较小，梁的断面为圆形，梁的直径达跨度的 1/20 即可，一般常用于普通人家。明代与清代的圆作有诸多不同之处，明代的上端一般削刻为斜项，梁的底部挖出曲线，具有宋式古意。另外，明代的童柱收分不明显，一般为直柱或略有收分，不似清代上小下大收分明显。圆作在木料日益紧缺的情况下显示出其经济上的优势，同时也

图 3-15 东村东上 27 号圆作
Fig. 3-15 Coopers' product 27th in Dongcun Village

别具装饰意趣，对梁身进行简洁加工便可获得生动优美之感。对梁身局部加工轮廓优美的凹槽，即可获取丰富灵动的效果，这种做法在苏州东、西两山可见（图 3-15）。例如东山新丰村的麟庆堂明楼厢房圆作梁，在梁身向斜项过渡的地方，卷杀之余在梁身尾部简单加工了对称的弧形凹面，使整个梁身顿生活泼之装饰情趣。

苏南传统民居大木构件的结构性装饰，遵循“寓装饰于结构”的宗旨，在不损伤结构功能以及材料性能的基础上进行装饰艺术处理，因基于本源，故自然而真实。大木构件装饰或直表其面，以材料质感以及本体形式让人直接感受其装饰美感；或深藏其里，装饰意味蕴含在大木构件之独特而复杂的组合方式中；或简繁得当，在细节的装饰处理上极富形态变化和结构秩序，使大木构件本体的古拙质朴与施加于细部的华美雕琢相映成趣。

3.2.1.2 山雾云与抱梁云

《营造法原》中述：“牌科两旁依山尖之形式，左右捧以木板，刻流云飞鹤等装饰，称山雾云，栱端脊桁两旁，则置抱梁云”[1]。在苏南

[1] 祝纪楠 .《营造法原》诠释 [M]. 北京： 中国建筑工业出版社，2014:85.

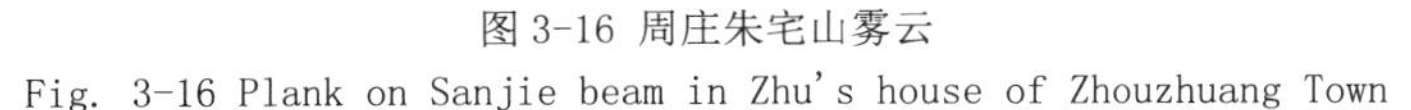

图 3-16 周庄朱宅山雾云
Fig. 3-16 Plank on Sanjie beam in Zhu's house of Zhouzhuang Town

大中型传统民居中，结构相对复杂、装饰相对华丽的扁作厅堂，常于山脊部位嵌山雾云与抱梁云，精美异常，颇具特色。彻上明造的营造方式，处于厅堂内梁架制高点、没有承重等功能限制的山雾云和抱梁云，多深雕镂流云飞鹤，纹样舒朗优美，构筑了脊檩两翼的优美造型。例如周庄朱宅（现为周庄博物馆），大厅山脊处饰精美山雾云及抱梁云，镂雕流云飞鹤，行云流水、灵动流畅、密而不乱、细腻精美。如纯粹艺术品般的处理方式，使厚重的大木构件融合于柔和的艺术氛围中，在室内制高点形成视觉焦点，增加了室内空间的细节变化，赋予日常生活环境浓郁的艺术气息（图 3-16）。

3.2.1.3 轩

“轩为南方建筑特殊之设计”[1]。苏南地区传统大宅中常常会在厅堂内或者其前、后设轩，使得厅堂在获取高敞空间的同时具有精致丰富的装饰效果。《园冶》中论及轩时说道：“轩式类车，取轩轩欲举之意，宜置高敞，以助胜则称。”[2] 认为轩有昂扬之势，可使建筑的空间显得宽敞高显，能有效地拓展空间。当轩与内四界在同一屋面时，有磕头轩、半磕头轩和抬头轩三种类型。在内四界之前如重复筑轩，前面的为廊轩，后面的为内轩。“廊轩的进深较浅，常用茶壶档轩、一枝香轩及弓形轩等形式，而内轩的进深较大，则常用船篷轩、海棠轩以及鹤颈轩等形式。”[3] 轩在空间构成上可以有效增加厅堂的纵深感，不同形式的轩顶可增强室内顶面的丰富华美之感，使其更具仪式感，以突显厅堂的重要地位。厅堂外部的廊轩在丰富厅堂前后立面造型的同时也增加了景观层次，建立了室内外空间的过渡区域与中介层次，营造了流动的空间形态，丰富了立面的空间意象。

东山陆巷粹和堂里现存的阳楼（又名棋乐仙馆），是一座底层为满轩式的楼厅，也是粹和堂结构最为复杂、造型最为奇特、装饰最为华丽的楼厅。底层外部廊轩为弓形轩，底层室内前为双翻轩，分别为一支香鹤颈轩和双枋鹤颈轩，内四界也为鹤颈轩式样。由外而内各轩逐渐加宽，架椽的梁也由少及多，置身底层满目皆是弧形优美的弯椽和雕饰精美的梁架。这座厅因第一层的满轩式样，底层竟高达 5 米以上。据传此楼厅是主人专门为焚香抚琴所建，为了追求琴音绕梁之效果，所以才有如此高敞、华美而又构造独特的满堂轩楼厅建筑。轩梁通常是装饰的重点部位。例如周庄沈厅轩梁两端对称雕 S 形草龙，草龙头部卷曲昂扬在龙身中部，象征礼治规范的龙爪、龙身、龙尾等都被巧妙地以曼妙的香草纹替代，形成极富创意的抽象意味的 S 形草龙造型，呈现“龙尾出花”的民间龙纹装饰特点（图 3-17）。

3.2.1.4 柱、鼓磴（柱础）和磉

柱是苏南民居承受垂直力的最主要构件。苏南地区潮湿多雨，为了柱子经久耐用，底部常施做鼓磴（柱础）和磉。在苏南民居中，根据柱

[1] 祝纪楠.《营造法原》诠释 [M]. 北京：中国建筑工业出版社，2014:88.
[2]（明）计成著，刘艳春编著. 园冶 [M]. 南京：江苏凤凰文艺出版社，2015:126.
[3] 祝纪楠.《营造法原》诠释 [M]. 北京：中国建筑工业出版社，2014:88.

图 3-17 粹和堂满轩式吊顶

Fig. 3-17 Manxuan Style ceilings in Cuihe Hell

子在空间中所处位置，可将其分为廊柱、步柱、脊柱等。位于民居建筑内外空间衔接之处的廊柱，其形象对于檐下、廊间灰空间的气息营造具有重要作用。分布于廊檐之间、门扇之间以及室内的柱组成的主次分明的柱网结构可清晰呈现厅堂各间的进深与面阔。

在唐及五代，承托出檐部分的铺作层非常重要，作为承担铺作层主要部件的柱头常做卷刹处理。一方面，柱头上部与顶着铺作的栌头底部相交汇，为了不遮盖斗底，需用削减柱子上部的办法来实施平稳过渡；另一方面，由于铺作层的体量硕大，几乎占到檐柱高度的一半左右，檐柱常显得低矮粗壮，在形式美观上也需对其进行卷刹处理，即“将柱子的上端柱径逐渐缩小，至顶端缩成覆盆状，”[1] 形成柔美而富有弹性的梭形，这是承重机

[1] 楼庆西 . 乡土建筑装饰艺术 [M]. 北京：中国建筑工业出版社，2006:11.

制和美观的双重需求。宋金时期柱仍做卷刹，亦为梭形，但由于铺作层结构改变、作用减小，铺作层的高度缩到檐柱比例的三分之一，故而檐柱整体具修长挺拔之态。明清时期，由于房屋举高不断增加，苏南地区民居的柱身细长，因其承重的结构特殊性，已不做卷刹处理，具有稳定挺拔之感。介于上下梁之间的称为童柱，童柱矮小，则大多做卷刹处理，达到功能和审美的完美结合。苏南民居的花篮厅中还有一种特殊的悬空短柱，俗称“垂莲柱”，悬于通长坊上，柱端头常雕刻花篮，极富装饰性，十分精美。

柱的底部常施作鼓磴（柱础）和磉（图 3-18），可防止水分渗入柱

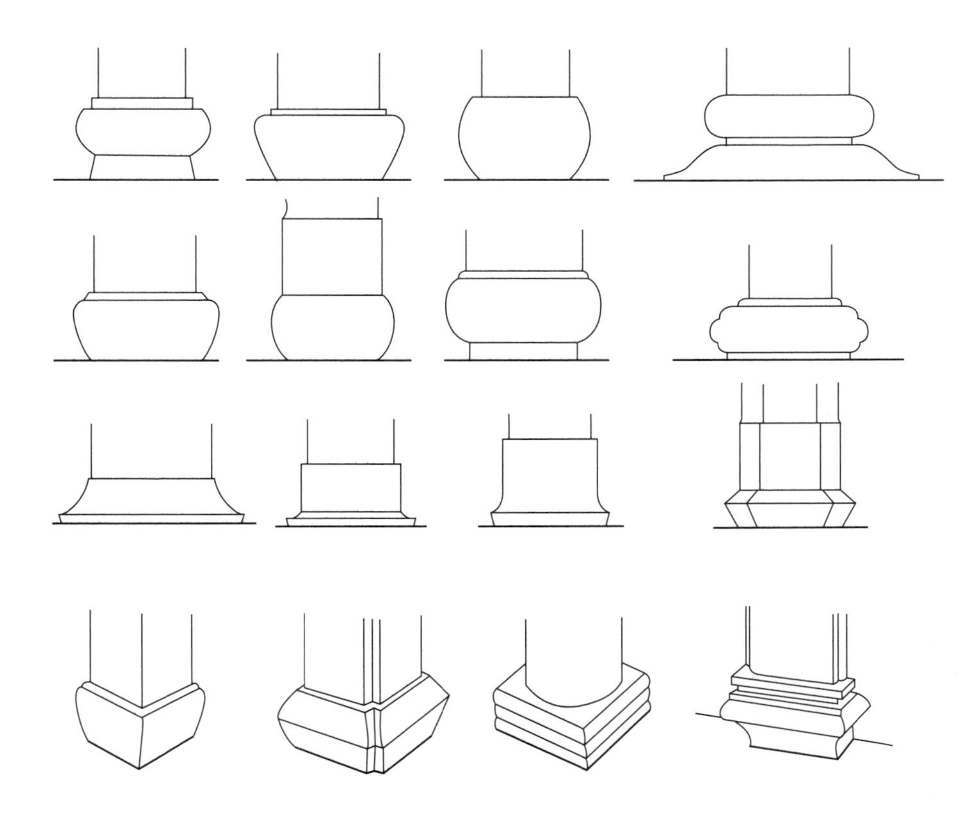

图 3-18 各式柱础
Fig. 3-18 All kinds of column base

体引起腐朽，以增其牢固。现遗存民居中的鼓磴有木质和石质之分，明代多为木质鼓磴，而清代以后则多为石质鼓磴，这也是对民居进行断代的依据之一。鼓磴的造型大多为圆形，也有少量方形。普通人家及次要空间的鼓磴做素平处理，质朴无纹。考究的会对其进行浅雕处理，饰几何纹样或植物花卉等，使之细腻素雅。磉是承放鼓磴的方形石块，埋在台基中起支撑作用。磉有两种类型：一种是相对简单的磉，与地面平，上面另外放置单独的鼓磴以承柱身；还有一种磉相对复杂，高出地面像脖子一样的结构被称为柱顶石，高出的颈部成为装饰重点部位，有的为素朴圆鼓造型、有的将其雕为莲瓣状、还有的以多层线脚进行装饰。苏南传统民居中的鼓磴和磉或素朴无华，或精美秀雅。它的雕刻题材广泛，起伏的动物、花卉、吉祥图案，布局灵活地适合着鼓磴和磉的造型，赋予原本坚硬冰冷的石材以温和的视觉肌理。苏州西山堂里村仁本堂已

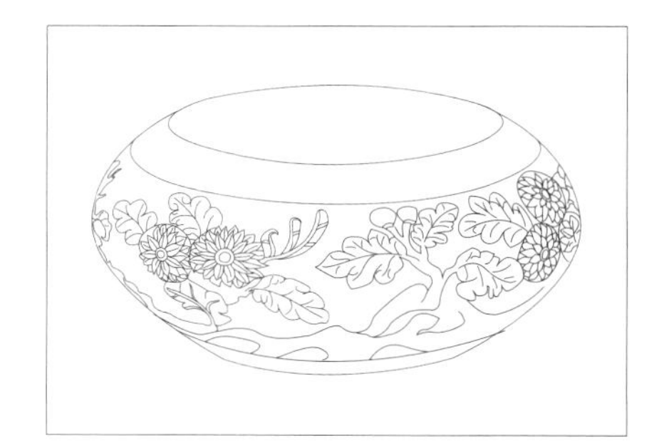

图 3-19 西山堂里大厅遗址雕花柱础
Fig. 3-19 Carved column base in ruined hall of Tangli Ancient Village in Xishan Island

被损毁的大厅遗址所遗留的石质鼓磴上的装饰花卉的造型体现出适形特征。鼓磴形体饱满，四周满饰荷花、牡丹、菊花等四季花卉，主体花冠居于蹬体最突显的中部，花苞、枝叶等适形穿插其中，以浅浮雕刻大形，以线雕装饰细节，井然有序，主次分明（图3-19）。

3.2.2 联接型构件及装饰

雀替、撑栱、屋脊等具有联接功能的构件同时也是苏南民居中装饰的重点。雀替与宋代《营造法式》里记载的绰幕枋相似，绰幕枋是用在大额檐下串联角柱和檐柱的枋料，可增加檐柱的稳定性，是偏重结构的构件，后来慢慢演变为明清时期的雀替。撑栱是位于檐下支撑梁头与柱身以撑托外檐的构件，因处于较佳的视域范围，常被重点雕镂装饰。苏南传统民居的屋面由桁条、椽子等大木构件以及屋面铺瓦筑脊构成，屋顶曲线由屋脊、屋面及檐口组成。脊是前后两侧斜屋面在建筑最高处的交汇线，在构造上具有联接的属性，它具有防水和装饰双重功能，是构成屋顶造型的重要结构和形式语言。

3.2.2.1 雀替与撑

雀替一般施作于梁、枋与柱相交处，通过缩短梁枋之间的净跨度来增强梁枋的承载力。清代及民国时期，雀替装饰功能日益突出，逐渐从巩固结构的功能性构件演变为装饰性构件，运用深浮雕等工艺，雕饰题材有植物花卉、如意、动物等，日趋华美繁丽（图3-20）。另外，雀替与檐柱、额枋等可构成类似取景框的结构，强化了檐柱、额枋对于空间的构成和限定，加强了内、外空间的融汇与交流，使民居的外檐空间层次丰满，富有变化，可有效营造外檐空间的艺术氛围。室内雀替也是装饰的重点部位，丰富细腻、精雕细镂的雀替，增添了室内空间语意的丰富性，使室内空间氛围更加柔美灵动。撑栱的体量大小相对自由，人们通常依据撑栱的曲直长短、依势而饰。简洁的如竹节、卷草、祥云、拐子龙等，复杂的如瑞兽、戏文故事等，都在形式、体量及装饰手法上灵活多样，是结构和艺术完美结合的构件。

3.2.2.2 屋脊

屋面有多种屋脊，因其位置不同，可分为正脊、垂脊、戗脊、角脊

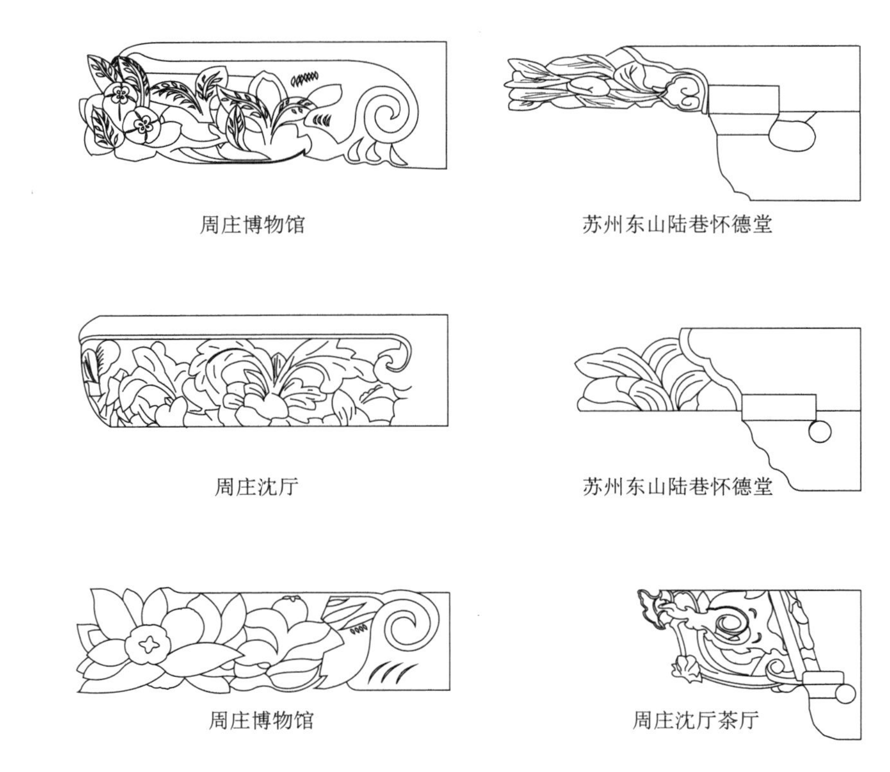

图 3-20 各式蜂头、雀替
Fig. 3-20 Kinds of Fengtou and QT construction

等多种类型。“由前后斜屋面合拢横亘于脊桁上面者被称为正脊，为建筑的最高轮廓线。”[1] 不同规模等级的厅堂，其脊的做法和装饰也有所不同。梁思成、林徽因认为“屋顶上许多装饰物，在结构上也有他们的功用，或是曾经有过功用的。”[2] 封建社会的等级宗法秩序渗透到社会的各个层面，中国传统民居的装饰也深受其影响。作为传统建筑中最为高耸凸显的部分，屋顶造型成为区分建筑等级的主要标志之一。苏南传统民居的屋顶大多为硬山顶，少数为悬山顶。屋顶造型受此两种形制屋顶的限制，整体风格相对朴素。苏南工匠顺应当地的气候与地形，以多变的题材及优美的造型，创造出极富地域特征的脊饰与屋顶造型，丰富

[1] 祝纪楠.《营造法原》诠释 [M]. 北京：中国建筑工业出版社，2014：209.
[2] 梁思成. 清式营造则例 [M]. 北京：中国建筑工业出版社，1981：14.

了苏南民居的顶部形态与整体外观，强化了自由、细腻、活泼的民居风貌。

苏南传统民居屋面多采用青瓦铺设，檐口造型为直线，屋顶屋面形象朴素淡雅，正脊是主要装饰对象，是屋顶形象的重要视觉语言。其硬山式屋脊主要有两类：一类是俗称“鳗鱼脊”的明式屋脊，由筒瓦覆盖而成，呈浑圆状；一类是用在相对次要的屋舍，以板瓦立排，中间留有空隙，被称为“龙口”，可植灰塑“万年青”等装饰。比较重要的厅堂多以砧瓦叠砌正脊，脊身两头起翘的鳌尖可辅以甘蔗、纹头、哺鸡等装饰，内容虽多，却主从有序、秩序井然。

正脊由脊身、腰花、鳌尖组成，三者不同的排列组合可以化生出多种不同样式的正脊。脊顶形式可分为甘蔗、雉毛、纹头、攒头和哺鸡等多种式样，工匠在这几种脊饰形制基础上进行不断创新和变换，产生了多种鳌尖装饰变体，形成了苏南民居丰富多彩的脊饰面貌（图3-21）。普通民居大多采用前四种脊饰，大型民居的厅堂多采用哺鸡脊。此几种式样一般在斜屋面瓦上口的相交处竖立排叠，在脊顶用粉抹防雨水的“盖头灰”，两端头用粉抹回纹样则为甘蔗脊。雌毛、纹头以及哺鸡等式样的两外口各缩进两楞作螳螂肚，两端头在攀脊上进行挑起叠砌，使其两端呈现翘然之态。腰花也是多变的结构装饰，有的用瓦片组合排列成花形，有的灰塑为各种花纹，与鳌尖的组

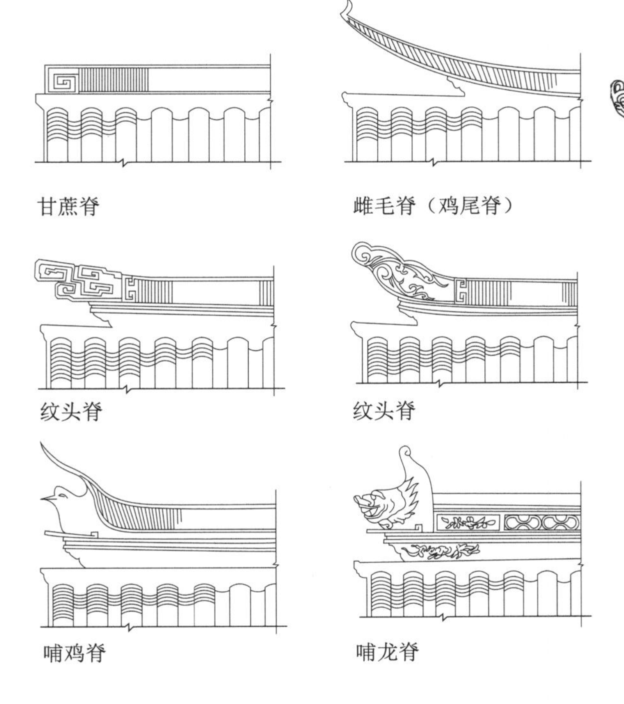

图3-21 各式屋脊

Fig. 3-21 kinds of ridge

（图片来源：摹自祝纪楠．营造法原[M]．北京：中国建筑工业出版社，2012.）

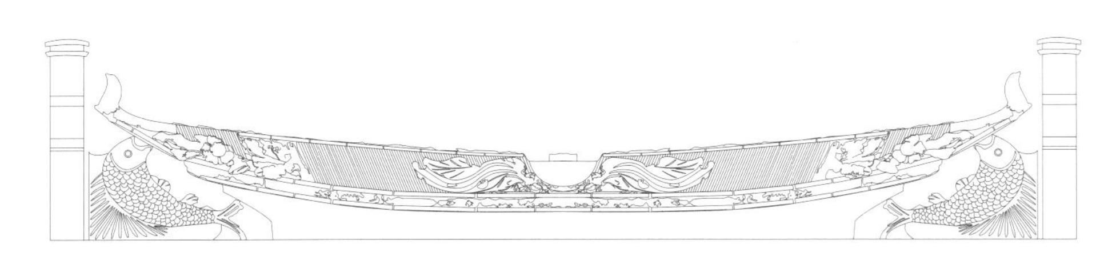

图 3-22 荣巷民居屋脊
Fig. 3-22 Dwelling ridge in Rongxiang Lane

合变化成各种式样的造型。不同形式的脊饰充分体现出苏南传统民居自由灵动的特点（图 3-22）。

3.2.3 结构性装饰特征

苏南传统民居的结构性装饰具有鲜明的有机装饰特征。苏南传统民居为彻上明造结构，对结构性装饰所进行的装饰艺术处理是遵循结构力学，不影响其结构功能的基础上，对建筑构件本体所进行的适度美化与装饰。例如对于柱子端部的卷刹处理、对于月梁的挖地剥腮处理等，恰当、适度、自然，没有哗众取宠与矫揉造作之嫌。在苏南传统民居中，从整体的构架组织到各个构件的有机组合，再到细部审时度势的装饰处理，都是在保证功能的前提下精心筹划、适度美化的结果，稳健而不失丰富。

结构性装饰所依附的结构实体本身具有程式化的装饰意味。大木构件的装饰性体现在本体的结构性处理上，在不影响大木构件的受力能力以及材料性能的情况下，运用卷刹、斜刹等特有的木构手法对大木构件进行斫削处理，使其具有大木构件的独特外观形体，形成独特的本体装饰形式。结构性装饰构件之间的组合穿插形成了有机的和整体的装饰意味（图 3-23）。苏南传统民居的大木构件通过灵活、巧妙、有机地装饰，使其在巧妙地修饰结构的基础上，又能最大限度地展示结构本身的艺术魅力，使得“梭柱、月梁、斗栱等从形式到组合经过艺术处理以后，便以艺术品的形象出现于建筑上。”[1] 这种对结构恰如其分的艺术表达，即是结构性装饰的有机体现。正如杨廷宝先生所说：“结构和艺术造型合理地融洽一致，而不是削足适履，相互牴牾；许多造型艺术上的特点

[1] 刘敦桢．中国古代建筑史 [M]. 北京：中国建筑工业出版，2008: 11.

图 3-23 黎里某宅大木作装饰（修复中）
Fig. 3-23 Decoration of structural carpentry in Lili Town (Under repairing)

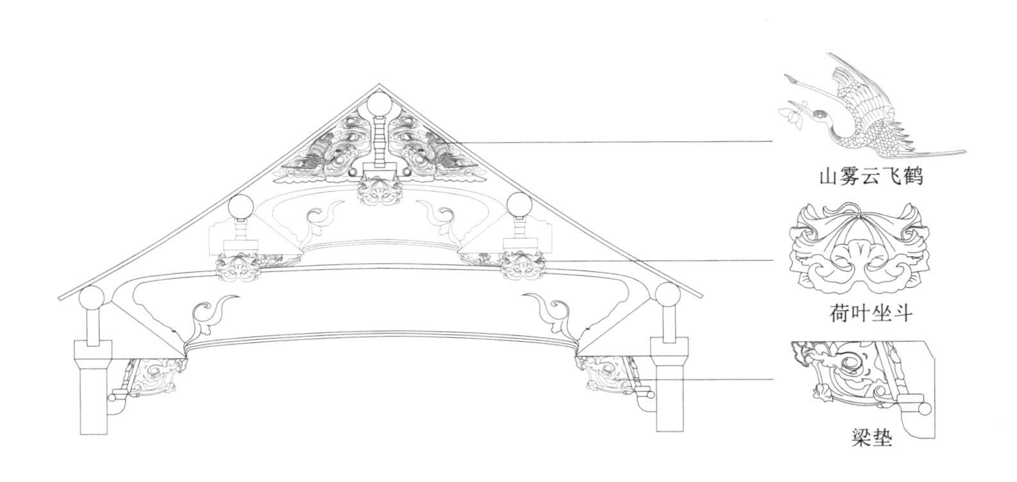

图 3-24 周庄沈厅内四界大梁节点装饰
Fig. 3-24 Decorative joint on the beam in Shenting Hall in Zhouzhuang Town

实际上来自结构本身的要求”[1]。构件从单体形式到独具匠心、精巧合理的组合方式，突破了本体的功能需求而升华到艺术层面，其本身就拥有完美的造型和装饰意蕴，堪称艺术品。

结构性装饰的施饰部位具有简繁得当、轻重得宜的特点。苏南民居的大木构件以柱为支撑，通过榫卯结构将梁、双步、川、枋、桁、连机、童柱等结合起来，组成整体房屋的构架。在所有和大木作相关的构件中，纯粹装饰性的雕刻等装饰主要施作于短机、枋及梁之上，雕刻的施作手法会随着构件受力功能的不同而变化。直接承受由上至下重力的柱通常不被施作雕刻工艺，而是通过油漆的装饰手法对其进行保护。大型主要构件如梁、枋等常常施以简洁的平雕。不直接承载主要重力或压力的短机头等构件则成为雕刻装饰的重点，多采用透雕或圆雕进行重点装饰，多雕饰成蝙蝠祥云、花卉、金钱如意以及水浪等各种纹饰，名称亦相应的被称之为蝠云机、花机、金钱如意机、水浪机等，可以做到玲珑剔透。这些精巧入微的装饰在修饰某些节点的同时，也巧妙地削弱了大木构件在连接处的体量感和笨拙感（图 3-24）。因此，不同承重构件在结构功能上的主次与它们的装饰手法之间形成一定的对应关系，这便是结构性装饰的基本特征。

[1] 杨廷宝．中国古代建筑的艺术传统 [J]. 东南大学学报（自然科学版），1982（03）:2.

3.3 附加性装饰

附加性装饰“是具有独立的审美因素，与建筑主体在一定程度上可以脱离，而含有纯粹装饰因素”的装饰。[1] 附加性装饰是为了增加民居空间的美感，或者为了承担某种特定的教化功能而存在的，它注重视觉艺术的传达效果和象征意义的表达，而不是建筑结构的表达。

作为木构架体系民居，苏南传统民居的墙壁不承担承重功能，门、窗等小木作类虽然具有组织、分隔空间等功能，但因其是传统建筑中非承重部分的木作装修构件，因而将其归入附加性装饰类型之中。依附于功能构件的彩画艺术及雕饰艺术，不仅是显露在外、富有意味的装饰艺术形式，同时揭示了结构本身与空间深层的逻辑关系，在定义空间性格时呈现多层次的装饰蕴含，具有极强的形式感，也是典型的附加性装饰。

3.3.1 入口类型及装饰

入口是进入不同领域的标志和过渡性空间。“宅以门户为冠带”，表明了门兼具实用与宣示双重功能。门作为沟通建筑内外的重要介质具有双重含义：首先，作为民居的进出途径，对民居内外空间具有连接和贯通作用，是流动空间的重要组成部分，门还是建筑平面组织的关键节点。作为建筑立面上的视觉焦点，还有标示空间层次和主题的作用。采用不同的尺度、材质与装饰组织起丰富多变的空间序列。其次，作为民居的重要组成部分，门体现着封建社会森严的等级观念和宗法观念。不同规模等级宅居大门的规模、形制及装饰手法不尽相同，反映出封建制度上下尊卑有序的等级秩序，标示宅主的社会身份与经济实力。门可以通过建筑艺术来实现等级秩序，具有鲜明的象征意义。

依据门的形制、所设位置，并结合实际调研，将苏南传统民居的门分为将军门、墙门、门楼、屏门及矮挞等类型。建造者通过增加构件、扩大深度施加装饰等方式增强对门户入口的空间序列感和空间意象美的塑造。

3.3.1.1 将军门

[1] 姜娓娓．建筑装饰与社会文化环境 [D]. 清华大学，2004:53.

将军门在苏南传统民居中等级最高，高大对称，端严凝重，可突显居者的显赫地位。将军门的门厅进深一般为四界，开间面阔为一间或三间。门的上部施作额枋并设有门簪，下设构造独特、可拆卸的高门槛。苏南地区的将军门高宽比一般为 3:2，上方额枋的门簪通常作为视觉焦点以雕刻各种装饰图案进行装饰。额枋之上为高垫板，额枋脊桁下居中设将军门两扇。门两旁立门档户对，门扇两边设束腰垫板，门下设高门槛，高度在 20—70 厘米之间，两端镶做“金刚腿”，易于安装和拆卸，结构科学合理，形态颇具特色。门两旁设砷石，有的为圆鼓形，上面雕精美花纹，有的则为方形，雕刻相对素雅简洁。下为须弥式长方形基座，多以几何、花草纹样作装饰（图 3-25）。

西山堂里沁远堂有一座保存不是很完整的将军门，建于清乾隆年间，颇具规模，客观呈现当年的基本规模与形制。沁远堂门楼面积达 20 多平方米，门前有一座近 10 米的八字形照壁，一半已坍塌，门下金刚腿的做法尚遗存有宋代“断砌门”之古意。整个门屋缩进呈八字形，青石须弥座上雕满了精美花纹。大门两侧以水磨方砖斜向镶贴面，古雅大方。

图 3-25 西山堂里仁本堂将军门
Fig. 3-25 General Gate in Renben Hall of Tangli town in Xishan Island

额枋上方施作极具装饰性的斗栱及山雾云。下方砷石已失，只余长方形的雕花须弥座，其束腰正面饰浅浮雕“五福捧寿”，侧面为几何化夔龙纹饰，四角辅饰吉祥结，台基饰线简洁流畅。

3.3.1.2 门楼与墙门

“而其高度较两旁之塞口墙低者”为墙门，俗称“石库门”。[1]“墙门分为三飞砖墙门和斗栱墙门两种类型，斗栱墙门俗称砖雕门楼。”[2]门楼与墙门是具有一定防御功能的入口，但在长期的历史演变中，逐渐由防御转变为定义院落属性的仪式空间，具有与厅堂地位相呼应的象征作用。

苏南地区传统住宅中的门楼数量颇多，根据住宅规模无论大小，每家都有几座或精或粗的门楼。对于门楼的营造，缙绅阶层往往不惜成本，常见厅堂已备而门楼尚未完工的场面。地位最高的大厅面对的门楼最为精致复杂，呈堂皇庄严之势。花厅、轿厅等门楼规模与装饰则逐次减递。苏南民居门楼多为北向，南向的极少，具有强烈的崇文内敛气质。门楼外部朴实无华，内里装饰层次丰富、细腻华美，便于宅内私家观赏。即使是设在内部院落之间的门楼装饰也具有强烈的内向性倾向。

苏南传统民居的砖雕门楼具有鲜明的仿木特征。“以随墙式牌楼门为例，门上两边设垂柱、椽……这些部件，从整体形象、分件构成到比例权衡和细部装饰都明显因袭了木构型制，只是采用了砖石作为构筑材料，呈现出平面化的象征门头符号。”[3]砖雕门楼结构具有定型化特征，各部位都有专用术语。在结构方面，一般都是按照既定程式来做，而在装饰题材内容上则可自由变化，以展现宅主自身的修养和喜好。墙门四周一般以青石或砖细为框，门板用厚约 5 厘米左右的木板拼成，比例瘦高，常于门板正面附厚约 2.5 厘米的清水方砖，以铁钉四枚于四角加固，加工极其精细。为了防止门扇下坠变形，使其更加牢固，常于门的背面上下或对角各钉厚约 0.5 厘米、宽约 5 厘米铁栿两道俗称“吊铁筋”。上下槛之间凿空后装置铁质外箍以纳门轴，为使门轴坚固耐用，门轴的两端也通常箍以铁箍。附有青砖的实拼门不仅具有很强的防卫功能，而

[1] 祝纪楠．《营造法原》诠释 [M]. 北京：中国建筑工业出版社，2014：140.
[2] 祝纪楠．《营造法原》诠释 [M]. 北京：中国建筑工业出版社，2014：245.
[3] 过伟敏． 建筑艺术遗产保护与利用 [M]. 南昌 ： 江西美术出版社，2006:64.

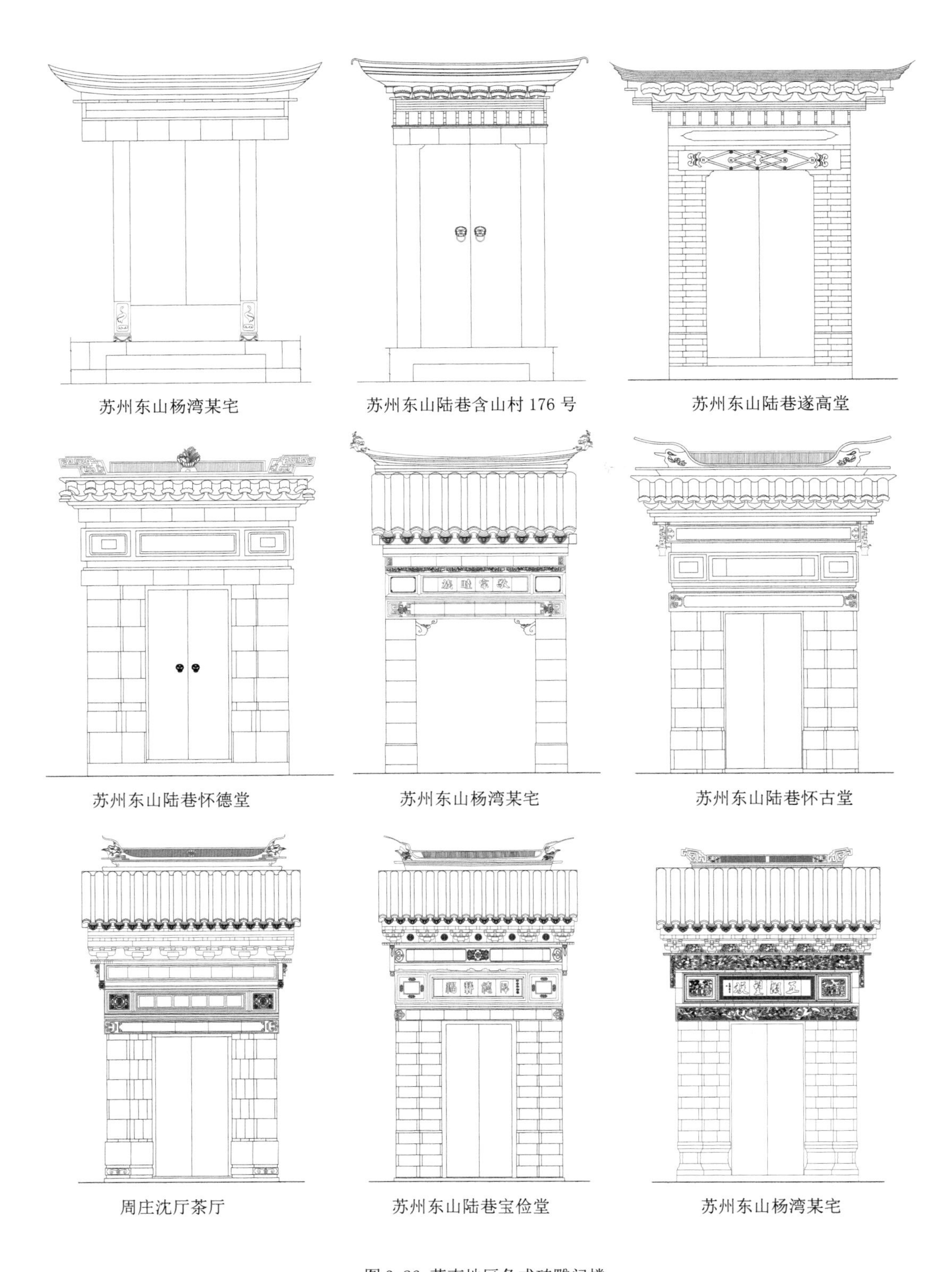

图 3-26 苏南地区各式砖雕门楼

Fig. 3-26 kinds of brick-carving gatehouse in south of the Jiangsu

且具有古朴、简洁、文雅的装饰意味。

苏南地区遗存诸多质量精美、形式各异的砖雕门楼（图 3-26），明、清、民国各个时期均有代表作（表 3-2）。例如铁瓶巷顾家“礼宗远绍”砖雕门楼、黎里柳亚子故居砖雕门楼、同里崇本堂砖雕门楼、木渎冯桂芬宅砖雕门楼、周庄沈厅砖雕门楼、东山陆巷砖雕门楼、杨湾砖雕门楼等。

苏南地区具有代表性的砖雕门楼

Representative brick-carving gatehouse in South of the Jiangsu

表 3-2

序号	名称	年代	建筑地点	砖雕形象
1	怀德维宁	清康熙	苏州钮家巷	
2	谨确家风	清雍正	苏州滚绣坊	
3	质厚文明	清乾隆	苏州东花桥巷	

续表

4	礼宗远绍	清乾隆	苏州铁瓶巷	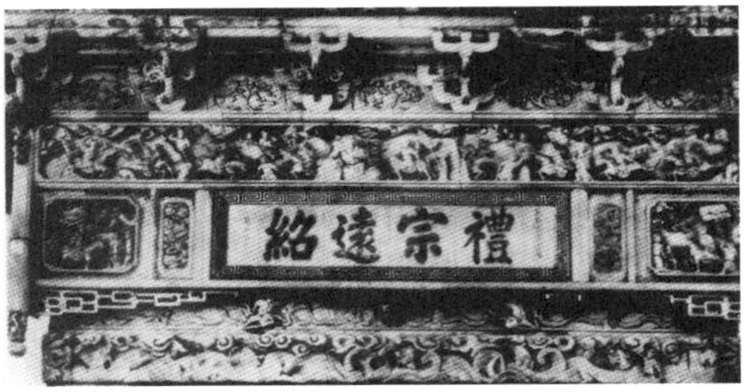 禮宗遠紹
5	敦大成裕	清嘉庆	苏州西百花巷	 惇大成裕
6	慎乃俭德	清嘉庆	苏州木渎	 慎乃儉德
7	丕振家声	清嘉庆	苏州景德路	 丕振家聲
8	树德务滋	清嘉庆	苏州高师巷	 樹德務滋

续表

9	增荣益誉	清光绪	苏州 铁瓶巷	
10	梅辅□樱	年代 不详	苏州 天官坊	
11	贻谋燕翼	年代 不详	苏州 东山镇 翁巷	
12	渊亭岳峙	年代 不详	苏州西 花桥巷	
13	与物同春	清	苏州 古市巷	

（注：图表根据《苏州砖刻》图文资料整理）

位于苏州东山陆巷的粹和堂的棋乐仙馆遗存有一座砖雕墙门，雕刻极其精美。粹和堂为明基清体的大型厅堂式建筑群。棋乐仙馆围墙比一般围墙更加高耸，内嵌“鍾蘭蘊玉”砖雕墙门。此门为仿木结构，最上面为硬山式屋顶，下面是砖细桁条及椽头，下逐皮挑出两路浑线砖，再往下为六组砖细一斗六升丁字栱，加透雕花卉枫栱，中间五组透雕垫栱板，玲珑剔透。上枋两端饰如意，以高浮雕与镂雕结合的手法再现了《三国演义》中三英战吕布、空城计、千里走单骑等经典片段，形象凝练生动、神态鲜明逼真、场景扣人心弦。上枋下悬置乱纹嵌花结镂空砖雕挂落，下设仰浑、束编细、托浑等线脚。再下为中枋，中枋左右兜肚镂雕酣战戏文场景，与上枋呼应成趣。中间字碑雕有“鍾蘭蘊玉”四个字。兰、玉同为文人比德之物，兰喻君子，玉比养德，以兰花与美玉隐喻修身示德。中枋下同样设置托浑、束编细、仰浑等线脚。再下为下枋，通体镂雕戏，部分被损坏，下枋如长卷式画面。作为画面的构图元素，松树将多场景、多人物、多主题的场景有序组织起来。松树有效引导了视觉流程，使下枋如手卷画般传达出延绵、流动的时空感。下枋文戏与上枋武戏遥相呼应，一上一下、一文一武、一动一静、一刚一柔，张弛有度、浑然天成。精巧繁缛的戏文装饰传递出主人崇尚文武兼修的人生哲学（图 3-27）。

3.3.1.3 大门与矮挞

苏南地区中小型传统民居的大门多是框档门形制，也有少数门扇用木板实拼。门通常设两扇，宽度 1.3 米左右，外面常以竹条钉成回纹或万字纹，不仅可避风雨侵蚀且视觉雅致美观（图 3-28）。门两侧结构和装饰富有变化，一种与将军门做法相似，无高门槛，尺度相对较小，这种小型大门在宋代张择端的《清明上河图》以及明代版画的插图中均可看到。另一种做法颇具明代遗风，主要体现在装饰环节，为苏南地区的独具手法：大门被分为上下两部分，比例为 1:3，接近黄金分割尺度。门扇下部里面设横档数根，外面覆以木板，在接缝处施以护封条。上部有的镂雕图案，有的设置为可拆卸的结构。雕饰题材形式因宅主审美情趣而不同。上部精美雕饰与下部简朴平直的木板形成简与繁、虚与实的视觉对比。镂雕装饰尽管只占到门扇总面积 1/3 左右，却足以营造出灵动的装饰效果，赋予普通人家考究、得体的门面形象。

图 3-27 东山陆巷粹和堂砖雕门楼及细部

Fig. 3-27 Brick-carving gatehouse and its detail in Cuihe Hall Luxiang Village in Dongshan Peninsula

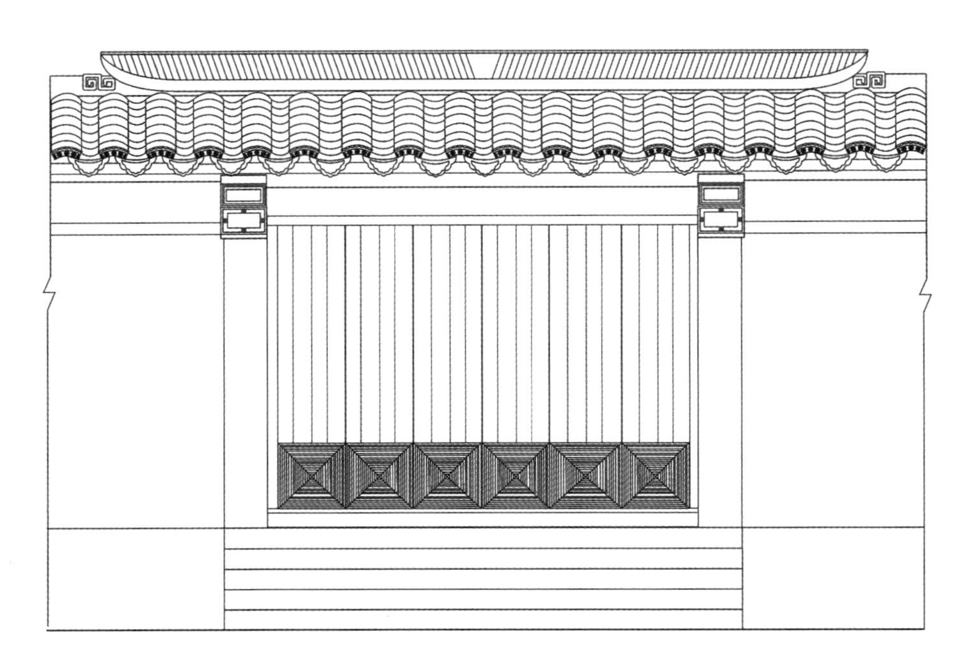

图 3-28 同里东溪街 79 号敦本堂（清光绪）
Fig. 3-28 Dunben Hall in 79th of Dongxi Street in Tongli Town

矮挞是装设在大门或者侧门之外的一种似窗扇形的门扇，为苏南地区传统民居所特有。“矮挞实古之短扉，桂辛先生谓为元之遗制，当时禁人掩户，便于检查。”[1] 可见矮挞是始于元代的一种古制。在实际调研中发现苏南传统民居中有高、低两种形式的矮挞。《营造法原》中记载“其上部留空，以木条镶配花纹，下部为夹堂及裙板，隔以横头料。上下比例约以四六分配。”[2] 苏州老宅中还留有矮挞式样，门扇为较宽的单扇，四抹头，上部为透空直棂或四眼方格，简洁素朴，中为束腰板，下为素裙板，整体古朴素雅，与《营造法原》中所述相仿。

3.3.1.4 屏门

屏门是苏南传统民居“装于厅堂后步柱间成屏列之门”[3]，《园冶》

[1] 祝纪楠 .《营造法原》诠释 [M]. 北京：中国建筑工业出版社，2014：147.
[2] 祝纪楠 .《营造法原》诠释 [M]. 北京：中国建筑工业出版社，2014：147.
[3] 祝纪楠 .《营造法原》诠释 [M]. 北京：中国建筑工业出版社，2014：143.

装折篇中亦有关于屏门的记载："堂中如屏列而平者，古者可一面用，今遵为两面用，斯为鼓儿门。"屏门设置于厅堂正中后部的后金柱间位置，使得厅堂更显得庄重气派，同时可起到遮隔内外院落的作用。苏南民居的屏门装于正间，多设六扇，次间根据实际尺寸做灵活调整，六扇、五扇或四扇均有。多以白漆或黑油涂饰，也有于屏门木框外镶平整木板而饰。更讲究些的则采用长窗形制，隔心部分以木板镶实不做镂空雕饰或花式窗格，装饰细节较少，整体呈现平实简洁的气质。

3.3.2 窗隔类型及装饰

窗在古代亦被称为隔，在苏南传统民居中是极为活跃的装饰构件。苏南民居窗的形式深受江南园林窗艺的影响，形式丰富、装饰精美、工艺细致，不仅具有通风采光之功能，同时也具有组景、造景的作用，是塑造民居立面形象和组织沟通空间的重要建筑语言。根据功能和安装位置的不同，可将苏南民居的窗分为长窗、半窗、地坪窗、槛窗、和合窗、横风窗以及漏窗等形式。

3.3.2.1 长窗与横风窗

长窗在北方称"隔扇"，始于唐末宋初。长窗不仅具有窗的透光通气之功能，而且也具有门的交通枢纽作用，便于摘卸，同时还是美化、限定、沟通室内外空间的重要媒介。长窗是明清时期苏南传统民居中最常见、最实用、最富装饰性的一种窗的形式。长窗一般设于厅堂明间步柱之间，规模较大、装饰讲究的厅堂在所有步柱之间均有设置。

明代长窗在苏南民居中的遗存相对较少。《园冶》中对长窗的构成和棂比例都有所描述：长窗主要由内心仔、夹堂板和裙板三部分组成，与清制长窗形制有所不同，中间不设夹堂板。《园冶》在"束腰部"中认为"如长槅欲齐短槅并装，亦宜上下用。"[1] 说明其结构拥有比较灵活的调节机制。明清时期由于建筑材料的改变，建筑技术的不断改进，房屋举高不断增加，长窗的高度也不断增高，直接导致了夹堂板数目的增加。长窗夹堂板、内心仔、裙板的结构，会构成"实—虚—实"的形式节奏美感，体现文人士族对于空灵、简洁的文人建筑审美风格的追求

[1]（明）计成著，刘艳春编著．园冶 [M]. 南京：江苏凤凰文艺出版社，2015：183.

（图 3-29）。

计成对棂板比例在《园冶》中也有论述，并为了改善“观之不亮”的弊端而对比例进行了推敲和改进。“古之户槅棂板，分位定于四、六者，观之不亮。依时制，或棂之七、八，板之二、三之间。”[1] 可以看出，计成并不囿于古制，而是为了取得室内明亮之效，将棂的比例可扩至七、八，空灵、雅致的装饰面积随之增大。

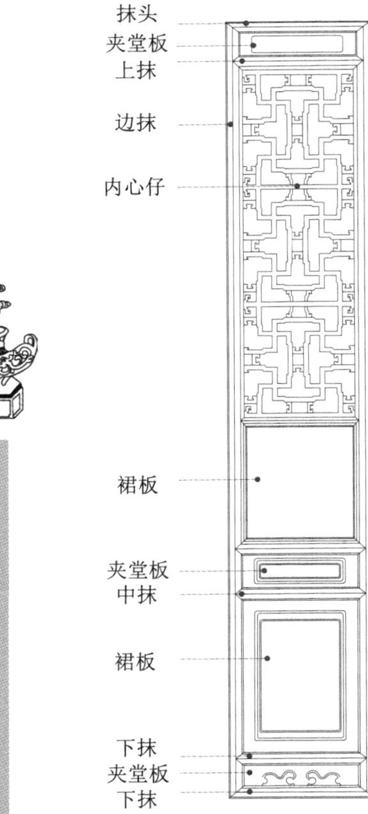

图 3-29 苏南地区长窗结构图
Fig. 3-29 The structure of French window in southern Jiangsu

清代苏南民居长窗的棂板比例不是如计成所提的“棂之七、八，板之二、三”，大多还是承古制，并不拘泥于古制，棂板比例以六四为多，七三、五五等比例都有，显现出苏南民居因物制宜、自由灵活的面貌（图 3-30）。《营造法原》中载“高自枋底至地，以四六分派。自中夹堂顶横头料中心，至地面连下槛，占十分之四”[2]。“宽以开间之宽，除去抱柱，按分六扇。”[3] 为常规式扇数设置，且多为偶数。但在苏南民居的遗存中，人们往往按照开间的实际尺寸进行灵活调节，三扇、四扇、五扇、六扇者均有实例。因内心仔、中夹堂板、裙板位于较佳视域范围，常以精致耐看的植物花卉、博古清供、戏文人物、祥禽瑞兽、吉祥图案等为装饰题材，成为立面装饰的重点部位。苏南民居在相对高敞厅堂的长窗之上常设横风窗，横风窗的内心仔图形一般与长窗同，可保持建筑立面装饰风格的统一性（图 3-31）。

长窗上部的内心仔、栏杆等都是由线条构成各种几何纹饰而成。内心仔不仅是装饰美化的核心视域，也承载着采光通风的主要

[1]（明）计成著，刘艳春编著．园冶 [M]. 南京：江苏凤凰文艺出版社，2015：176.
[2] 祝纪楠．《营造法原》诠释 [M]. 北京：中国建筑工业出版社，2014: 153.
[3] 祝纪楠．《营造法原》诠释 [M]. 北京：中国建筑工业出版社，2014: 153.

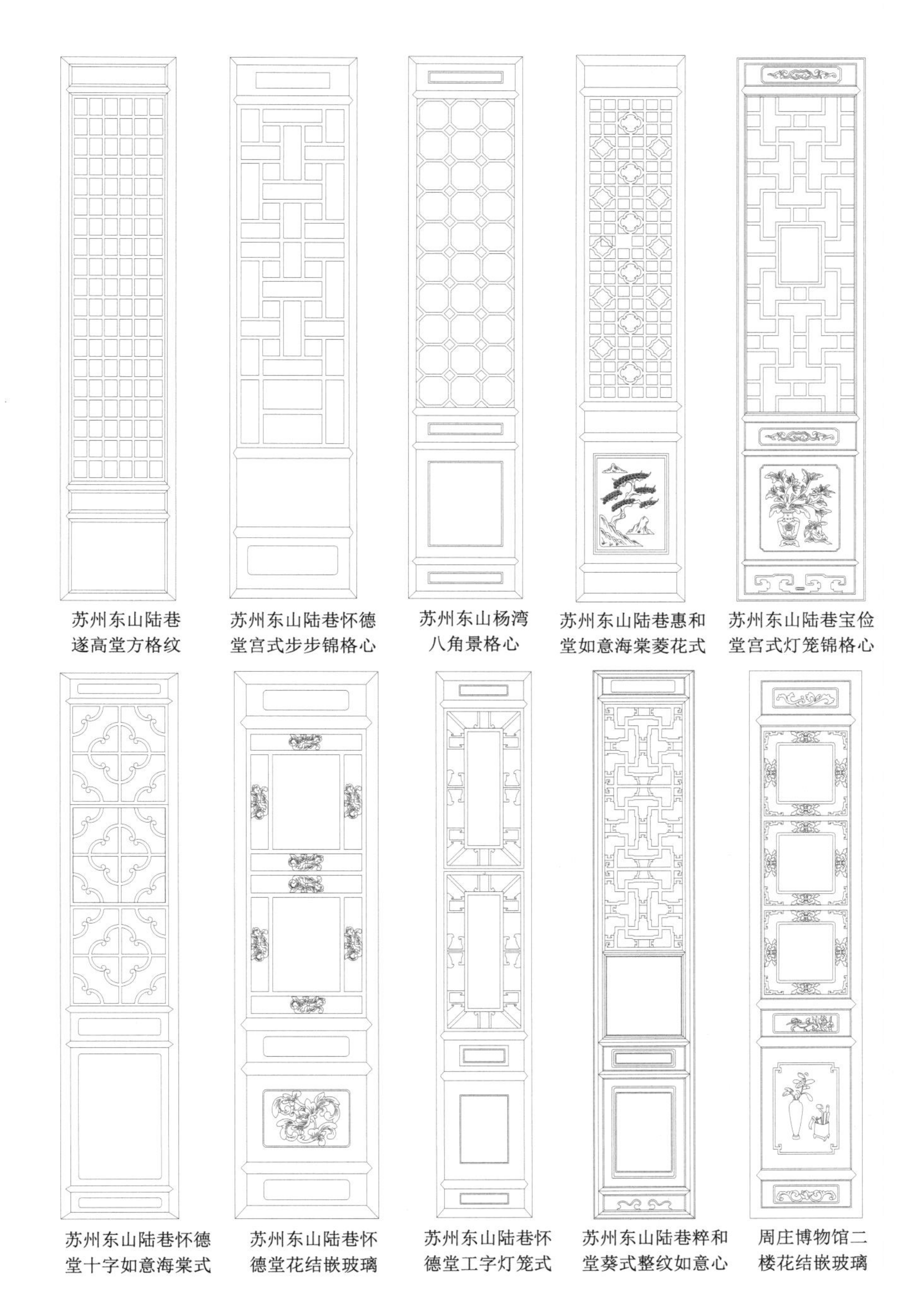

图3-30 苏南地区各式长窗
Fig. 3-30 Various kinds of the French windows in south of the Jiangsu

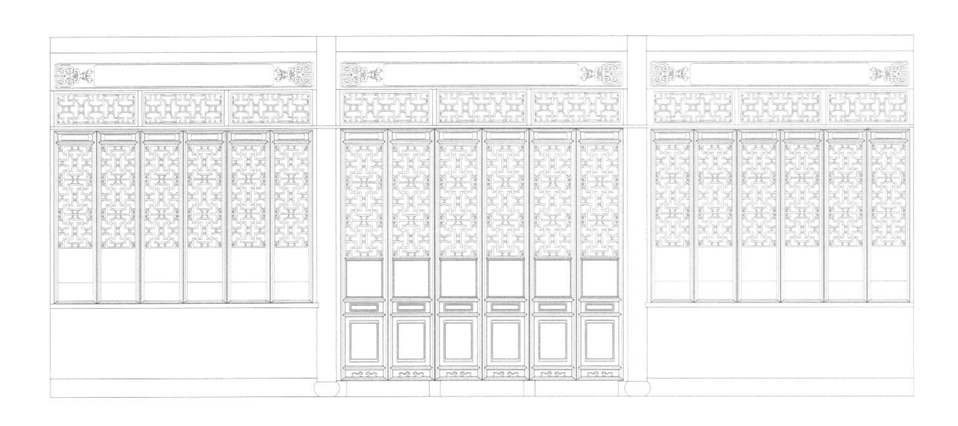

图 3-31 长窗、半窗、横批窗组成风格完整统一的建筑立面（东山陆巷粹和堂）
Fig. 3-31 Harmonious building facade made up by the French window, half-window and upper-window (Cuihe Hall Luxiang Village in Dongshan Peninsula)

功能，融功能性与艺术性于一体，历来是苏南工匠们精雕细琢、精益求精之所在。明初，苏南民居长窗的内心仔大多是由直线构成的直棂纹、菱花纹和拐子纹等几何式样，直棂纹由直棂条排列组合而成，如四眼方格；将木条排列成菱花状则称菱花纹，图案的做工相对复杂，具有高贵庄重、富丽华美之感；拐子纹，顾名思义用木条拼接成拐子纹样，如万字纹、龟背纹等；直棂纹与拐子纹文雅别致、构图自由、简繁适宜，适用范围广泛。至清代，苏南地区内心仔样式的线条构成非常丰富，由直线、曲线结合构成回纹、冰纹、藤茎纹、书条式、万川式、灯景式等式样。每种样式又有宫式、葵式之分，亦有整纹、乱纹之别，派生出诸多式样。宫式即组成内心仔图案的木条均为直线条，而葵式是其心仔的木条末端装饰有相对复杂的钩形。整纹与乱纹是相对繁杂的样式，整纹的内心仔多为由曲线构成的花纹式样，以结子相互连接，并将其雕成各种花卉形状起装饰作用；乱纹与整纹相似，只是变化更多，线条之间的穿插连接更为多样复杂，花纹之间是间断的，而且内心仔的木条粗细不同。在清代中末期，玻璃被采用后，长窗内心仔的宕口面积逐渐增大、花纹式样逐渐缩小，宕口的主角成为了玻璃，形成了线面结合的形式。

明代，苏南长窗装饰整体素朴文雅，夹堂板及裙板的主要装饰手法有素板、兜肚加线脚、浅雕回纹或者浅雕如意等几种类型。至清代，装饰题材日趋丰富，工艺更是日趋复杂。从简洁的几何纹样拓延到博古、戏文、吉祥组合纹样等；从素板、浅浮雕发展到深浮雕、镂雕及透雕。民居建筑装饰逐渐演化为人们追新逐异和炫耀自我的载体。明代至清代苏南民居建筑装饰这种艺术风格及气质上的变化，不仅因明清时期在艺术审美内涵的不同而引发变化，还基于民居建筑构造上的变化，引发了建筑装饰载体的变动及其造型艺术及审美情趣的变化。例如，清代民居举高不断增加，长窗的高度也不断增加，导致明清长窗结构有所不同。明代长窗一般不设中夹堂板，而清代上、中、下夹堂板均设。又因中夹堂板位于视域较佳位置，故而其宽度比上下夹堂板大，成为长窗界面的装饰重点之一。

3.3.2.2 半窗与地坪窗

半窗“常用于次间、厢房、过道及亭阁之柱间”[1]。地坪窗“即法式之钩栏槛窗，窗下为栏杆”[2]，施作于“大厅次间廊柱之间”。[3] 从实地调研来看，半窗设在半墙之上，其结构与长窗的上半部分基本相同，装饰风格、纹饰、尺度等也通常与同一建筑立面的长窗相似，以求得协调、统一的美感（图3-32）。半窗下设的栏杆有朝内和朝外两种装设方式。栏杆朝内，板封在室外的为“雨挞板”；栏杆朝外，板封在室内的为“着裙板”。这在苏南民居建筑中十分普遍，它们进一步丰富了开窗立面的视觉肌理。

3.3.2.3 和合窗

苏南地区传统民居中一般在内宅使用和合窗。和合窗又称支摘窗，“和合”为窗的组合形式，“支摘”是窗的启合方式。《营造法原》中：“一间三排，以中枕分割之，每排三扇，上下二窗固定，中间开放，以摘钩支撑之。”[4] 这应该是和合窗的一种母体形式。在苏南民居中，人们常常会对建筑的高度、面阔等尺度关系权衡、比对后进行随宜设计，在窗的尺度和数量上依据实际情况进行调整，从而派生出许多和合窗的

[1] 祝纪楠.《营造法原》诠释 [M]. 北京：中国建筑工业出版社，2014: 158.
[2] 祝纪楠.《营造法原》诠释 [M]. 北京：中国建筑工业出版社，2014: 157.
[3] 祝纪楠.《营造法原》诠释 [M]. 北京：中国建筑工业出版社，2014: 158.
[4] 祝纪楠.《营造法原》诠释 [M]. 北京：中国建筑工业出版社，2014: 160.

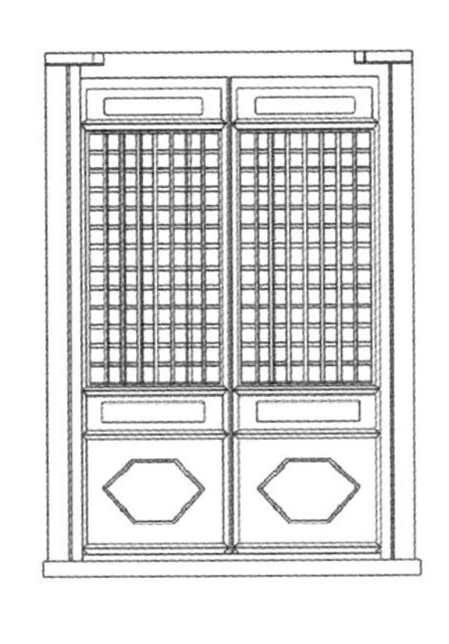

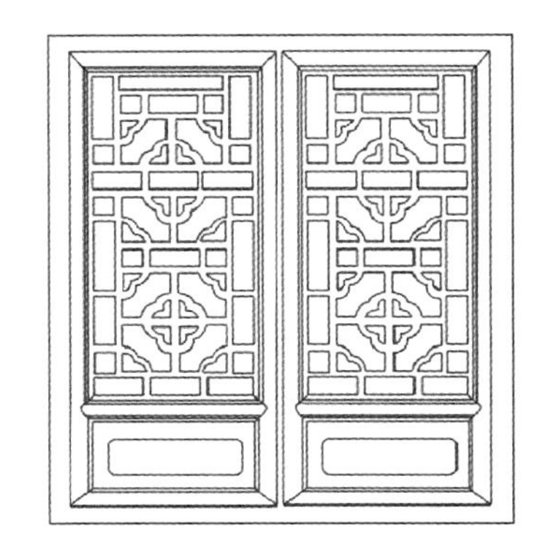
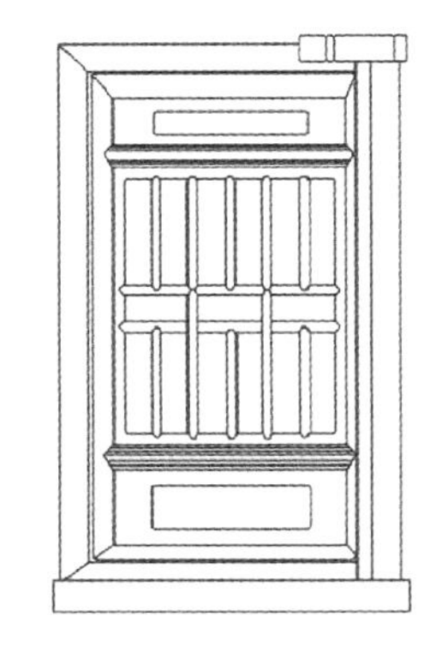
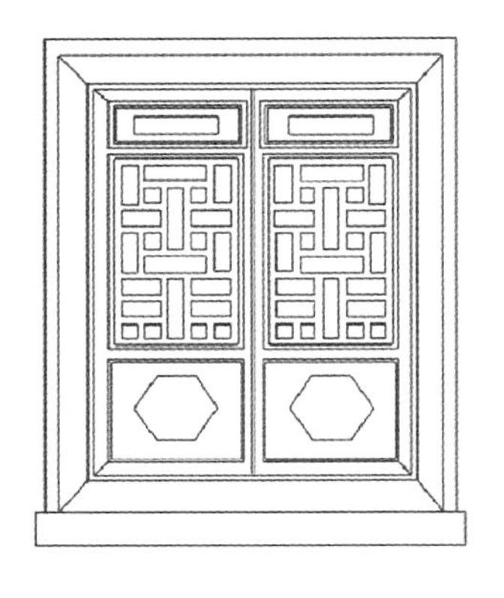
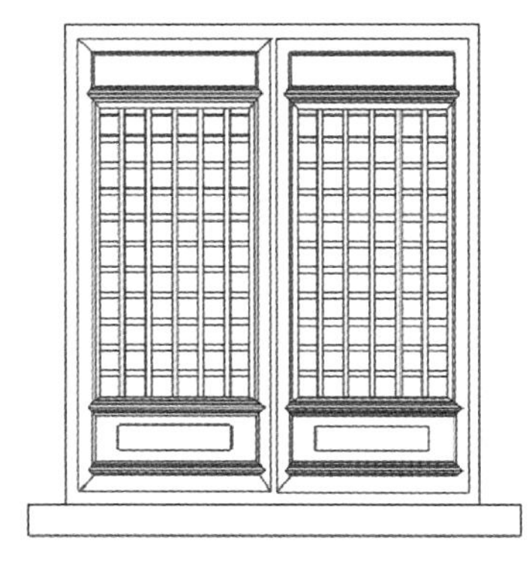

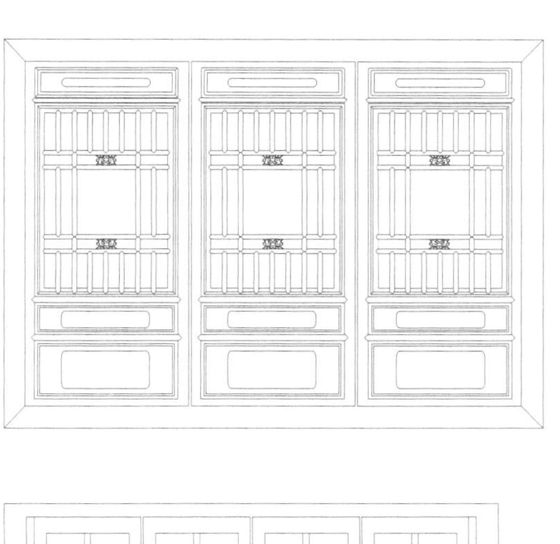

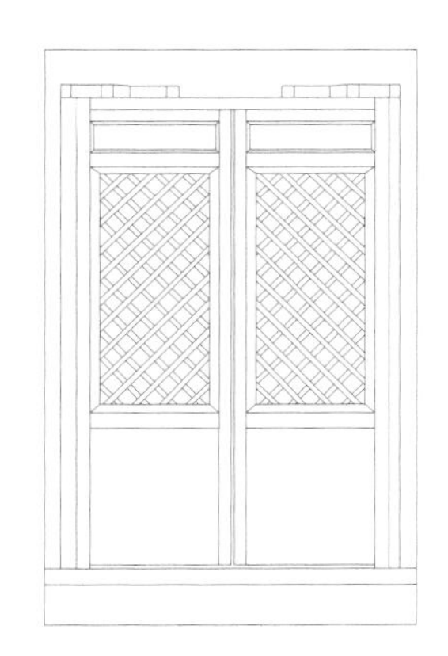

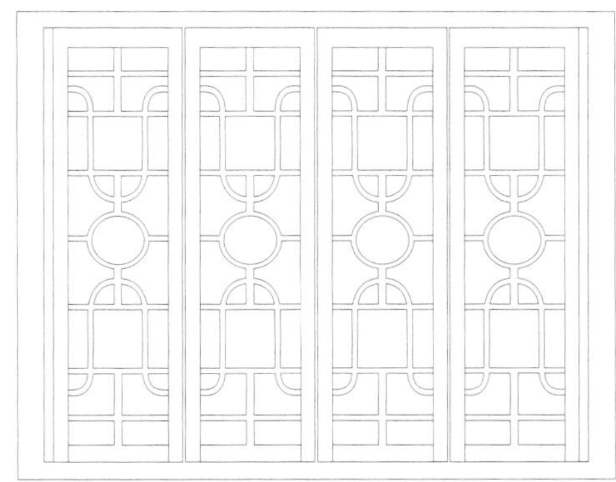

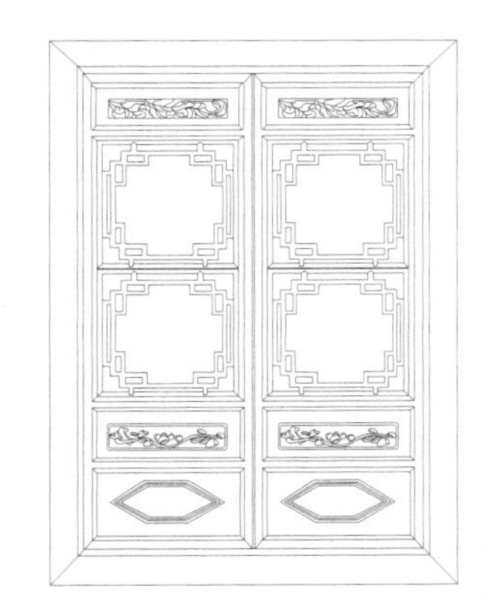

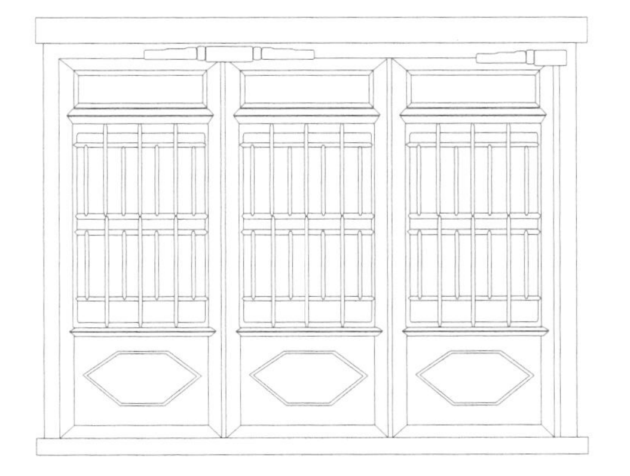

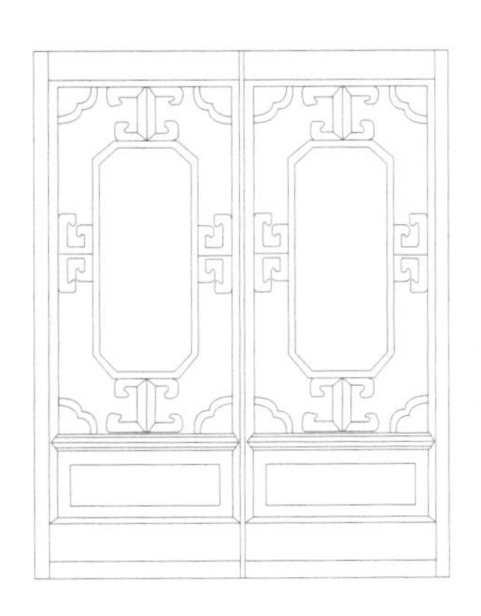

图3-32 苏南地区各式半窗
Fig. 3-32 Kinds of half-windows in south of the Jiangsu

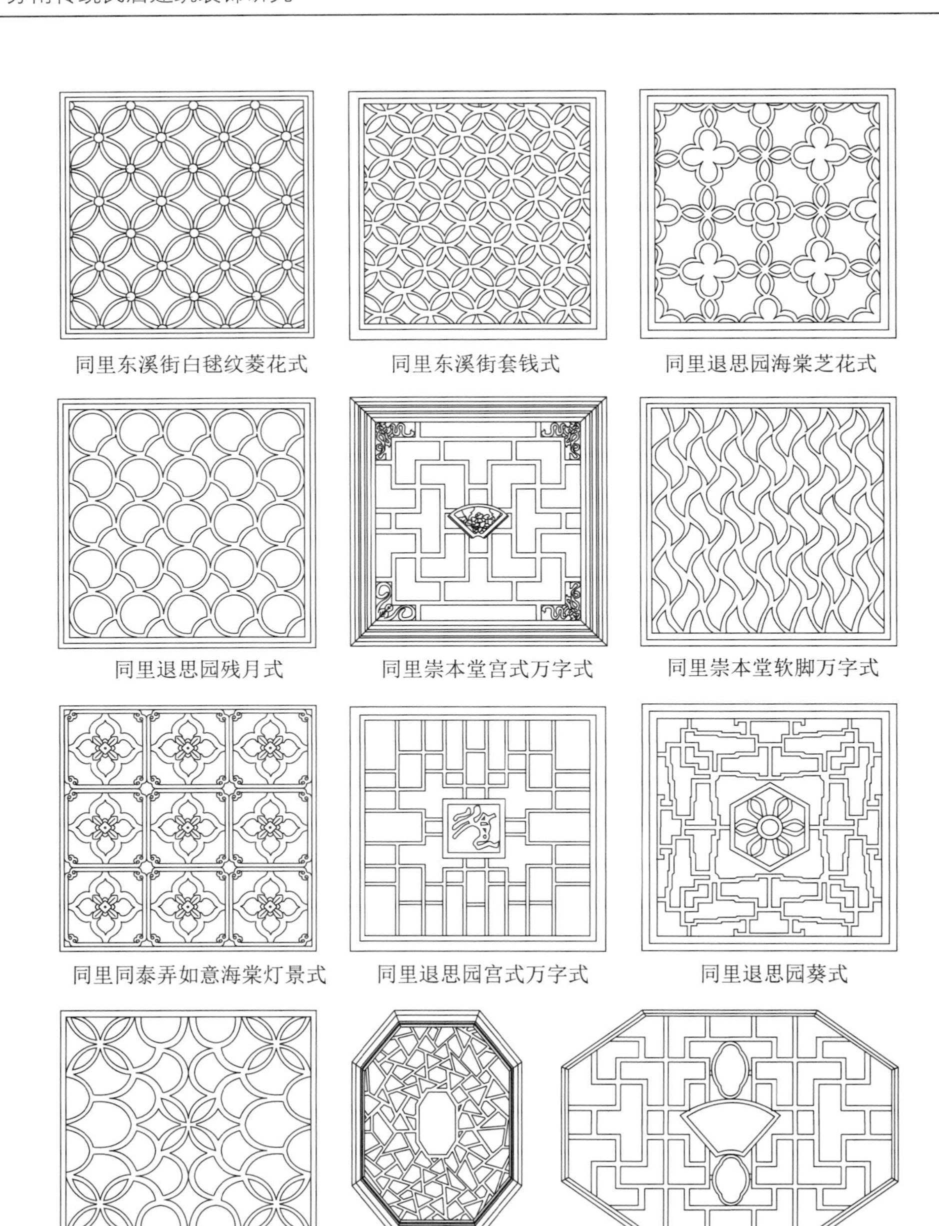

图 3-33 各式漏窗
Fig. 3-33 Kinds of perforated windows

变体形式。

3.3.2.4 漏窗

苏南传统民居的漏窗多以砖瓦搭砌，或以砖细堆砌，窗芯图形极尽变化的装饰部位，通常分为硬景和软景。硬景为窗芯的图形线条以直线组成，以几何图形为主，主要图形有方胜、菱花、套方等；软景是指漏窗窗芯图案线条以曲线为主，以迂回曲折的线条进行组织和构成，如铜钱纹、鱼鳞纹、海棠形、波纹、球纹等图形（图3-33）。两者均构作俱佳、工艺精湛，是沟通内外、借景生景的主要装饰载体。

3.3.3 墙垣类型及装饰

苏南民居的外墙、界墙通常高耸、体量庞大，通过墙体的封闭与围合，将私家空间与外部空间进行有效隔离。墙垣因内外、方位有别而形式多样。房屋两端的山墙面积庞大，其造型是影响民居外部形态的主要轮廓。为了防火阻燃，同时为了美观，人们将山墙进行高过屋面的增高处理，形成屏风或观音兜式马头墙。山墙的体量及形制、装饰及细节能够反映出宅主的经济实力及身份地位。墙脊垛头通常施以精美细腻的雕刻，是山墙最富装饰性的细节。

3.3.3.1 马头墙

马头墙是苏南民居建筑中的“自由体”，其顶部由于不受其他建筑构件的约束，墙脊呈多檐化面貌。马头墙循提栈的斜度走势下行，可大可小、可曲可直，座头造型也呈现出自由化、多样化的特征。

厅堂山墙据提栈的斜度增高，且过屋面呈现屏风样式，形成屏风式马头墙，它的外轮廓呈现刚健硬朗的风貌。苏南民居屏风墙根据厅堂进深的大小变化出一山、三山和五山屏风墙等形式。一山屏风墙即“丁”字形马头墙，由山墙向上升起细长根部，过屋顶，再向两端展开延伸，顶部覆瓦，下部类似于山墙垛头盘头的工艺做法，叠合多层枭混线而成，是苏南普通民居中比较常见的简洁山墙形制。“丁”字形山墙的体量大小通常与建筑单体的体量大小成正比，体量较小的普通民居多为小型的“丁”字形，有的上端幅面宽不盈尺，玲珑纤秀；体量较大的民居则匹配大型的“丁”字形山墙，有的幅面宽逾两米有余，给人以挺拔昂扬之

图 3-34 各式山墙
Fig. 3-34 Kinds of gable

感。三山屏风墙和五山屏风墙相对体量较大，沿屋面斜度层层跌落，两侧呈阶梯状，颇具气势。墙体和升起的左右交汇处对称饰以堆塑，具有浮雕质感，多饰以植物纹或云纹（图 3-34）。

苏南民居中一些大宅的山墙自下檐口至屋脊耸起类似观音帽形状的曲线轮廓，形成观音兜式马头墙。根据山墙曲线起点位置的不同有半观音兜和全观音兜两种形式。观音兜式马头墙与屏风式马头墙相比较，造型及结构都相对简洁，呈柔美之势，更具柔美婉约的江南水乡气质风格。

3.3.3.2 垛头

苏南民居中多见伸出廊柱以外的山墙部分——垛头。它一方面具有支撑出檐以及屋顶排水和边墙挡水的功能，另一方面由于处于房屋正面两侧的特殊位置，如房屋的昂扬颈部一般，成为墙体立面装饰的重点部位（图 3-35、图 3-36）。苏南民居垛头多以做细清砖为主，结构精巧、砖雕细腻精美，主要由上部挑出的檐口部分、中部的兜肚以及下部承托兜肚的装饰线脚三部分构成。中部兜肚正面为长方形或方形，为装饰主

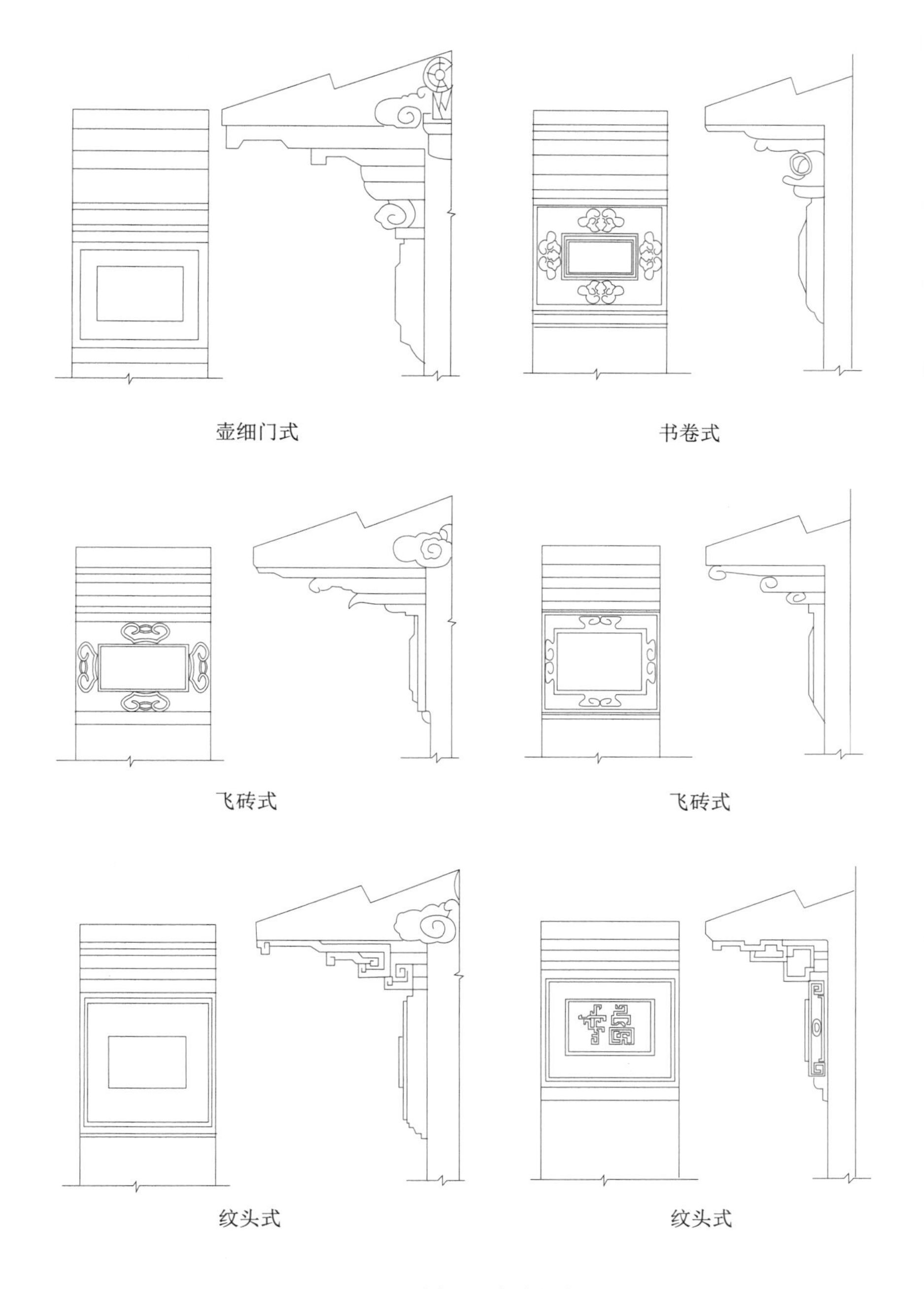

图 3-35 各式垛头

Fig. 3-35 Kinds of buttress head

（图片来源：摹自祝纪楠．营造法原 [M]．北京：中国建筑工业出版社，2012.）

图 3-36 西山东村西上 13 号“福禄”垛头
Fig. 3-36 Buttress head named 13th good fortune and opportunities in Dongcun Village of Xishan

体，分光面或起突“满式”两种，内雕套线、花卉、插角、百结或吉祥图案等精美纹饰。侧面有的处理为简洁的光面，也有的饰以如意、铜钱等纹。垛头檐口的深浅尺度，以及上部造型的简繁程度，可分为三飞砖式、曲线式、书卷式、云头式以及纹头式等多种装饰式样。无论是简洁的三飞砖式还是华美的纹头式，都反映出精致文雅的苏南风格。其中三飞砖式最为简洁、纹头式最为华美。

3.3.4 附加性装饰特征

苏南民居建筑装饰的附加性装饰采用彩画、木雕、砖雕、石雕等艺术形式，具有政治、经济、社会层面的丰富的象征内涵。相比与以结构性构件为载体的装饰，附加性装饰更具有题材上的鲜明性、内容上的连续性和形式上的独立审美价值。它们以较大的体量和夸张的艺术形式铺展于民居空间的主要界面，使日常生活环境成为充盈了人文气息的精神场所。

相对于主要美化建筑的“骨骼”与节点，服从于功能的结构性装饰，附加性装饰更倾向于修饰建筑的大块界面，侧重空间整体氛围的呈现。通过体验性界面的创设和修饰，附加性装饰在苏南民居建筑中实现了多维时空意象的营造和转换，在脱离建筑空间之后，彩画、雕饰等附加性装饰依然具有很高欣赏价值，具有艺术审美上的独立性。

结构性装饰服从于主体结构，一般而言，传承下来的规矩标准不可轻易改变。而附加性装饰则不然，尽管也有相关传承和规矩，因不受承重结构等方面的力学限制，其装饰元素相对易变。另外，附加性装饰是主人炫耀其财富、表达个体审美情趣的载体，同时，它也是民间工匠可以相对自由灵活处理的地方，是工匠表现其高超技艺的最佳载体，蕴含着匠人的独特匠心，在设计理念上呈现出连续性、多样性和创新性的特征。因此，附加性装饰的形制及装饰因素更易变化，其装饰题材更为丰富自由，装饰手法更加多样细腻，装饰处理的程度更深，历史文化信息的承载量也更大。作为具有丰富视觉表征与象征意涵的艺术载体，附加性建筑装饰体现出建筑、人文、自然之间的相互作用，实现了传统民居艺术属性的美学价值。

本章小结

苏南地区传统民居建筑装饰具有精神和物质双重属性。从物质层面而言，建筑装饰依托一定的物质材料、借助一定的工艺技术，是建筑材料自然属性的艺术化体现；从精神层面而言，建筑装饰是文化的载体，它的形式与社会形态及价值取向相互契合。明清时期文人与匠人的深度互动，促成了文人参与民居设计和建造的传统，促进了苏南地区民居设计思想与建筑技艺的发展。建筑装饰工艺呈现出细腻丰富、文雅秀丽等典型特征。

苏南传统民居建筑装饰是集木雕、砖雕、石雕、彩画等装饰技艺于一体的装饰工艺体系。与木、砖、瓦、石等材料性能相匹配的雕、漆、画、塑、砌等工艺成就了娴熟精湛的装饰艺术语言，促成了建筑装饰的丰富表达。

结构性装饰由构件的本体特征衍生出适宜的形式，装饰从属于结构

功能，甚至有些结构本身就具有很强的装饰意味。苏南传统民居的结构性装饰依据适宜、适度的原则因构施巧，具有程式化、适宜性、有机性和整体性的特征。其组织构造富于理性气质，反映出结构与装饰之间主次有秩、简繁相宜的辩证关系，是建筑结构技术与装饰艺术完美结合的典范。

附加性装饰种类丰富，不受力学结构的限制，具有独立审美的价值。营造空间氛围及传达象征意义是其主要诉求。这类附加性的装饰在形式、题材、工艺、风格等方面均有较大的自由度，呈现出灵活多变、纷繁复杂的面貌。

第 4 章 装饰的精神内涵与图式结构

建筑装饰“不是对外在世界的单纯摹写，而具有一种构形的力量，它们不是被动地表示某种单纯地事实，而包含有独立的精神力量，表象因此获得了特殊的意义，即观念化的内容”[1]。苏南民居建筑装饰依附于建筑空间存在，同时也具有独立的审美价值，在装饰题材、形式构成、象征意涵等方面形成了自身的艺术规律。苏南民居建筑装饰形态隽秀文雅、细腻生动，体现出苏南地区的地域文化特征和居者的审美理想。

苏南地区遗存的明、清、民国民居主要为宦官宅邸、富商大贾宅邸、文人名士宅居以及民国时期的一部分普通民居。这些民居的装饰语言构成了一个蕴藏多重涵义但又为一般民众普遍认知的符号系统。通过对建筑装饰视觉表象和装饰意涵的解析，可以探明苏南民居建筑装饰物质层的外在现象和精神层的精神诉求之间的联系。作为环境要素的定义和修辞，建筑装饰归根到底是人们对自身生存意义的思考和对理想生活方式的描述。

4.1 装饰题材及象征意涵

在儒家礼制思想的影响、商品经济与文化艺术繁荣发展的冲击、文士阶层隐逸生活方式的引领这些因素的影响下，苏南传统民居建筑装饰题材极其丰富。首先，作为教化载体，以儒家文化为核心的理性自觉、克制谦恭、讲信修睦的生活规则和社会秩序成为建筑装饰的主要题材，在日常生活空间中引入以儒家思想为核心的主旋律，让人们潜移默化地接受儒家伦理道德观念；其次，作为审美载体，受吴门画派、吴派经学等文化艺术的影响，以及文士阶层清雅崇文审美意趣的引导，出现了许多具有文人气息的装饰形式，呈现出秀润雅逸的风貌；同时，作为生活

[1] 吴风．艺术符号美学：苏珊 • 朗格符号美学研究 [M]. 北京：北京广播学院出版社，2002:39.

理想的表达，带有吉祥观念的题材成为民居建筑装饰的主要题材之一。许多程式化的吉祥图案借由建筑装饰得以广泛复制和传播。以上各种装饰题材及形式慢慢蜕变为仪式化形象或者文本，使装饰承载的思想真正融入日常生活中。另外，随着人性的觉醒，凸显平民日常生活的题材也登上了民居建筑装饰的舞台。

4.1.1 崇文尚教与文人符号

东晋时期北方世家大族大规模南迁，我国文化中心南移到长江流域，北方的儒雅文化与吴地文化相融合，苏南地区好剑轻死的尚武传统转向了崇文尚教之风。苏南地区不仅是生活富足之地，更是各种文化交汇融合之地。北宋以来这里就以兴学育才著称。文士阶层“倡导‘有若自然’，赏识‘宛自天开’，开启清赏之风”[1]。至明代，吴门画派等艺术流派、吴派经学学说均诞生发展于此地。苏南地区自古文教昌盛，是文人雅士的荟集之所。仅苏州在“唐朝中进士者达 73 人，宋朝高达 707 人”[2]，“明清两代全国状元共出 204 名，仅苏州就占 34 名，康熙四十二年、四十四年两次南巡召试选取 73 人中，苏州独占 52 人”[3]。各个历史时期苏州及第人数之多、比例之高在全国实为罕见，由此可见苏南地区实为勤学重教之重地。[4] 这些科举及第的文人士子一朝荣归故里，便大兴土木，建造宏大宅邸，荣立牌坊，以建筑艺术的直观物态形式为人们树立了尊孔读经、科举求仕的榜样。特别是明中叶始，大批文人士族迫于残酷的政治现实，隐逸于苏南地区，建造了大批文人园林。在营造文士阶层理想居住环境的同时，民居建筑装饰也展现出新的风貌。

“士”作为中国传统社会等级“士农工商”中的首位，其爱好自然、寄情山水的品位带动了其他社会阶层。逐渐兴起的商贾阶层及市民阶层在仰慕文士阶层的清雅风尚的同时，效仿他们的生活方式，接受他们的审美意趣。这种根植于苏南地区的崇文尚雅的观念被生动地演绎在传统民居建筑装饰中，具体表现为大量崇文尚教主题以及充满文人情怀的装

[1] 苏州大学非物质文化遗产研究中心．东吴文化遗产（第三辑）[M]，上海：三联书店，2010: 384.
[2] 王国平．苏州史纲 [M]. 苏州：古吴轩出版社，2009:155.
[3] 文化部民族民间文艺发展中心．中国非物质文化遗产 [M]. 北京：北京师范大学出版社，2007:798.
[4] 苑洪琪．清代皇帝的苏州情结 [J]. 紫禁城，2014 (04): 107.

饰题材。

4.1.1.1 科举及第

苏南地区文风灿然，具有浓郁的崇文尚教之风，关于科举及第的装饰题材在民居中出现的频次之高、制作工艺之精美、形式变化之丰富、载体之多样令人惊叹（表 4-1）。鲤鱼跳龙门、状元寻街等装饰题材正是此类，是知识与权力制度化链接的一种世俗化视觉表达。鲤鱼跳龙门象征着科举及第、官职升迁等喜事，同时也寓意激流勇进、奋发向上之意，状元寻街更是直观展现了科举及第时的欢庆场景。此类题材的建筑装饰将文化知识和权力利益的交换方式通过直观装饰语言进行转换和呈现，向世人暗示了通过掌握文化进入仕途就拥有了权力与富贵。

科举及第装饰题材

Decoration theme of passing an imperial examination

表 4-1

<table>
<tr><th>建筑名称</th><th>工艺</th><th>装饰部位</th><th>纹样题材</th><th>纹样内容</th><th>象征寓意</th></tr>
<tr><td>东山凝德堂</td><td>彩画</td><td>大厅梁桁中间</td><td>必定胜天</td><td>三个菱形方块组成三胜、中间为笔、锭</td><td>必中三元（状元、探花、榜眼）</td></tr>
<tr><td rowspan="3">东山绍德堂</td><td rowspan="2">木雕</td><td rowspan="2">仪门</td><td>岁寒三友</td><td>松、竹、梅</td><td>清雅高洁</td></tr>
<tr><td>鲤鱼跳龙门</td><td>鲤鱼、龙门</td><td>飞黄腾达</td></tr>
<tr><td>彩画</td><td>大厅梁桁中间</td><td>必定胜天</td><td>三个菱形方块组成三胜、中间为笔、锭</td><td>必中三元（状元、探花、榜眼）</td></tr>
<tr><td rowspan="3">东山明善堂</td><td>木雕</td><td>外门楼</td><td>必定胜天</td><td>笔、锭、三胜</td><td>中举获禄</td></tr>
<tr><td rowspan="2">砖雕</td><td>内门楼中枋左侧兜肚</td><td>独占鳌头</td><td>人物、鳌鱼</td><td>高中文魁</td></tr>
<tr><td>左塞口墙下抛方</td><td>鲤鱼跳龙门</td><td>鲤鱼、龙门</td><td>飞黄腾达</td></tr>
</table>

续表

东山瑞霭堂	砖雕	库门匾额下枋	鲤鱼跳龙门	鲤鱼、龙门	飞黄腾达
			必定胜天	笔、锭、三胜	中举获禄
			必定胜天	笔、锭、三胜	中举获禄
东山秋官弟	彩画	前楼檩中间	必定胜天	笔、锭、三胜	中举获禄
东山敦裕堂	彩画	厅堂主脊檩正中	必定胜天	笔、锭、三胜	中举获禄
常熟彩衣堂	彩绘	翼形棹木	得贵报喜	豹子、喜鹊、桂圆	中举获禄
	木雕		封侯挂印	蜜蜂、猴子、官印	仕途高升
			鲤鱼跳龙门	鲤鱼、龙门	飞黄腾达

（注：图表部分资料参考郑丽虹博士论文：明代中晚期“苏式”工艺美术研究）

东山陆巷怀德堂的蟹眼天井墙壁上镶有一鲤鱼跃龙门砖雕，龙鱼幻化的形象昂首向着龙门，形象生动鲜明（图 4-1）。位于苏州潘汝巷 31 号的王氏惇裕义庄旧址，敦睦园中享堂北面的“敦睦成风”砖雕门楼的下枋雕鲤鱼跃龙门，中间为龙头鱼尾的同构形象，极富创意。翻腾的浪花中有鱼、蟹。螃蟹为甲壳类动物，“甲”与科举中的一甲前三名的“甲”同音，螃蟹俗称横行将军，又被称为武状元，有金榜题名的美好寓意，

图 4-1 东山陆巷惠和堂蟹眼天井墙面砖雕
Fig. 4-1 Brick-carving on the wall of Crabber's eye-Patio in Huihe hall of Dongshan Luxiang Lane

图 4-2 东山杨湾五湖望族砖雕门楼下枋鲤鱼跃龙门
Fig. 4-2 A-carp-jumped-the-Dragon-Gate pattern on the lower ladder of brick-carving gatehouse in Yangwan

整体造型饱满、风格古朴。杨湾“五湖望族”砖雕门楼下枋镌刻的“鲤鱼跃龙门”甚具特色，在云水相连中龙腾鱼跃，下面白浪滔滔、上面祥云缭绕，两龙相对居中，两边各有一条鲤鱼奋力上游，鼓励人们逆流向上、奋发进取（图 4-2）。

苏州东山陆巷村粹和堂有一遗留的残缺砖雕门楼，其下枋即是以云纹和水纹为铺垫的鲤鱼跃龙门画面，上面是舒朗飘逸、灵动升腾的云纹绵延相连，下面是层层叠叠、繁密铺张的排线水纹，鲤鱼穿越层层白浪奋力游向龙门。下枋砖雕通体满雕、细密精致，具有强烈的艺术感染力（图 4-3）。

4.1.1.2 花鸟竹石

“花鸟画从诞生之时就是为装饰而生，被绘于屏风上作为装饰画出现的”[1]。自然界中的花鸟竹石是文人雅士托物言志的客观物像，是他

[1] 张朋川．中国古代花鸟画构图模式的发展变化 [J]. 南京艺术学院学报（美术与设计版）, 2008(08): 42.

图 4-3 东山陆巷村粹和堂砖雕门楼及鲤鱼跃龙门细部
Fig. 4-3 Brick-carving gatehouse and the detail of A-carp-jumped-the-Dragon-Gate pattern in Cuihe Hell

们自身精神品格和气度风骨的体认和印证。“自元代始，松、竹、梅、兰等就成为花鸟画中的重要题材，文士阶层借助诗画来一吐胸臆，把其象征意义发挥到前所未有的境地”[1]。明代始，为适应书画市场各层次顾主的需求，花鸟画的题材内容、构图表现形式和承载形式都更加丰富，更具观赏性，册页形式的花鸟画也有所增多，特别是手卷形式的花鸟画有了长足发展。

明代中期苏南地区开始流行一种较为特殊的花鸟画，不仅有四君子等主流花卉，而且将虫鱼、蔬果等纳入绘画作品中，使花鸟画的审美观发生了变化。苏南地区吴门画派的沈周、文徵明等人将花鸟画的审美推向了“以意趣为宗”的艺术追求，把意趣从梅兰竹菊“四君子”的清雅延伸到花鸟果蔬的闲雅自适，这种审美转变自然而然传递到与人们密切相关的日常生活环境中。人们将“以意趣为宗”的花鸟果蔬等题材纳入

[1] 洪再新．中国美术史 [M]. 杭州：中国美术学院出版社，2013:252.

民居建筑装饰，体现出人们对于文人闲逸情趣生活方式的喜爱和追求。

“清代在沿袭明代花鸟画的构图、题材等模式的基础上继续发展，特别是经清中期扬州画派、海派的开拓，构图更具灵动多变、题材更加丰富。”[1] 这些都为苏南地区的花鸟题材建筑装饰提供了良好的范例和摹本。长窗的裙板、夹堂板等位置是花鸟题材的最佳呈示载体。岁寒三友、四君子及其他文人画中常见的折枝花卉非常普遍（图 4-4），以局部特写式的方式体现“以小见大”、托物言志的文人情怀。苏州天官坊嘉寿堂陆宅有一座明代砖雕门楼，上枋雕芍药、梅花、兰花以及菊花。芍药有辅佐之才、梅花有五福之骨、兰花有王者之香、菊花有傲霜之志，雕饰造型及构图都极其文雅秀美，可以看出宅主以花寄情喻志的装饰意趣。

4.1.1.3 山水林麓

早在魏晋时期，自然山水就以其荣枯繁竭的生命形式和丰富的精神内涵而被人们作为比德的载体。对于文士而言，山水画不仅仅是一种艺术形式，更是与主体意识沟通的媒介。从张璪“外师造化、中得心源”的论述中可以看出山水画的创造具有强烈的主观色彩，是一种精神层面的主观图像。“自元代始，赵孟頫、黄公望、倪瓒、王蒙等画家以苏南地区太湖周边的平远景致为山水画题材”[2]。其山水画注重景致远、中、近之间的层次关系，重点突出、疏朗有致（图 4-5）。

明清时期，吴门画派的兴盛以及文人画商品化的不断深化，使得文人画从艺术的殿堂走入民间。从文徵明的《仿米氏云山图》等长卷山水的绵延开合，到王履《华山图》等册页山水的灵动细腻，再到民间巨幅中堂山水的繁密磅礴，直至朱耷、石涛等小品册页的水墨意象，画作中对文人意境的追求都对苏南民居建筑装饰产生了广泛而深远的影响。文人园林中所秉持的崇尚自然、借景抒情、情景交融的审美情趣，以及追求形外之意、像外之像的装饰风格与山水画的精神多有相通之处。受文人山水以及文人园林的影响，清代中期至民国，出现了富有意境美的“绘画体”建筑装饰，山水林麓成为苏南民居建筑装饰富含文人特质的重要

[1] 张朋川．中国古代花鸟画构图模式的发展变化 [J]. 南京艺术学院学报（美术与设计版），2008(08): 40 － 41.
[2] 张朋川．中国古代山水画构图模式的发展演变 [J]. 南京艺术学院学报（美术与设计版），2008(02): 15 － 16.

梅－苏州东山陆巷怀古堂

牡丹－无锡南下塘某宅

竹－苏州东山陆巷怀古堂

海棠－苏州西山堂里仁本堂

兰－苏州东山陆巷怀古堂

红蓼－无锡南下塘某宅

菊－苏州东山陆巷怀古堂

兰草－苏州东山陆巷怀古堂

图 4-4“四君子”及其他植物花卉装饰

Fig. 4-4 The decorations of plum blossoms, orchid, bamboo, chrysanthemum, and other plants and flowers

图 4-5 山水题材装饰
Fig. 4-5 Decoration about landscape theme

题材之一。此装饰题材以文人雅士的画谱为参照，笔意与气韵都与文人画有诸多相通之处，为日常生活空间平添了几分文雅灵秀之气。

4.1.1.4 博古清供

博古即古代的鼎、尊等器物，后来凡是用作装饰题材的玉器、盆景、书画以及瓷器等清雅之物均被称为博古。清供是指在案头、书斋等处供摆放的奇石古玩、花卉折枝等物。早在北宋大观（1107 年）年间，宋徽宗命大臣以宣和殿收藏的古代器皿为蓝本，于宣和五年（1123 年）编绘而成了三十卷《宣和博古图》，共收录 838 件商代至唐代的器皿，对其进行了系统化的图录和叙录，对后世产生了深远的影响。后人将此称为“博古图”，并将其用作各种装饰，派生出一种新的绘画种类——博古画。苏南民居建筑装饰中的博古清供题材就是源自明清时期广受文人喜爱的博古画。博古清供因其古趣流溢、典雅文气以及充满生活意趣的祥和之态而深得文士阶层的喜爱，常被用于大户人家的宅第装饰中，借以彰显宅主的文化品位与艺术修养。例如拙政园玲珑馆的长窗上就雕有精美的什锦图，画面上博古清供四时果品，器物错落有致，果蔬花木穿插呼应，呈现高雅文秀之感（图 4-6）。

图 4-6 西山仁本堂博古清供雕饰
Fig. 4- 6 Carving decoration using the paintings of Kong Ziyu in Renben Hall of Xishan Island

“四艺”“七艺”也是在苏南民居中经常看到的文人雅士题材。琴、棋、

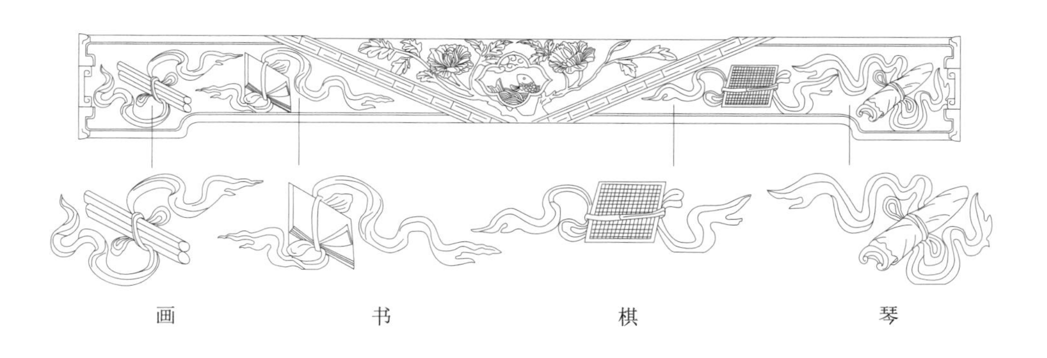

图 4-7 西山东村“世德清芬”砖雕门楼下枋“四艺”
Fig. 4-7 Pattern of Quadrivium on the lower ladder of brick-carving gatehouse in Dongcun Village in Xishan Island

书、画古称“四艺”，再加上诗、剑、茶则为“七艺”，是文人雅士钟爱的清雅脱俗生活中的重要内容之一（图 4-7）。传统文人以通礼、乐、射、御、书、数“六艺”为上，认为是成就君子的技能。苏南民居多用“四艺”、“七艺”为饰，以示宅主修养深厚、气质高雅。例如在藕园“诗酒联欢”砖雕门楼的下枋即是以琴、棋、书、画、诗、剑、茶“七艺”为主题展开的六个场景，下枋似一副长卷般将对松作画、赏花吟诗、焚香操琴、清泉煮茗、博弈方田、山涧论道等场景铺陈开来，左右兜肚则分别以“进京赶考”和“衣锦还乡”与之呼应，苏南地区崇文重教的传统和文雅情怀于是跃然眼前。[1]

4.1.2 教化图本与世俗娱情

建筑活动伴随人类的生活持续而久远，在这个过程中，必然会受到社会深层政治文化因素的渗透与影响。儒家思想统治下的传统社会强调的是基于君臣父子、长幼尊卑等基础上的礼制秩序，在礼制化、秩序化的传统下形成了相应的宗法观念和家族制度。这些无疑会直接影响和制约民居建筑的平面及空间的组成与一切视觉化的表征。随着统治阶级对礼制等级制度的全方位推行和宣教，建筑的组织布局以及建筑装饰等都被纳入等级约束体系。民居的用材、空间尺度、建筑装饰等都受到了严格的规约和限定。统治阶级意识到建筑装饰是与民众生活最密切的视觉

[1] 杨耿．苏州建筑三雕：木雕・砖雕・石雕 [M]. 苏州：苏州大学出版社，2012：156.

传播体系，是向大众推行其政治主张和文化机制的最佳载体。建筑装饰成为统治阶级推行儒家思想的教化载体，是传统社会精神的重要物化载体与物质外延。

苏南传统民居建筑装饰受制于政治伦理的结构，儒家思想是其核心价值，“寓教于乐”是其彰显核心价值的手段。在形式美感和审美体验的包装下，此类民居装饰有效地引导人们对“道德趣味”的追求，建筑成为实践伦理道德的工具。因此宣传传统儒家孝道的“二十四孝”故事、鼓励少年发奋读书、及第登科的“二十八贤”故事以及各种具有伦理教化功能的戏曲等都成为建筑装饰中的常见题材。

4.1.2.1“二十四孝”与“二十八贤”

苏南民居的建筑装饰在受到宅第制度和伦理制度制约的同时，也通过大量娱目悦情的历史典故、传说人物等来宣扬歌颂忠、孝、礼、义、信等儒家核心价值观。“孝”作为传统伦理价值观的核心，是维系家庭和社会关系稳定的道德准则。苏南民居二十四孝故事取材于西汉时期的《孝子传》、宋代的《太平御览》等书，具有广泛影响。作为宣扬儒家思想的通俗题材，二十四孝不仅可以训诫童蒙，还可以劝喻世人、匡正世风，遂被广泛应用于民居空间，演绎为寓教于乐的装饰形象。

东山春在楼是东山的一座大型宅邸，为金氏兄弟为孝敬母亲而建造。“孝”是此座大宅的主题之一，在规格最为高显的大厅长窗夹堂板及裙板上雕有“孝感动天”、“亲尝汤药”、“单衣顺母”等全套二十四孝故事。雕刻版本为香山帮艺匠所传，人物形象生动传神，山水场景层次丰富，雕斫细腻流畅，构图饱满，繁缛精美，是民国时期香山帮的代表之作。太仓张溥故居的长窗上也雕有“二十四孝”故事，以园林亭台花木为背景，在方寸之间展现出藏露互补、移步换景之园林景致，画面丰富，人物生动传神。

“二十八贤”也是苏南崇文重教传统下民居装饰的普遍题材。德才兼备之人被称为“贤”，在春在楼花厅长窗雕刻的“二十八贤”都是天赋异禀又拥有美德的少年（图 4-8）。春在楼花厅居中四扇长窗的中夹堂板上分别雕“人号曾子”、“过鹦鹉对”、“字父不拜”、“作危楼诗”，裙板上分别雕“对日食状”、“万寿无疆”、“座中颜回”、“龙

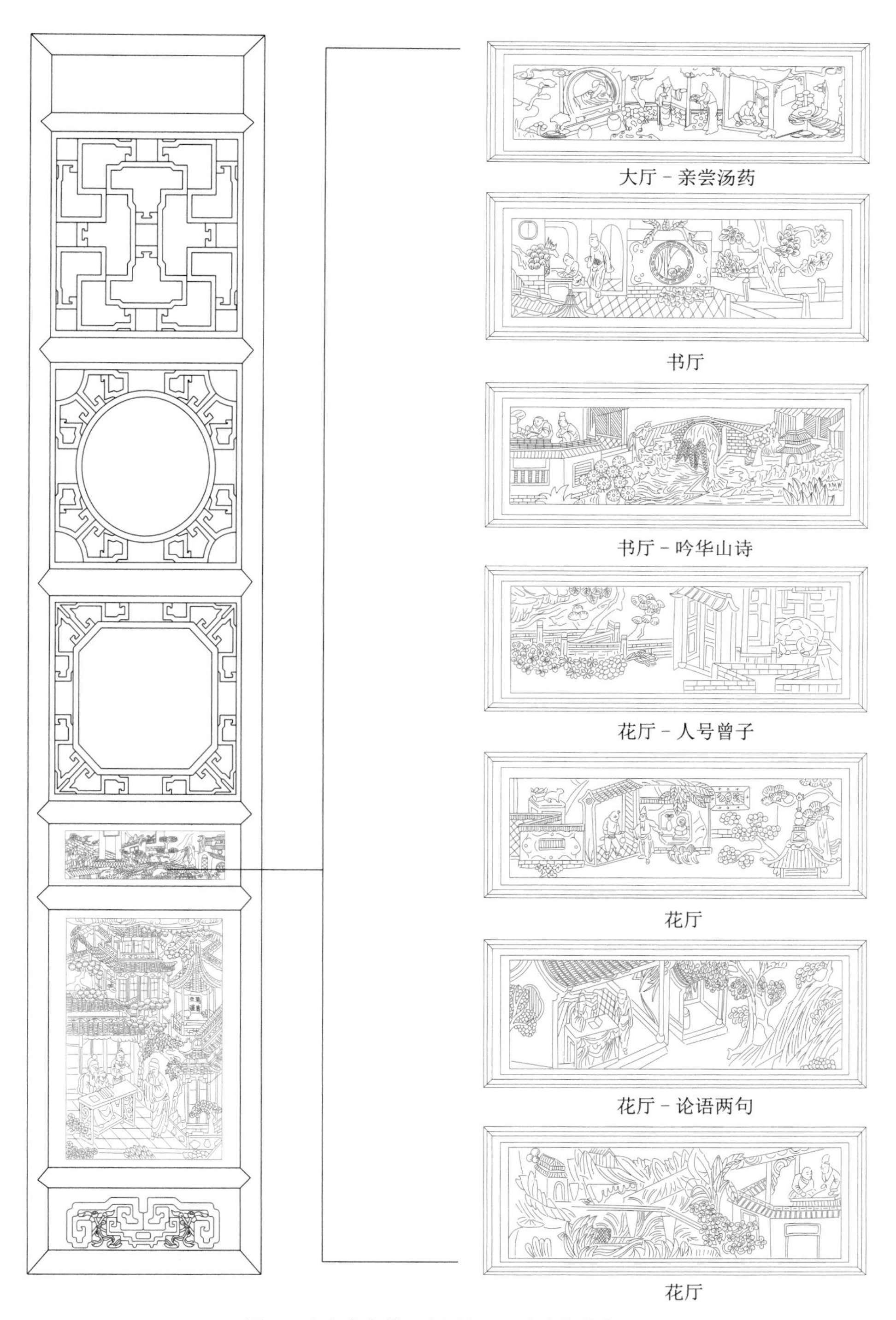

图 4-8 东山春在楼二十四孝及二十八贤故事

Fig. 4-8 The stories of The Twenty-four Filial Exemplars and The Twenty-eight virtuous Exemplars in Chunzai Building of Dongshan

驹凤雏”。“人号曾子”讲的是后汉时期的张霸像春秋时期的曾子一样品学兼优，并以孝道著称。张霸在三四岁时就言行举止有礼有节，具有孝敬父母、礼让他人的美德，因此人都称其为“张曾子”。张霸不仅具有孝悌的美德，还极其聪明好学，在年仅七岁之时就通读《春秋》及其他经典。选取这样的题材作为展示型极强的民居装饰，目的是要使“美德”的教化达到一种令人时刻耳濡目染的效果。

4.1.2.2 戏文故事

明末时期，社会矛盾激荡、经济趋于繁荣、社会风尚变迁、人性逐渐觉醒，旧势力要维护壁垒森严的封建制度，而新生文化要冲破束缚与藩篱。新旧两股力量复杂交织、反复较量的新态势无疑会极大地冲击和影响着人们的思想观念、居住行为以及生活方式。市民意识的觉醒，在社会上引发了前所未有的文化思潮和现象，渗透于日常生活空间的建筑装饰也在这种反叛与固守的思想交融与观念冲击中进行调适，引发了多种艺术形式的变革，戏文体建筑装饰正是在这种社会背景下产生的。

明清时期，苏南地区的戏曲文化极其鼎盛。“戏曲是一种文化复合体，它承载民间原生文化形态，同时具有文化精英的政治和道德诉求，是集大、小传统为一身的艺术种类。”[1] 统治阶级意识到戏曲具有正人心、明长幼、厚风俗的重要功能，因而鼓励戏曲的发展和繁荣。戏曲强烈的故事性和情节性使其具有娱教一体的功能。其乐舞形象既可娱目悦情，也可寓教于乐，更具炫耀、谢神的功利诉求。具有广泛群众基础的戏曲，既合理义又近人情，是当时在各阶层民众中极为流行的时尚文艺，戏文自然而然地成为苏南传统民居建筑装饰的重要题材。明末至清中期的戏文体装饰大多保留了戏曲本体神韵，生动传神，而清代后期至民国初年的作品则日渐繁缛精巧，形成技术上不断精进而艺术性却不断递减的装饰模式。

戏文体是以经典戏曲片段作为蓝本的装饰类型，戏文故事往往是现世风化的载体，题材内容极其丰富，有郭子仪拜寿、文王访贤、四郎探母、三国演义、杨家将等古典小说片段或戏曲故事等（图 4-9、图 4-10）。有宣扬儒家三纲五常伦理文化的，也有寓意吉祥安康、快乐美好的。这

[1] 赵山林．戏曲生态学：古代戏曲研究的新视角 [J]. 常州工学院学报（社科版），2006（04）：73.

尧舜禅让

文王访贤

图 4-9 苏州东山春在楼左右兜肚戏文体装饰
Fig. 4-9 Decoration of the classical local opera style on the left and right of the plaque in Chunzai Mansion of Suzhou Dongshan

些深受民众喜爱的经典故事不仅可以言志、比德，而且将审美体验与世俗人情有机融合，渲染出文气氤氲的居住氛围。

戏文建筑装饰更多地着眼于故事、情节的叙述，力图运用再现的手法，通过逼真、丰满的形象，使故事能够以逼真生动的形象再现，因此常常用近乎连环画似的高超叙事技巧，近乎舞台表演的程式化表现手法，将对世相各色人物的形象刻画得栩栩如生，成为借鉴范本，并保持了程式化、通俗化，以其所承载的传统伦理文化和市民通俗文化，体现出世俗精神和经典易懂的美学特征。

同里沿河民居厅堂长窗的裙板上雕有“渔樵耕读”装饰（图 4-11）。“渔樵耕读”的渔夫、樵夫、农夫与书生，反映出传统社会中人们的基本生活方式。渔夫为东汉著名隐士严子陵，为避光武帝刘秀的邀请而归隐垂钓，一生不仕，以高风亮节著称。樵夫是朱买臣，为西汉吴县人，他出身贫寒，以砍柴度日，期间读书不辍，后位居高官。农夫为舜，取其历山耕作场景。书生为战国时期著名纵横家、外交家苏秦，他跟从鬼谷子学习，出外游历未得重用，后“头悬梁、锥刺骨”刻苦研读，再次出行，成功说服六国合纵抗秦，挂六国相印。“渔樵耕读”集合历史上各业典范，既是对田园牧歌式淡泊境界的称颂，又是对勤奋耕读、出人头地者的夸赞。

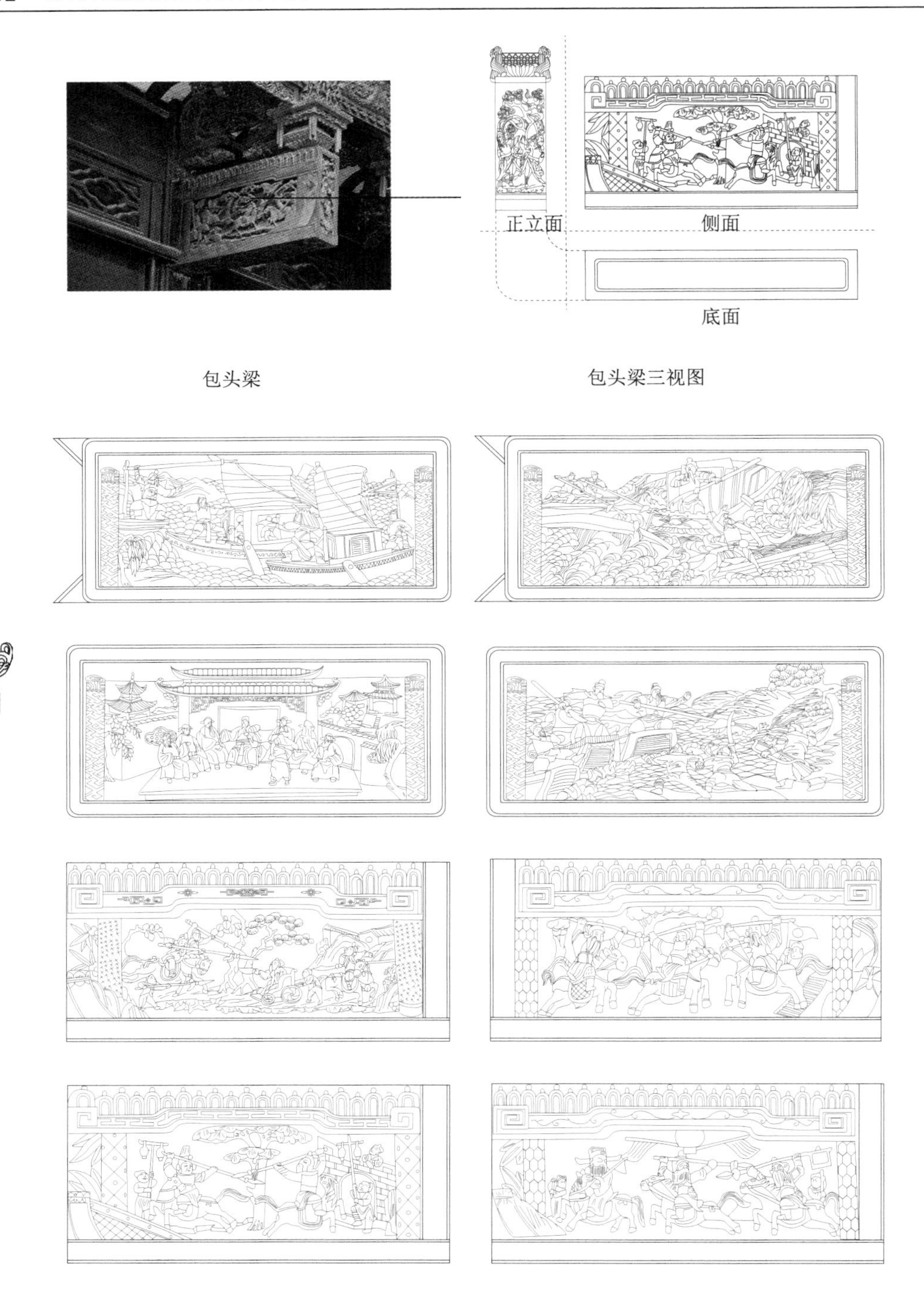

包头梁

包头梁三视图

包头梁侧面

包头梁正面

图 4-10 苏州东山春在楼梁头“三国演义”系列戏文雕饰

Fig. 4-10 Carving decoration of dramas about Romance of Three Kingdoms on the beam head in Chunzai Mansion of Suzhou Dongshan

图 4-11 苏州同里沿河民居长窗之“渔樵耕读”
Fig. 4-11 The French window named “Plowing the fields” of dwellings along the river in Tongli Town of Suzhou

4.1.3 吉祥寓意与宗教信仰

吉祥寓意是建筑装饰的主要主题之一。吉祥就是避凶趋吉、向往美好，是人们追求幸福生活的普遍愿望。唐朝成玄英注疏说：“吉者，福善之事；祥者，嘉庆之征。”图像是思想观念的直观体现，以吉祥为主题的装饰图像是人们美好期许的载体。此种物像与意义的联结常常是约定俗成的，一旦形成就具有极强的稳定性，并被民众喜爱和广泛传播。“清代自雍正皇帝始，开献瑞讲瑞之先河，献瑞之风盛行形成新时尚，

各种装饰图形出现了‘吉祥图案’的新面貌出现。”[1] 徐艺乙先生认为传统造物文化“图必有意，意必吉祥”，认为吉祥图案是人们普遍喜爱的装饰形式。

清雍正年后，苏南传统民居中出现了大量被赋予吉祥寓意的建筑装饰。通过取物像之声韵的谐音、取物像之属性的比拟、取物像之寓意的象征、取物像之形状的肖形等手法，人们将吉祥观念寓以客观物化，同时将文人画气息巧妙地蕴含在世俗信仰中，体现了苏南地区特有的审美风尚。

刘敦桢先生曾论道：“世界上的民族建筑，在中世纪以前，其发达之主要精神原因，为政治与宗教二者。”宗教对于建筑的影响极其深远。统治阶级对宗教持兼收并蓄态度，儒释道三教合一的思想最早为春秋时期。三教经历了对立斗争与借鉴融合的过程，至明朝初年，统治阶级充分认识到佛教和道教对民众所具有的特有教化作用，实施儒教明治天下、佛道暗理王纲的策略。受实用理性支配的中国民众向来极端重视现世生活，在宗教信仰上持实用功利的态度。明代统治阶级、哲学界、佛家高僧大德对三教合一大力倡导，将他们早已熟知的儒释道元素巧妙融合，使民众在“以人性度神性”的世俗理性支配下乐于接受有利于统治阶级的价值观。

三教合一的思想在民间流传无疑对民居建筑产生很大影响，结果使其成为政教文化的物质载体。在这一潮流的裹挟下，苏南民居中出现了很多蕴含佛教、道教等宗教信息的建筑装饰。它们题材多样，形象优美，既包涵明确的教义，又具有活泼灵动的俗世之趣，并与其他装饰有机融合于民居空间。

4.1.3.1 八仙与八宝

世俗理性的现世观念使人们借助佛教及道教题材营造具有祥和氛围的建筑空间。苏南传统民居常用 “八仙”、“四灵图”等带有道教色彩的题材进行装饰，“八仙过海，各显神通”等传说甚受喜爱。例如在盛家带某宅的花篮厅长窗的裙板上雕有八仙纹样。[2] 图中仙人均有小童

[1] 胡德生．一件雍正元年制造的漆箱蕴含的祥瑞思想 [J]. 紫禁城，2013（03）：148.
[2] 杨耿．苏州建筑三雕：木雕 • 砖雕 • 石雕 [M]，苏州：苏州大学出版社，2012：58.

陪伴，取偶数，背景为山川松木。人物造型稚拙圆润、构图饱满密实、线条遒劲雄健，具有极强的艺术感染力（图 4-12）。民居建筑还会常常采用隐去八仙本身，而只取其各自法器的手法，被称为“暗八仙”。工匠用分属于何仙姑、吕洞宾等八仙的荷花、剑、箫、扇、阴阳玉板、花篮、渔鼓以及葫芦八件法器来指代仙人，寓意各显神通、各尽所能，推崇圆润自如、通达乐观的生活态度。

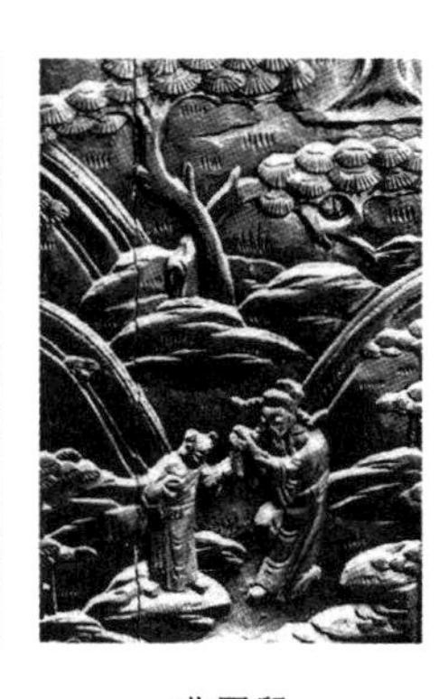

张果老　汉钟离　何仙姑　曹国舅

图 4-12 盛家带某宅花篮厅夹堂板八仙雕板
Fig. 4-12 Carving Block with the pattern of the Eight Immortals in the Flower Basket Hall Shengjiadai Street
（图片来源：杨耿 . 苏州建筑三雕 ：木雕 • 砖雕 • 石雕 [M]. 苏州 ：苏州大学出版社，2012.）

苏州大石头巷吴宅“麐翔凤游”砖雕门楼上枋以道教故事为题材。画面以亭台楼阁、松树植物为背景及结构元素，居中雕福禄寿“三星祝寿”，两旁雕刻王母娘娘、鬼谷子、麻姑献寿、刘海戏金蟾等故事，均属道教神系，猴、鹿、羊等吉祥寓意小动物点缀其中。下枋为“四时读书乐”。上下枋雕饰静动兼蓄、玲珑俊逸，是苏州砖雕中的上乘之作。苏州官太尉桥 13 号“克勤克俭”砖雕门楼，左边兜肚雕东方朔偷桃，右边兜肚雕刘海戏金蟾，也为道教故事，寓长寿及祈福纳财之意。

佛教文化由印度传入中国后经历了本土化的改造，中国民众所特有的世俗理性使他们对于宗教形成自己的理解。在这里，宗教与严谨刻板的道德要求、玄妙空廓的宇宙图式、超凡脱俗的彼岸世界、深奥精邃的哲理体系之间的关系都不大，它更像是民众为满足自己趋吉避害的心理而借助的一种实用化的仪式。人们模糊世俗和神圣的界限，从自己的实际需求出发求得神灵的庇护，将某些具有佛教教义的图式以装饰的形式融入人们的日常生活。“八吉祥”亦称“佛八宝”，是人们喜爱的题材。佛教里用金鱼、盘长等器物来象征如意、纯洁、长寿等吉祥寓意。苏南民居装饰中常见的莲花状的鼓磴和磉、万字纹、卷草纹、大象、狮子等装饰纹样都源于佛教。万字纹在梵文中指“吉祥之所集”之意，寓意万福万寿，在苏南民居中常用于栏杆等处，以“卍”字为图形单位不断延伸，形成“万寿锦”，象征幸福吉祥绵延不断。卷草纹来源于佛教艺术中的忍冬纹，婉约自如、极富流动感，具有坚韧不拔之意。大象隐喻佛的“广大、有力、光明”，后在民俗文化中以谐音方式象征吉祥之意。苏州网师园“竹松承茂”砖雕门楼的左右兜肚上雕有具有佛教含义的双鱼、如意、磬、佛八宝，底以云水纹承托，自由灵动。四周雕葵式边框，四角以秀丽花朵环饰，寓意生活富足、吉庆有余，整个画面构图饱满、精细典雅，可谓匠心独运。[1]

4.1.3.2 祥禽瑞兽

祥禽瑞兽源自人们对于自然的崇拜和敬畏心理，在苏南民居建筑装饰中占有极大比重。中国传统农耕社会，信奉万物有灵。猛兽的威猛使人们因恐惧而崇拜，动物所拥有的能量和体魄使其比植物更早进入自然崇拜的视野。鱼虫鸟兽形成一部活的“物候历法”。春燕衔泥凌空是万物复苏的春季，大雁南飞则是秋高气爽之时。动物的迁徙、繁育、蛰眠等信息对人们认识自然规律有重要价值，鱼虫鸟兽等逐渐成为人们情感寄托的载体，其直观形象蕴含了丰富的精神内涵与审美意趣，福禄平安、幸福美满。

源于图腾崇拜的龙、凤、麒麟等幻想类神异动物亦是苏南居民喜爱的装饰题材。龙是最受尊崇和敬畏的灵物。《说文解字》中认为“龙，鳞虫之长。能幽能明，能细能巨，能短能长。春分而登天，秋分而潜渊。”龙集九种动物的特征而成，这种造型方式反映出兼容并蓄的多元文化观，同时也体现出传统文化的“和合思想”。传说龙可呼风唤雨、主宰风雪

[1] 杨耿．苏州建筑三雕：木雕・砖雕・石雕 [M]. 苏州：苏州大学出版社，2012：138.

雨露，泽被万物。《史记》中记载刘邦因其母感龙孕而生，自称龙子。因此，自汉时，龙便成了皇权和帝德的象征，成了皇家建筑装饰的专属。苏南民居中的龙饰大多为三爪和四爪，区别于皇家的“五爪真龙”。有诸多变体和表现形式，诸如升降龙、云龙、草龙、拐子龙等多种造型，以避僭越之嫌。

凤融合了先民的太阳崇拜和鸟图腾而成。凤为四灵之一，在秦汉时期，凤是形象各异、绰约多姿的朱雀，后来凤的内涵不断被拓展和延伸，逐渐被誉为百鸟之王，成为美好、祥瑞的象征。《山海经·图赞》载：凤凰色泽缤纷，其义丰富：“首文曰德，翼文曰顺，背文曰义，腹文曰信，膺文曰仁”，言即凤凰是拥有德、信、仁、义、礼五种美德之人的化身，具有美丽、吉祥的象征意义。凤纹成为人们喜爱的装饰，民间工匠的口诀为“首如锦鸡，冠似如意，大如滕云，翅如仙鹤。”[1] 其他祥禽主要包括：喜鹊、鸳鸯、仙鹤、鸡、鹦鹉及其他各种小鸟。

瑞兽主要有：狮子、梅花鹿、猴子、羊、大象、獾以及蝙蝠等。此处还有蜘蛛、鱼、虾也经常出现（表 4-2）。明清时期苏南民居建筑装饰中各种鱼虫鸟兽的造型、动态、构图布局深受吴门画派的影响，刻画细腻、神采灵动。画面中的祥禽瑞兽常以树石亭台等江南景物进行点缀，意态悠闲、风骨劲俏、布局疏朗，在喻意世俗愿景的同时又闪现出文人画的闲适妍雅，可谓雅俗共赏。苏州东山雕花楼“聿修厥德”砖雕门楼的兜肚雕刻“廉洁奉公”四字，一枝待放的荷花从荷叶后亭亭伸出，公鸡站在礁石之上俯身凝视被咬噬过的荷叶，似在寻觅小虫。

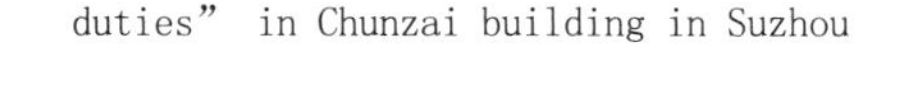

图 4-13 苏州春在楼“廉洁奉公”雕饰
Fig. 4-13 Carving decoration named “Official duties” in Chunzai building in Suzhou

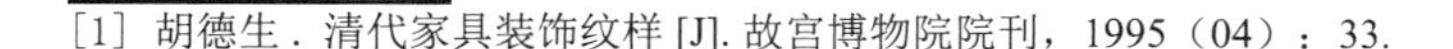

[1] 胡德生．清代家具装饰纹样 [J]. 故宫博物院院刊，1995（04）：33.

两片荷叶一前一后、一上一下将荷花和公鸡烘托而出，画面清新自然极具生活情趣。公鸡被古人视为德禽，拥五德：冠喻文，爪喻武，见食呼伴是仁，见敌酣斗为勇，每日报晓为信。莲花出淤泥而不染，自古以来被视为莲（廉）洁的象征，与公鸡组合为“廉洁逢（奉）公”之意（图4-13）。

祥禽瑞兽装饰题材

Decoration theme of auspicious animals

表 4-2

序号	建筑名称	装饰部位	装饰题材	装饰形象	象征寓意
1	西山东村敬修堂	大木作木雕	龙		传说龙具有瞬息万变的神异力量，可呼风唤雨、腾云驾雾、主宰风雪雨露，泽被万物。
2	西山东村敬修堂	长窗下夹堂板			
3	西山东村	拱眼壁木雕	凤凰		凤被誉为百鸟之王，成为美好、祥瑞的象征
4	西山东村	拱眼壁木雕			
5	黎里奎壁凝祥	砖雕门楼右兜肚	麒麟		麒麟性情温和，不伤人畜，不践踏花草，是仁慈和祥的象征，故称为仁兽。

续表

6	周庄朱宅	砖雕门楼下枋	狮子	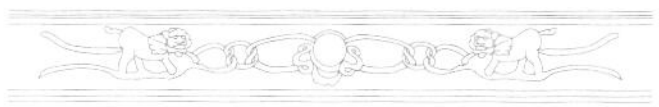	狮子象征权威、公正，与“世”谐音，有代代相传之意。
7	周庄沈厅	轩梁雀替木雕			
8	东山陆巷怀德堂	门环	椒图		椒图为“性情温顺”的龙子。因其“性好僻静”，忠于职守，故常被饰在门户处。
9	周庄沈厅	门环			
10	周庄朱宅	砖雕门楼下枋	喜鹊		喜鹊是好运与福气的象征，象征着喜事临头。
11	周庄朱宅	大厅山雾云木雕	仙鹤		仙鹤擅飞，有长寿和高雅之意。

续表

12	西山东村某宅	抱鼓石底座石雕	孔雀		孔雀是吉祥幸福的象征。
13	东山春在楼	砖雕门楼中枋	十鹿图局部		“鹿”与“禄”谐音，寓意富贵、吉祥、美好。

（注：表格图片均为作者自绘）

4.1.3.3 吉祥图案

吉祥图案自清代雍正年间，开始盛行。经过长期的创作实践，工匠们将装饰图形和装饰语义之间建立了相对稳固的关联符号学。围绕福、禄、寿、喜、财等核心主题，利用谐音、形似等手法给事物赋予客观上与其本体并无直接关联的另一种象征语义。特别是在清代晚期的咸丰、同治以后，苏南民居装饰常通过各种物品进行组合，以名称的谐音阐释关联吉祥的意义，形成了“程式化形式”。再往后发展，装饰纹饰日益趋向繁缛复杂，但意趣寥寥。

《书经》中对“福”有所记载：“五福，一曰寿、二曰富、三曰康宁、四曰修好德，五曰考终命。”即长寿、富贵、康宁、好德以及善终。蝙蝠谐音“遍福”，为喻“福”之兽。蝙蝠与桂花寓意“福添贵子”；柿子两只加一个如意或者灵芝，曰“事事如意”；狮子和绶带曰“世世代代”。梅花和喜鹊同在一个画面称“喜上眉梢”（图 4-14）、瓶中插入三只戟的形象则可译为“平升三级”。苏州大石头巷 35 号的“舍和履中”砖雕门楼装饰是以“福”为主题的吉祥图形的典范。门楼左右挂芽上的灵芝，翻卷边沿的蟾蜍，遍布门楼垫栱板、边框、兜肚和牌科棹木等处的蝙蝠，都是由精密的变体回纹巧妙组合而成。灵芝、蟾蜍以及蝙蝠三者均有吉祥之意：灵芝状若如意，且端头绽开满籽，寓意子孙满堂和如意吉祥；蟾宫折桂，寓意读书人金榜题名；蝙蝠倒挂，寓意天降五福。布满整座门楼的蝙蝠难以胜数，寓意遍地是福。

图 4-14 周庄朱宅轩梁喜上眉梢
Fig. 4-14 The beam named "Eyes twinkle with pleasure" in Zhu's house in Zhouzhuang Town

4.1.3.4 意匠文字

"汉字以形表意、以意传情的字体构成，是物象符号化、语言图像化的典范。"[1] 汉字由高度凝练的抽象符号发展为装饰艺术，本身蕴含有独特的东方审美观念和吉祥观念。汉字图形通过图案化、抽象化、谐音、书法等方式在苏南民居的门窗、匾额、瓦当等处广泛应用，标示宅主的精神追求和文化品位。苏南民居中常见的装饰性意匠文字有福、禄、寿、喜、万、回等，这些基本文字又延伸变化出百福、百寿、瓦当字、禽鸟字、花鸟字等丰富多样的表现形式（图 4-15）、（表 4-3）。它们在与

东山敬修堂长窗福字裙板

周庄沈庭轩梁寿字端头

东山春在楼垫栱板喜字装饰

图 4-15 文字装饰
Fig. 4-15 Text-decoration

[1] 潘鲁生. 传统汉字装饰 [J]. 文艺研究, 2006（08）：104.

生活希冀相契合的同时以优美的形式感营造出喜庆吉祥的居住氛围。

瓦当文字装饰

Textual decoration of eaves tile

表 4-3

苏南地区传统民居瓦当上的各种寿字纹				
东山杨湾五湖望族砖雕门楼	东山陆巷粹和堂石库门内	东山陆巷怀德堂正门滴水瓦	东山陆巷文宁巷 30 号	周庄沈厅后花园后门内
西山东村翠秀堂瓦当	西山东村敬修堂瓦当	西山东村某宅	西山东村某宅	西山东村某宅

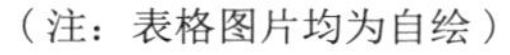

（注：表格图片均为自绘）

苏州东花桥巷有一处苏州城区里最古老的门楼，主题为状元游街，额枋题款为“清康熙岁次乙未年”。此砖雕门楼檐口的垫栱板上雕饰有多个“福”字，造型各不相同：一“福”由书卷、剑以及棋盘组合而成，三者均为古人必修之艺。书为圣贤之书，剑象征权力与地位，被古人奉为圣品，棋为风雅之物；二“福”从文字本身进行变化，左边示字旁变为“千”字状，田字里面刻一对元宝，寓意家有良田千亩、增产收租为福；三“福”亦是“字画图构”，左边示字旁与龙头拐杖同构，右边则变化为“寿”字，寓长寿是福；四“福”同样是意匠文字，左边示字旁变为人形，右边变为屋舍，田字变为铜钱状，铜钱堆积直至屋顶，寓有财是福；五“福”左边示字旁变形为书与剑，右边田字变为斜置的葫芦，葫芦谐音“福禄”，是富贵的象征，同时葫芦也是成仙得道的法器，再者，葫芦还可表示子孙兴旺，表明富贵、子孙满堂是福。东花桥巷垫栱板的五福砖雕，将“福”在传统文化范畴内多层次多角度的理解，通过丰富巧妙的视觉形式生动地表现出来（图 4-16）。[1]

[1] 杨耿．苏州建筑三雕：木雕·砖雕·石雕 [M]. 苏州：苏州大学出版社，2012：147.

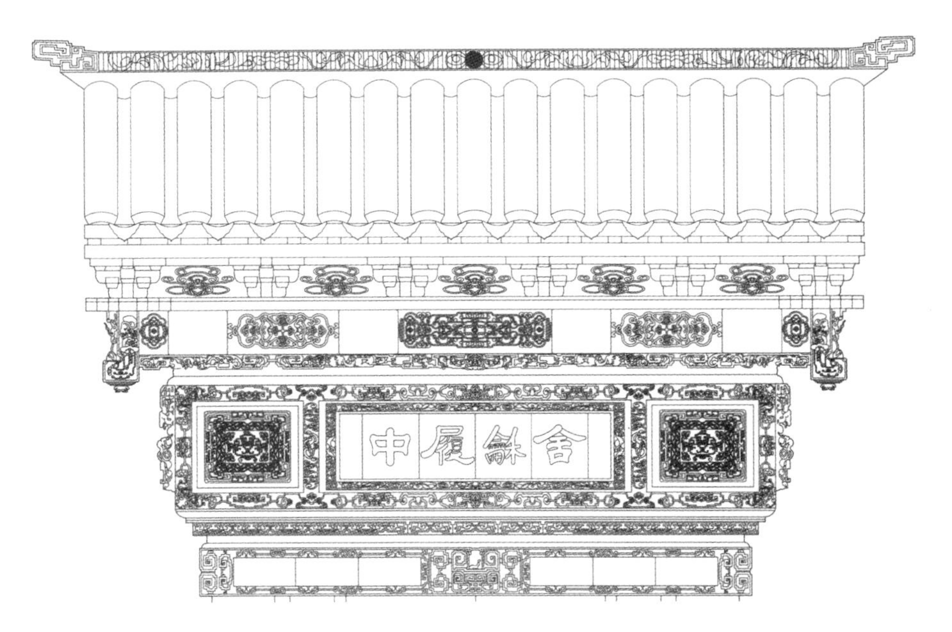

图 4-16 苏州大石头巷 35 号“舍和履中”砖雕门楼，以“福”为主题
Fig. 4-16 Brick-carving gatehouse of named “Harmon” in Big Stone Alley 35th in Suzhou, taking the blessing as the subject
（图片来源：苏州市房产管理局．苏州古民居 [M]．上海：同济大学出版社，2004.）

4.2 典型图式及其构成规律

苏南传统民居建筑装饰依托于民居空间及建筑构件，将装饰元素依照一定的视觉秩序和形式法则，巧妙组织合理安排，演化出丰富的图式构成关系，构成了颇具象征意义和装饰意味的艺术形象。其图式或对比鲜明，或宁静有序，或动态十足，在构图置景、空间布局、视角选取以及装饰手法等方面均有独到的匠心立意，体现出建造者对于装饰这一建筑元素强大表现力的深刻理解。

苏南民居建筑装饰的表现力之所以如此之强，一方面是因为科举及第、花鸟竹石、山水林麓、博古清供、孝贤故事、戏文场景、吉祥图案、宗教图腾等主题得到了出色的造型演绎，另一方面是由于这些造型元素采取了巧妙而优美的图像组织。无论采用什么表现方式，也无论要适合于怎样的载体与建筑构件，这些图形必定按照一定的构成规律和组织原则形成彼此间的和谐关系，并在整体形成与苏南民居建筑空间的配合与

呼应。可用“力场”的概念来理解苏南民居建筑装饰元素的构成法则及组合规律。

“力场”由英国艺术史家 E.H. 贡布里希（ E. H. Gombrich）提出。贡布里希认为，一些社会惯例、文化心理以及生活经验等力量，都会影响到装饰、绘画等造型艺术的构成及组织方式，即成为造型艺术结构组织中的所谓“力场”。在视觉艺术创作过程中，特定人群共同的心理特征、生活经验、内心情感与理想信念都会影响到装饰艺术在建筑空间中的“力场”表征以及图形组织。

苏南民居建筑装饰元素的构成方式及组织原则取决于由崇文尚教的文化传统、简淡率真的文士风尚、繁盛兴旺的世俗生活共同升华凝聚而成的“力场”的作用。在图式和构成上主要有“向心式”、“截景式”、“长卷式”以及“散点式”几种典型图式。

4.2.1 向心式之吸附聚合

发端于我国先秦时期的尚中思想在我国具有深刻的哲学内涵。建筑艺术作为统治阶级推行其价值观念和等级制度的物质载体，构成了包含“向心式”在内的既具有实用功能又符合礼仪规制的空间及装饰序列（图 4-17）。

贡布里希认为可以用“位置的加强”来描述“力场”的效果。在苏

图 4-17 周庄沈厅砖雕门楼兜肚“向心式”图式
Fig. 4-17 Centripetal pattern of brick-carving gatehouse in Shenting Hall in Zhouzhuang Town

南民居建筑装饰构成中，向心式、对称式等即是此种类型。一般而言，在向心式的装饰构成中有一个视觉形式中心，其他附属性的视觉元素都被吸附在其周围，体现集中式的布局规律。除了形成来自中心的吸附力，还会产生对于空间边界的限定力，以及装饰主轴线对于次要位置装饰元素的吸引力。

图 4-18 东山陆巷怀古堂长窗裙板
Fig. 4-18 Apron panels of the French window in Huaigu Hall in Luxiang Lane of Dongshan

边界在装饰“力场”形成中，具有重要作用。在苏南民居的建筑装饰中，我们可以看到砖雕门楼、长窗、梁架、隔断等区域构件的装饰大多会为主要装饰区物像设立边框，限定装饰力场的范围，在装饰框架中形成逐渐朝向中心加强的画面张力，从而使画面整体形成聚合的效果。通常以抽象形态出现的边框亦具有表情：矩形边框简洁，如意形边框繁复，云纹、水纹边框灵动，亚、浑、木角、文武、合桃等起线素雅。边框愈华丽，其中的装饰画面及中心区域愈显得庄重（图 4-18）。

在向心式构图中，除了中心吸附力和边框限定力之外，轴线也产生与中心密切相关的力场。在苏南民居建筑空间中，纵深轴线是重要秩序线，数进庭院依照中轴线组织成具有起、承、转、合关系的严密空间有机体。在尚中观念的影响下，对称亦成为苏南民居建筑装饰的重要的构成方式。轴线赋予装饰画面基本骨骼，对两侧的装饰元素具有无形的吸引力从而形成向心的“力场”（图 4-19）。

西山堂里沁远堂将军门遗存的青石须弥座，它的正面雕饰就是对称式构图。须弥座圭角以“压低隐起华”的方式雕如意，成居中对称。中部束腰处浅雕回纹“寿”字，亦居中对称，形成主体。四周起线，卷草蝙蝠纹与四角小云头如意对应，两边雕饰竹节。上下枋仅边角起线，简素无饰。主体刚直有力，形象鲜明，辅体曼妙曲折，主次分明，相得益彰（图 4-20）。

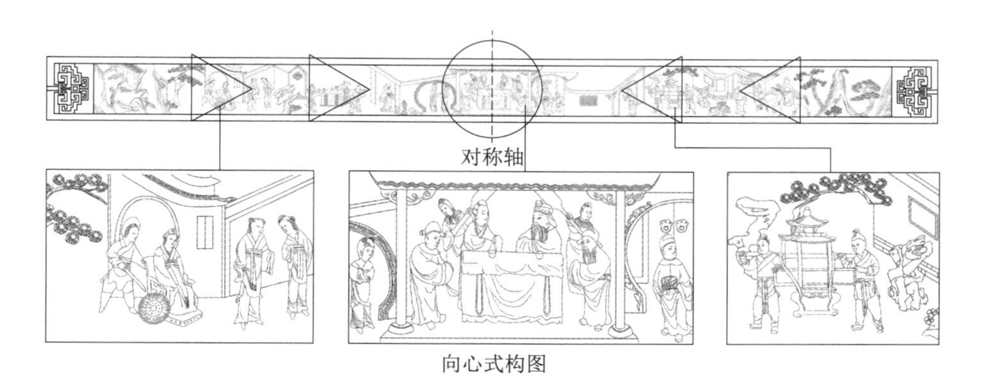

图 4-19 春在楼砖雕门楼下枋向心式构图
Fig. 4-19 Centripetal Type of Brick-carving gatehouse in Chunzai Mansion

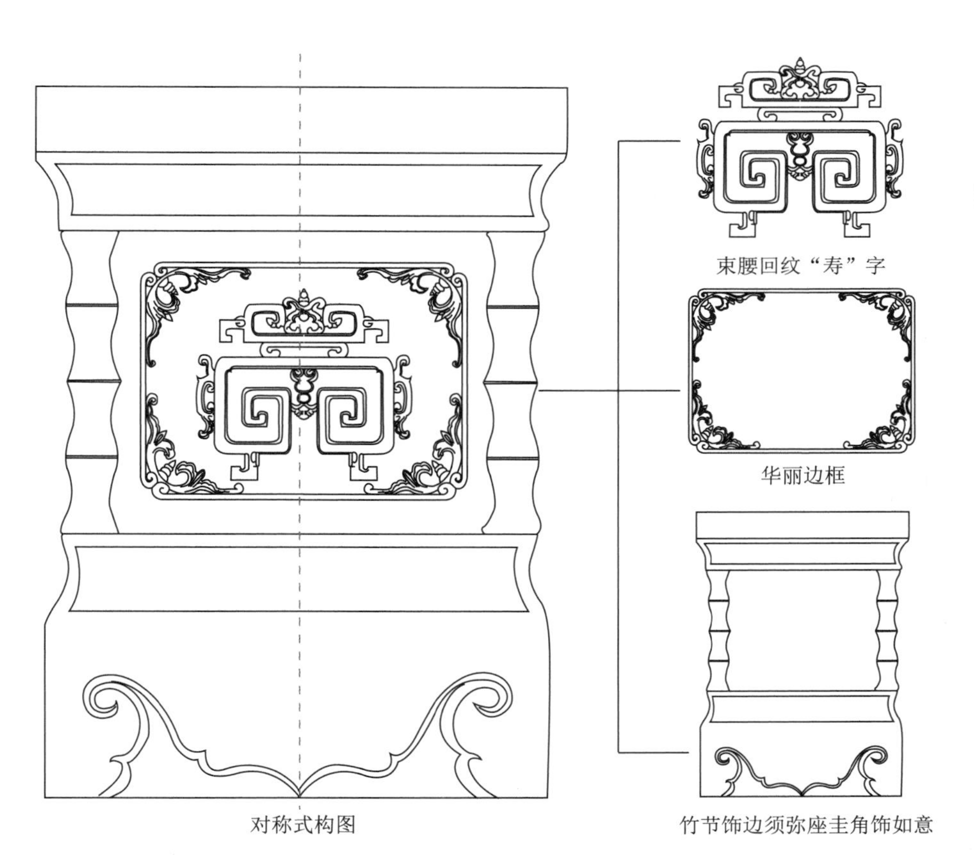

图 4-20 沁远堂须弥座石雕前立面
Fig. 4-20 The front elevation of Buddha pedestal’s carved stone in Qinyuan Hall

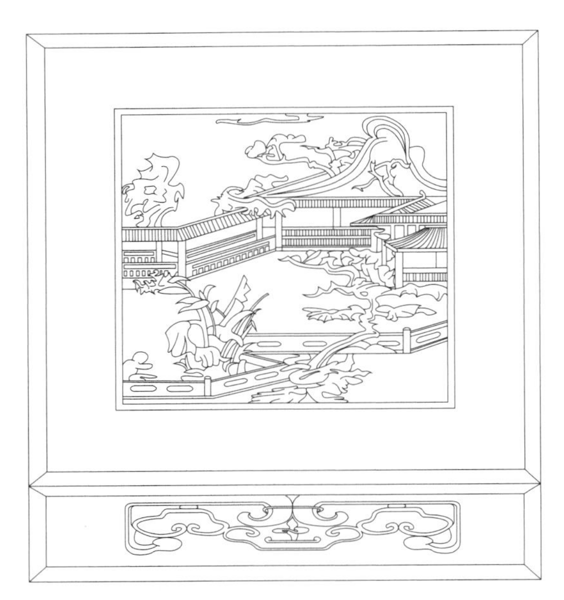

图 4-21 西山堂里仁本堂裙板文人画
Fig. 4-21 Scholars' painting on the apron panels in Renben Hall of Xishan

4.2.2 截景式之以小观大

截景式装饰构图深受吴门画派中园林和纪游两大类纪实性山水画的影响。明清时期，园林既是文士阶层避世隐修的精神绿洲，也是他们进行诗画艺术创作、品茗鉴宝的雅集所在。吴门画派除了承袭传统的山水画之外，还将富有苏南特色的自然山水、园林景致、书斋庭园、日常生活等内容作为新的绘画题材，同时采用新颖别致的构图布局，寄托文人的志向和理想。受纪实性山水画的影响，苏南地区民居建筑中的一些装饰画面颇具巧思地引入纪实情趣，园之一角、山之一涯、水之一隅皆成为装饰语汇。它们多采用秀奇明净、清幽空灵的截景式图式，虚实相生地局部刻画，从小景观全景，表达文人的文雅情趣。

截景式构图具有“以小观大”的形式特点，通过对于具象“小景”的从细节见整体，赋予画面深远广阔的时空意象。例如西山堂里仁本堂裙板雕刻的园林山水画，即为截景式构图。画面前方一古木斜伸而出，之字形带有花窗的院墙蜿蜒而上，院内游廊迂回转折，回廊后有一巨大太湖石，远处白云环绕群山。亭台、游廊、假山、竹石等巧妙穿插在裙板上，远山、流云，使画面意境深远。截景式构图疏密有致，在方寸间铺展出气象万千而又恬静优雅的园林山水（图 4-21）。

4.2.3 长卷式之有序铺陈

长卷式构图，即在同一装饰画面中连续表现同一故事的不同情节，

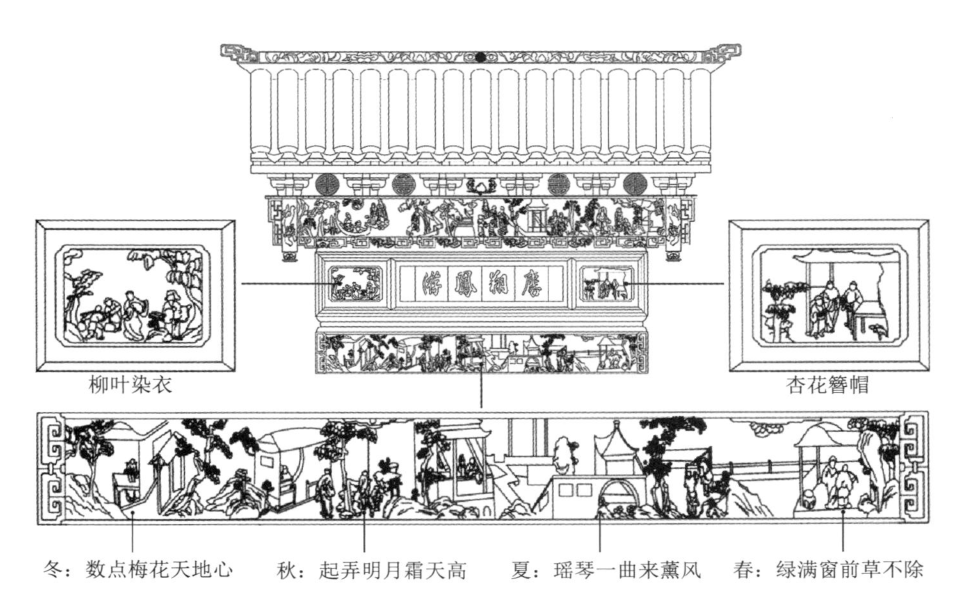

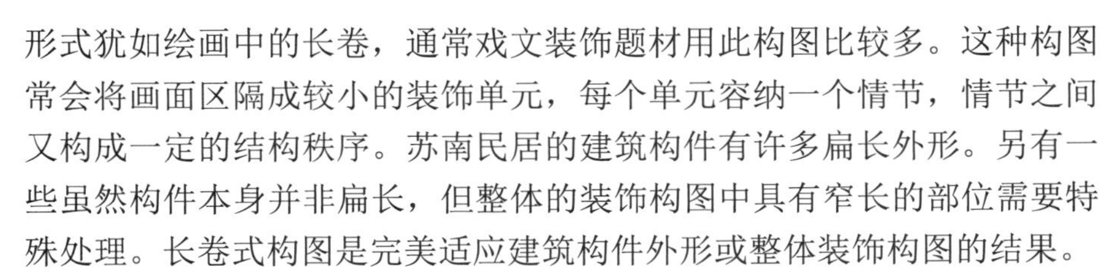

图 4-22 苏州大石头巷吴宅“麐翔凤游”砖雕门楼分析图
Fig. 4-22 Analytic schema of brick-carving gatehouse named “Lucky, Wealth and longevity” in Wu’s house of Big Stone Lane in Suzhou
（图片来源：苏州市房产管理局．苏州古民居 [M]. 上海：同济大学出版社，2004.）

形式犹如绘画中的长卷，通常戏文装饰题材用此构图比较多。这种构图常会将画面区隔成较小的装饰单元，每个单元容纳一个情节，情节之间又构成一定的结构秩序。苏南民居的建筑构件有许多扁长外形。另有一些虽然构件本身并非扁长，但整体的装饰构图中具有窄长的部位需要特殊处理。长卷式构图是完美适应建筑构件外形或整体装饰构图的结果。

苏南民居砖雕门楼的上下枋狭长如展开的手卷，这种形状就十分适合采用连续性或呈长卷式构图。“三国演义”、“郭子仪拜寿”、“八仙祝寿”等多人物、多场景的经典片段是此类长卷式构图装饰的常用题材，通常以植物树木等作为区隔“小幅”画面的介质，逐一将人物、场景清晰展现。对画面进行区隔处理，一方面有技术上的考虑，即大幅画面较难把控，分别处理相对容易；另一方面在构成手法上是为了形成观看的节奏感，使连续的静态图像灵动的时空体验。

苏州大石头巷吴宅的“麐翔凤游”砖雕门楼，其上下枋均采用典型的长卷式构图（图 4-22）。下枋为“四时读书乐”，以四组画面组成，并镌刻元代翁森的《四时读书乐》诗句以予点题：春时读书之乐犹如“绿满窗前草不除”；夏时犹如“瑶琴一曲来薰风”；秋时犹如“起弄明月霜天高”；冬时犹如“数点梅花天地心”。通过亭台楼阁和四时自然美景分割画面和区分主题。画面人物生动、布局精巧、景物丰富，犹如一副徐徐展开的长卷，其造型及构图均深受文人书斋山水画的影响，以春夏秋冬四季不同意境的读书画面，点明了“万般皆下品、唯有读书高”的传统理念。左右兜肚分别雕饰“柳叶染衣”、“杏花簪帽”。二者均为才学出众而成状元的吉庆典故，与劝学题材“四时读书乐”主题相呼应，告诉人们读书是富于志趣的雅事，也是实现“朝为田舍郎，暮登天子堂”个人理想的最佳途径。门楼长卷式构图的画面在其中十分突出，因其内容丰富、形象饱满、层次分明而成为整个门楼装饰中视觉上最为精彩和内容上最为重要的部分，尽显苏南民居砖雕的细腻与精美。

4.2.4 散点式之错落有致

散点式构图是指以主观视觉经验或潜意识对多个对象通过集散、重复或对比等方式进行灵活重组的构图方式。它采用平视、俯瞰、特写、全景等取景角度，对景物进行立体式、穿插式、全方位的整体关照。它可以自由分散布局也可以有序齐整排列，构图具有一定的自由性和随意性，画面活泼饱满。清中期以后，苏南传统民居的建筑装饰日趋精细繁缛，在裙板等重要装饰部位多采用散点式构图。相比视域固定的焦点透视，建筑装饰画面的散点式空间表述更符合其载体特征和主题表达的需要。

苏州东山雕花楼前厅长窗裙板及夹堂板雕刻的二十四孝，以及厢房长窗的裙板上雕刻的二十八贤均采用散点式构图方式。以“对日远近”为例，人物集中在左下角，孩童时期的晋明帝坐在元帝膝上，一仆一臣分侍两旁，亭台三座以“之”字形紧密布置于画面中（图 4-23）。以“游视”方式所观测到的不同方位的曲径、亭台、廊榭、院墙以及树石等园林山水景物灵活布局，赋予画面错落有致、自由活泼而又主次有别的视觉秩序。

4.2.5 适形与同构

适形最初是从主张建筑应建造“有度”开始的。汉代的董仲舒明确

图 4-23 东山春在楼长窗裙板散点式构图
Fig. 4-23 The scattered composition of apron panels of the French window in Dongshan Chunzai Building

地提出“适形论”思想的：“高台多阳，广室多阴，远天地之和也，故人弗为，适中而已矣。”[1] 概而言之，适形论的核心是“和”与“适”。和者，天地之和，阴阳之和也；适者，大小之适，高低之适也。“和”与“适”基于儒家的中庸思想，所谓：“居处就其和，劳佚居其中，寒暖无失适，饥饱无失平”[2]，“不偏不过，不亏不盈，方为和适。”[3]

适形性是苏南民居建筑装饰非常重要的特征，主要体现在“和”与“适”两方面。“和”指装饰题材要与居者的身份和，装饰工艺要符合装饰构件的材质与功能；“适”指装饰的造型要适合并服从于建筑构件的结构轮廓，内部造型和构件轮廓或框架相互利用和制约，具有强烈的适形性。故而，装饰对象自然细节的复杂性和多样性，都被巧妙地抽象或归纳，以便适形于建筑装饰构件系统中。

4.2.5.1“和”于不同装饰材质

苏南民居建筑装饰施作于砖、瓦、木、石等不同材质上，生发出与之相适应的雕、绘、塑、砌、贴等多种工艺与手法（图 4-24），“和”于客观自然的物质属性是装饰能够长久存在的前提。

例如比较讲究的厅堂常将清水方砖进行磨砖对缝、落堂、砖池等做细处理后嵌砌墙裙、墙面等处进行装饰，形成龟背纹等纹样，呈现干净素雅、浑然天成的肌理效果。彩画是苏南地区尤具特色的与木“和”的装饰工艺，不仅可以对木材起到极好的保护作用，同时形成素雅与富丽并存的艺术特色。在装饰中还呈现出材质之间的相互模仿和相互转换的现象，最典型的是斗栱及垫拱板，从木质的主要承托性构件蜕变为或木或砖的装饰构件，常被广泛应用于厅堂及砖雕门楼等处。同一种装饰形象在砖、瓦、木、石等不同材质上呈现出不同的施作手法，例如同一种图形，在韧性和可塑性均很强的木质上有深浅浮雕、镂雕、圆雕等各种表现手法，丰富多样。而在相对较硬的石材中，多为浅雕手法，鲜有镂雕，装饰形象往往被进行高度概括和浓缩。而对于韧性逊于木材、坚硬逊于石材的砖质上，则显现出苏南地区高超的技艺水准和设计能力，形

[1] 周桂钿．秦汉思想史（上）[M]. 福州：福建教育出版社，2015:110.
[2] 周桂钿．秦汉思想研究（肆）董学探微 [M]. 福州：福建教育出版社，2015:307.
[3] 王贵祥．东西方的建筑空间：传统中国与中世纪西方建筑的文化阐释 [M]. 天津：百花文艺出版社，2006: 337.

装饰部位：砖雕门楼下枋，对称式构图

居中“一块玉”下搭式锦袱纹样

装饰纹样：如意卷草穿金钱纹

图 4-24 西山东村某残损砖雕门楼下枋
Fig. 4-24 The lower ladder of damaged brick-carving gatehouse in Xishan Dongcun village

成相对单纯和独立完整的艺术形象。例如苏州文衙前的文宅“刚健中正”砖雕门楼为道光年间所作，整体取居中对称图式，上枋缠枝牡丹、两边兜肚刻团夔龙、下枋以勾曲纹满铺构成，两旁饰垂花莲柱，尽显穹劲有力、与众不同之色。

4.2.5.2“适”于不同装饰部位与观看角度

“建筑是以其形体和空间的存在为本体的”[1]，“形状的变化是要适配于使用”[2]。苏南传统民居建筑装饰形式通过适度规划和设计适合于不同的装饰部位。于外，苏南传统民居建筑装饰以栏杆、门窗、山墙、抱鼓石、鼓磴等为载体；于内，以梁架、隔断、门窗等为载体，是“适”于不同装饰部位不同构件的典范。例如在二楼裙底腰线处、装饰构件边

[1] 齐康 . 建筑·空间·形态 —— 建筑形态研究提要 [J]. 东南大学学报（自然科学版），2000（01）:2.
[2] 齐康 . 建筑·空间·形态 —— 建筑形态研究提要 [J]. 东南大学学报（自然科学版），2000（01）:5.

框、转角或端头等部位，用本身具有极强自适性和变化性的曲线骨架造型装饰，来巧妙适应及其狭长的装饰部位。作为辅体，此类装饰图形在与主体图形共同构成复合装饰形象时，不仅可产生丰满寓意，同时节奏鲜明的装饰图形，可以唤起人们自由、灵动的视觉感受。在民居建筑构件三维形体和民居空间的限定中，对于相对稳定的不同载体形态，充分发挥艺术想象力，灵活而巧妙地利用既有限定，对装饰形式进行秩序化和条理化的适形设计，形成不同装饰部位相对定型的类型化和程式化形象（图 4-25、图 4-26）。这种“戴着镣铐的舞蹈”愈发显示出装饰设计的可贵和灵性，美化装饰的意义得以彰显。

针对观者的距离和角度对建筑装饰进行不同的适应性处理。例如对与观者距离比较远的梁架等构件，装饰形式相对简洁整体，工艺手法也相对简洁。在梁侧雕以隽美曲线，增加装饰意趣，对富有结构功能的实体构件赋予虚的形式美感。而在人们视觉焦点范围之内的门窗、则极尽雕琢之能事。例如位于厅堂的主体，其面对的砖雕门楼的上部恰好是其主要视域范围，砖雕门楼的上部则成为主要装饰部位（图 4-27、图 4-28）。厅堂长窗作为主视域范围内的装饰载体，其内心仔装饰极尽变化，裙板、夹堂板等部位则常常以相对复杂的绘画体或戏文体作为装饰题材，形成整座宅居装饰的重要界面。人们对形象进行约定俗称的概括、夸张及变形的模式，形成了遵循自然客观物像的造型，例如植物装饰图案中的菊花、缠枝花、莲花、牡丹等具有极大的相似性，鸟、狮、龙等都形成了自己的形象模式。如意、云纹等图形经概括简化后常常作为装饰主体的界定或强化元素，与装饰构件造型相结合，将结构的功能性与视觉的装饰性完美结合，例如砖雕门楼的上下枋端头等处即是如此。这些形象既具有规范化、凝练化的形式美，又兼具精神内涵和艺术个性，体现出建筑装饰强烈的适应性变化。

本章小结

苏南传统民居建筑装饰是精神与审美相统一的“有意味的形式”。它以丰富的视觉形象赋予民居空间特定的文化寓意与审美意象，寄托对生活的信念和希冀。

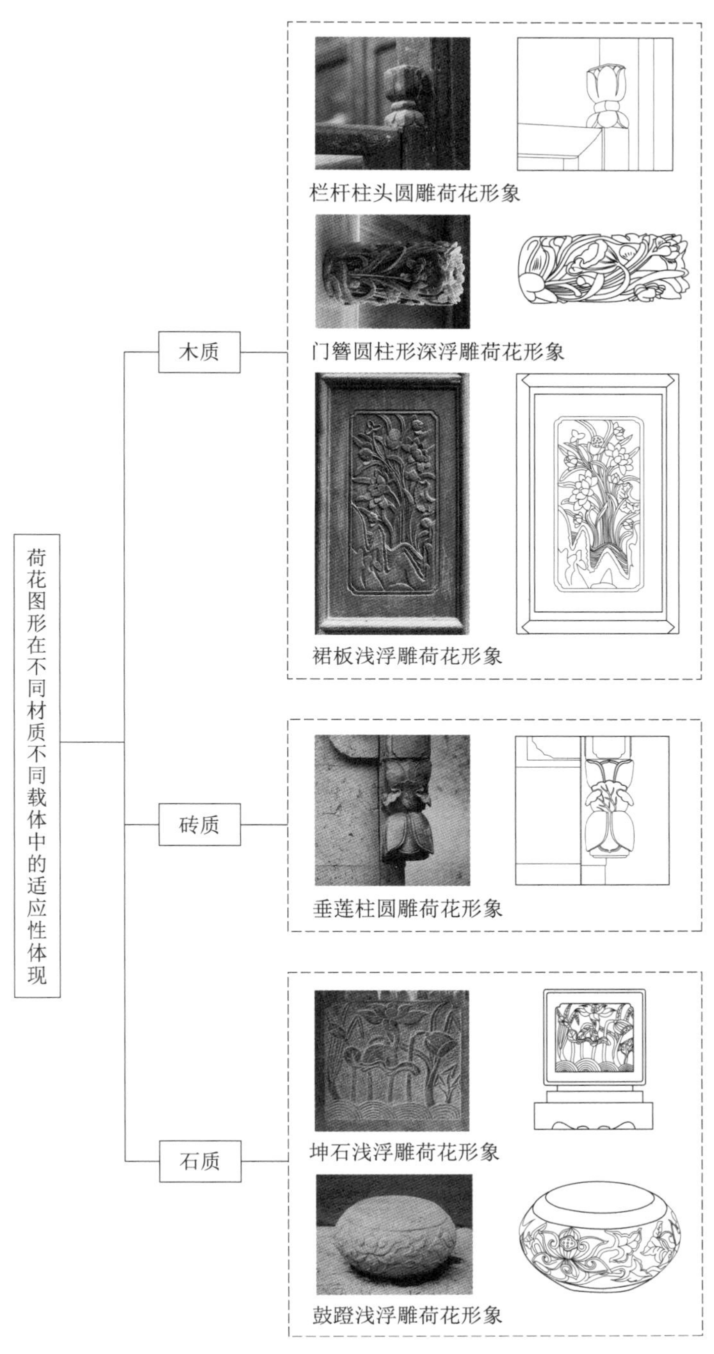

图 4-25 荷花形象在不同材质、不同载体中的适形性体现

Fig. 4-25 Compatibility of the decoration pattern for different material

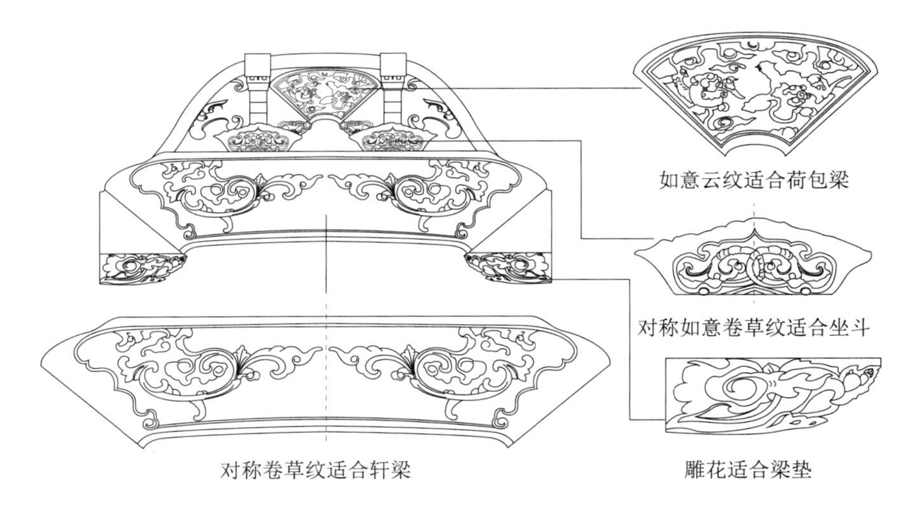

（a） 周庄沈厅茶厅轩梁装饰适形图形

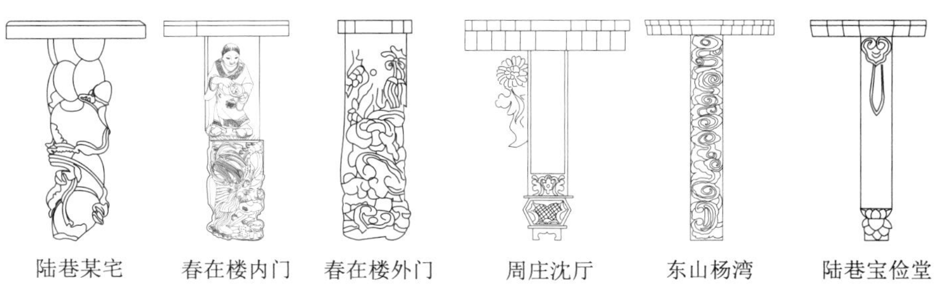

（b）砖细荷花柱适形图形

S 形装饰纹样在砖雕门楼束编细中的适应性体现（陆巷某宅）

东山春在楼花板纹样以二方连续形式适应结构

（c）细长载体上的适形图形

图 4-26 装饰图形适于不同的装饰载体
Fig. 4-26 Compatibility of the image of lotus flower in different material

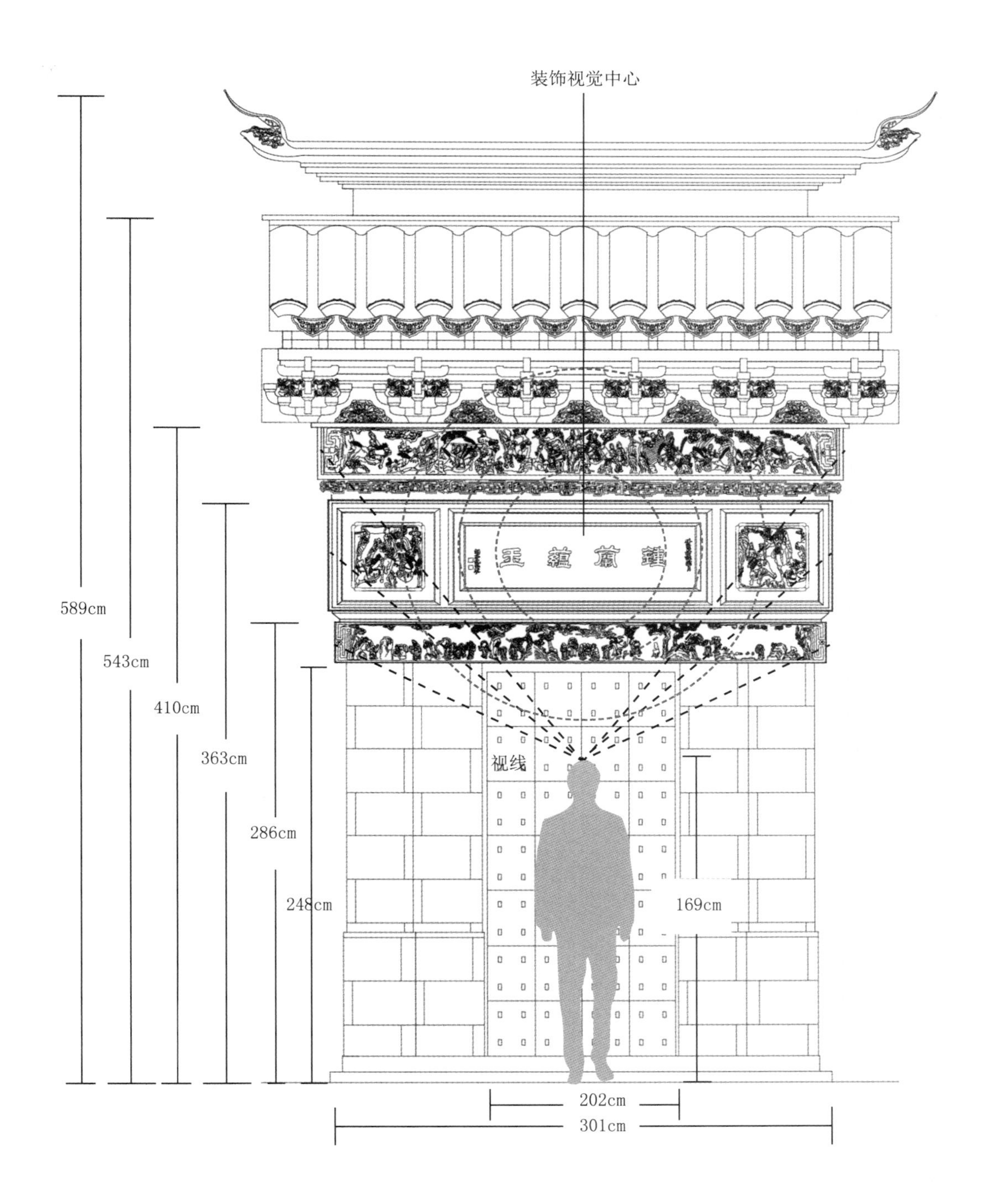

图 4-27 砖雕门楼的视觉与装饰中心分析图

Fig. 4-27 Analytic schema of visual decoration central on the brick-carving gatehouse

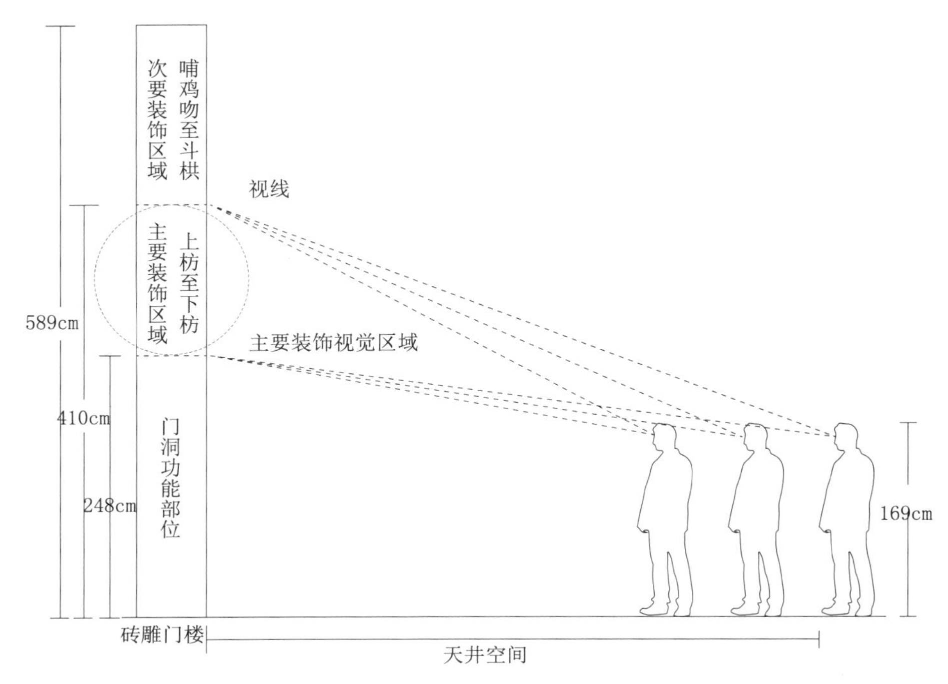

图 4-28 砖雕门楼的视觉装饰中心与人的动态视景关系图
Fig. 4-28 Dynamic schema between visual decoration central on the brick-carving gatehouse and human

苏南传统民居的建筑装饰题材及蕴含多元丰富。作为文化富集交汇之地，建筑装饰中涌现大量崇文尚教以及充满文人情趣的装饰题材；同时又是“寓教于乐”的教化载体，起到宣扬儒家思想与伦理礼制的作用；作为时代时尚文化和世俗生活的映射，有大量绚烂丰富的戏文、世俗题材；同时，大量富有吉祥寓意和宗教信仰的装饰题材，蕴含着对美好生活的期许。丰富多样的装饰题材浓缩了苏南地区文化、经济、民俗的状貌与特征，反映了当时社会的志趣爱好、审美趣味和价值取向。

苏南传统民居建筑装饰具有符合地域文化特性的典型图式。向心、截景、长卷、散点等典型图式，并呈现出吸附聚合、以小观大、有序铺陈、错落有致等构成规律。它们赋予装饰画面秩序感和节奏感，使之成为理性规则和感性形式的有机统一。适形性是苏南民居建筑装饰非常重要的特征，“和”于装饰构件的材质与功能，“适”于建筑构件的结构与轮廓。

恰当的结构布局与视觉元素的设计组织使内容庞杂的苏南民居建筑装饰显得井井有条、文质彬彬，反映出苏南地域文化特征中雅致、细腻、有序的一面。

第5章 装饰语言的空间属性

民居建筑空间并非简单的几何学范畴，而是人们日常生活的载体与充满思想情感的意义场域。“埏埴以为器，当其无，有器之用。凿户牖以为室，当其无，有室之用。故有之以为利，无之以为用”。老子通过有无之论，明确了空间与实体之间的辩证关系。内部的“无”是可使用的空间，为内容，外部的“有”是生成“无”的物质本体，为形式。随着社会经济、文化艺术的发展，民居建筑逐步融入了更多精神性的内容。建筑空间不仅满足人们的基本功能需求，而且承载了意识形态、伦理纲常、生活愿景、自然情怀等多元文化信息，成为传承地域文化的重要媒介。装饰与空间相辅相生，建筑界面的装饰是为体现建筑空间内容的重要手段，它使居民空间能够实现充分的信息传达，使深邃的营造理念和丰富的文化内涵得以表现。

生活基本需求首先会影响民居建筑的序列组织与空间配置。伦理信仰、道德秩序以及当地自然环境资源、经济发展、营造技术、生活方式、审美观念等因素也是民居空间组织的决定因素。建筑装饰虽然在相对稳定的空间结构中，通常被看作一种“可变”因素，但在“可变”的表象下蕴含的是相对稳定的、不变的空间秩序。通过视觉形象及其承载的象征语义，建筑装饰将伦理意识、美学思想等人文精神融入日常生活环境，体现价值观念、强化等级秩序、生成虚实空间，极大地拓展了民居空间的内涵和外延，映射出民众的生活形态与地域文化。

明清时期，伴随苏南地区的民居空间分隔日趋精细，层次日趋丰富，各种建筑装饰形式应运而生，建筑空间意象也日趋丰富。在纷繁复杂的空间体系中，可以通过两条途径探讨装饰与空间的关系：一是遵循儒家礼制思想，在具有明确等级规范的秩序空间中，建筑装饰的组织与呈现。建筑装饰不仅能够增强秩序空间的仪式性和象征性，而且能丰富秩序空间中的细部层次；二是基于中国古典传统美学思想的虚实空间概念探讨

建筑装饰的形式与构成，探讨建筑装饰何以成为营造苏南民居虚实空间意象的主要途径。

5.1 装饰与秩序空间

秩序是“事物构成的规律性在时间和空间上表现的形式”[1]。从文化的角度来看，秩序是一个既体现统治阶级意志又符合社会规范的概念，是礼制中尊卑有别的等级差别体现。它规约了人与人之间、人与物之间的基本关系。传统民居的秩序空间是社会意识形态及统治阶级意志赋予建筑的一种潜在的但又十分重要的本质属性。

在中国传统社会中，建筑首先是秩序、礼仪、地位的载体，其次才是居住之所。汉代阮籍曾论道：“尊卑有分，上下有等，谓之礼；……车服、旌旗、宫室、饮食，礼之具也”[2]。正是在这一思想原则下，历代统治阶级根据儒家的“礼”确定各种等级秩序规范。由于和人朝夕相处，相伴终身，建筑成为强化这种等级礼制的重要载体之一。正如《唐会要》中所说：“宫室之制，自天子至于庶人，各有等差”[3]，礼制制度决定了民居建筑必须遵守严格的等级制度，使之具有尊卑贵贱之分。从达官贵人到庶民百姓，任何人都要徇礼守法，不得有丝毫僭越，在居所上亦是如此。因此，建筑不仅为生活提供了容器，而且为不同的人的生活规定了尺度。

遵照严格的礼制规范，苏南地区传统民居的空间序列、布局方位、形式组织、尺度规模、色彩象征、装饰手法等，都依据不同的社会等级而确定，呈现秩序化特征。制度化的空间，投射出民众的价值取向，即所谓“礼者，天地之序也”[4]。等级秩序同样被物化为装饰形象体系，担负礼制标示的职能。建筑装饰以不同的题材、造型、布局、工艺，呼应并且强化了秩序空间中的现实理性和制度规范，达成感性审美与理性秩序的有机统一，赋予日常生活和人际交往仪式感。

[1] 齐康．中国土木建筑百科辞典：建筑 [M]. 北京：中国建筑工业出版社，1999: 428.
[2] 郑光复．建筑的革命 [M]. 南京：东南大学出版社，1999:133.
[3] 程建军．中国建筑环境丛书 [M]. 广州：华南理工大学出版社，2014: 303.
[4] 王贵祥．东西方的建筑空间：传统中国与中世纪西方建筑的文化阐释 [M]. 天津：百花文艺出版社 ,2006：336.

5.1.1 苏南民居的空间秩序

首先，民居空间会受到建筑材料和结构形式的制约。对尊卑秩序的诉求是儒家思想的重要表现，苏南民居在宗法制度的规约下严格地遵循了这种秩序。用严苛的等级规约人与人之间的尊卑主从关系。儒家礼法同样限定民居建筑的空间秩序、装饰等级，人们生存的物理空间与体制所要求的经由装饰所传达的语汇建立起严密的对应关系。苏南民居的空间秩序一方面是历时性的空间序列演化；另一方面是共时性的空间等级划分。

5.1.1.1 时空一体的空间组合

《淮南子·齐俗训》称："往古来今谓之宙；四方上下谓之宇"，"宙"为空间概念。"宇"为时间概念。自西汉时期，人们就有时空并述的"宇宙"之说，认为世界是一个广大而高深的四维空间。此后，有多种时空并述的例证出现，例如"天地无私，四时不息"、"天不易其常，地不易其则，春秋冬夏不更其节，古今一也"[1]、"苍穹浩茫茫，万劫太古"[2]等。具体到建筑空间中，从"天子立明堂者，所以通神灵，感天地，正四时。"[3]的论述中可以看出，设立明堂空间的目的之一为"正四时"，即用明堂（空间）来标示四时（时间）的规律性运行与变化。由此可见，时空并述、时空互察不仅成为我国古代文化的情节，也是中国传统建筑空间营造的哲学基础。苏南传统民居也是基于此哲学基础来组织空间。它的进落式的组织形式介入了时间维度的感知与体验。建筑装饰在对空间界面进行处理和修辞的同时同样融进了时间概念，体现了时空一体的宇宙意识。

时空一体化是苏南民居空间构建的一个重要特点。时间维度的介入将建筑的静态三维实体扩展为流动的四维空间。静态的民居空间形体成为动态的体验对象，时间与空间的组织次序和衔接关系也得以自然流露。北宋著名文学家苏东坡曾经提出以两种方式来认知和领悟时空的生命意义：一种是"自其变者而观之"，另一种是"自其不变者而观之"，这

[1] 孙红颖 . 管子全鉴 [M]. 北京：中国纺织出版社，2016：9.
[2] 毛兵 . 中国传统建筑空间修辞 [M]. 北京：中国建筑工业出版社，2010: 104.
[3] 程建军 . 营造意匠 [M]. 广州：华南理工大学出版社，2014: 57.

与苏南传统民居空间的组织方法有异曲同工之妙。“自其变者而观之”可理解为主体在动态的步移景换中的空间体验，即在时间的流动中体察空间变幻，为“流观”。“自其不变者而观之”可理解为主体在相对静态空间中体悟景致的流变，为“静观”。流观中的主体移动以及静观中的客体景观变动都蕴含了时间的维度。

苏南传统民居以正落为主轴的进落式平面布局隐含了流动的时间序列。“阖户谓之坤，辟户谓之乾。一阖一辟谓之变，往来不穷谓之道”[1]，乾坤即阴阳，转化到建筑上就是空间的虚实之变。“在此过程中，时间起着串联沟通作用，将各个单体建筑联系为统一的整体。”[2] 苏南传统民居的室内外空间之间少有绝对的分割界限，这种处理手法既是空间艺术，又是时间艺术。以中轴线为基点的空间形态不断交叠变化，以空无为特征的院落与实体建筑的反差形成虚实、大小、疏密、刚柔等空间序列变化关系，体现出时间概念的存在。绵延性的时间和广延性的空间相互渗透与融合，在动态的体验过程中呈现出的综合意象，具有历时性特征（图 5-1）。路径在空间中的藏露、曲直、急徐等变化演绎出不同韵律，而韵律这一概念具有时间序列的特征。苏南民居空间的虚实交叠、路径的灵活设置均是“时空一体”价值观念、行为模式和审美趣味的体现。

苏南民居序列空间中的流动、节奏、变幻，对应着人的生命活动。它们促使体验的主客体产生情景交融的双向交流，传递丰富的审美感受，因此亦是一种装饰的行为。建筑装饰将民居与感知界面进行有机结合，使建筑空间获得节奏与韵律，使对空间的感知成为一个由时间作为线索的综合体验过程。苏南传统民居的建筑空间本质上是一种具有流动特性的心理空间在生活环境中的投射。空间时间化与时间空间化大大丰富了建筑的审美意象，创造出远远大于民居本体空间意义的意境与氛围。

5.1.1.2 等级秩序的空间设置

王国维《殷周制度论》中论道：“周人制度之大异于商者，一曰立子立嫡之制，由是而生宗法及表服之制，并由是而有封建子弟之制、君天子臣诸侯之制；二曰庙数之制；三曰同姓不婚之制。此数者因之所以

[1] 刘君祖 . 详解易经系辞传 [M]. 上海：上海三联书店，2015: 160.
[2] 毛兵 . 混沌 : 文化与建筑 [M]. 沈阳：辽宁科学技术出版社，2005:113.

图 5-1 西山东村敬修堂 具有历时性特征的空间序列
Fig. 5-1 Jingxiu Hall of Dongcun Village in Xishan
Space sequence with diachronic characteristics

纲纪天下……”[1]，建筑早在周朝即被归为礼的内容。春秋战国时期形成了对后世影响深远的儒家理论，体现了封建社会的等级关系和道德规范。早在《礼记》中就通过用色规制对建筑等级进行规范。其后，在历朝历代都对建筑的各个方面进行了严格的限定。例如从建筑色彩、方位布局、体量规模到厅堂开间、屋顶样式，再到斗栱的数量、梁架粗细，甚至门钉的多寡都有明确规定，等级森严，不得僭越。统治者通过建筑的规模、形制、装饰等多方面的差异来体现等级制度。宅主的地位决定了宅居的用材、开间、工艺以及装饰形。建筑成为礼制秩序的载体，也是礼制秩序的标志和象征。

明初统治者追慕古制，对官式建筑、缙绅乃至普通民众住宅定有极其严格的等级规定。据《明史·舆服志》记载，明朝初年、洪武二十六年（1393）、正统十二年（1447）均颁布过住宅等级制度。特别是洪武二十六年所颁布法规之细、之严苛前所未有。法规对住宅的门庑、厅堂、中堂、后堂等的开间、规制等都有细致严格的规约，甚至连门环的质地、屋瓦屋脊的样式、梁栋檐角的色彩等都有细致入微的规定，充分利用建筑设计来规范封建社会中的等级尊卑秩序。

伦理道德是维系封建社会秩序的社会规范，是构建家庭秩序和调节人际关系的依据，也是传统民居空间规划与装饰设计的出发点。苏南传统民居的前堂后寝式中轴线布局以及向心性等特点，正是对中国传统的政治、社会伦理层面的关照，是人伦秩序在空间组织上的物化体现。

“三纲五常”是儒家伦理的重要内容，其要义之一便是“正名”。苏南地区传统民居在空间布局中，用辅从空间烘托主体空间来体现秩序、区分尊卑主次、突出正房的主要地位。苏南民居单体院落的正房旁边一般都附有厢房。正房高大，为尊为上，由长者居住。左右为厢房，作为附属空间。其形制、空间、规模、装饰均比正房逊色，由晚辈居住。另外男尊女卑、内外有别的伦理思想在民居空间中也有所体现：女眷居内、仆人居偏。门与厅、间与厢的位置差别和形制变化同样服从尊卑有序、主次有别的空间秩序。房屋规格严格按照居者身份地位来营造分配，各居其所，不得乱序与僭越。

[1] 游唤民 . 元圣周公全传 [M]. 北京：新华出版社，2014:207.

主从秩序还体现在具有中心性和凝聚性的空间布局关系中，以“中”来经营“辩贵贱、明等威”的等级秩序，这一思想对传统建筑的结构布局影响颇深。苏南地区大中型传统民居严谨有序的轴线关系体现出等级尊卑的传统思想。正落沿轴线纵向生长，门厅—轿厅—正厅—内厅—堂楼等空间设置是对空间等级与次序的反复重申。严谨与自由、庄重与精巧、尊长与卑恭，正落与边落的空间按功能和仪礼秩序设置和布局，别有韵致的空间序列关系，体现了以中为贵的哲学思想和基本逻辑，强化了尊卑有序、秩序井然的格局。

显示主从等级的空间秩序还体现在大厅作为中心位置的确定上。议事、待客、举行成人礼仪等家族重要事宜几乎都在大厅举行，它在功能上是具有较强包容性的重要空间。在位序设置上，大厅是民居设计的一个生长原点，各个空间以大厅为中心在平面布局上向四方延伸。这些空间以大厅为基准，分左右、分等级、分上下，大厅成为沟通公共空间与私密空间的媒介和交汇点。在构造上，大厅通常运用轩的结构，使厅堂获取相对高敞的空间效果，再配以高规格的装饰，形成高大富丽的主体空间。大厅由此与其他辅体空间形成不同层次的主从关系，这种关系如宗法礼制一般井然有序。

位于平江历史街区大新桥巷庞宅的空间布局体现出极强的轴线递进秩序（图 5-2）。建筑空间依照前尊后卑、内外有别、相互关联、逐级派生的秩序展开，反映儒家伦理的轴线空间关系体现在前堂后寝次序性布局中。从前到后的进落式布局在建筑整体空间层次上突出“纵深意识”，形成从公共性质的空间向私密性质的空间逐步过渡的格局。还有些宅院会依“前不宜高、后不宜空”的原则在纵向上形成前低后高的安排。尊卑有序的空间定义也体现在单体建筑组成的序列关系中。例如震泽的师俭堂六进房屋从前往后缓缓抬升，六堵马头墙随之逐次升高。西山东村的敬修堂也是六进建筑群，其地基也呈前低后高、依次升高的态势。层层推进的轴线布局是传统社会秩序、等级制度以及伦理观念的体现，这种高度秩序化的建筑形式反过来又强化了影响它的宗法体系。

5.1.2 装饰在秩序空间中的体现

建筑装饰并不单纯以视觉形式美感表现为目的，还以富含文化精神

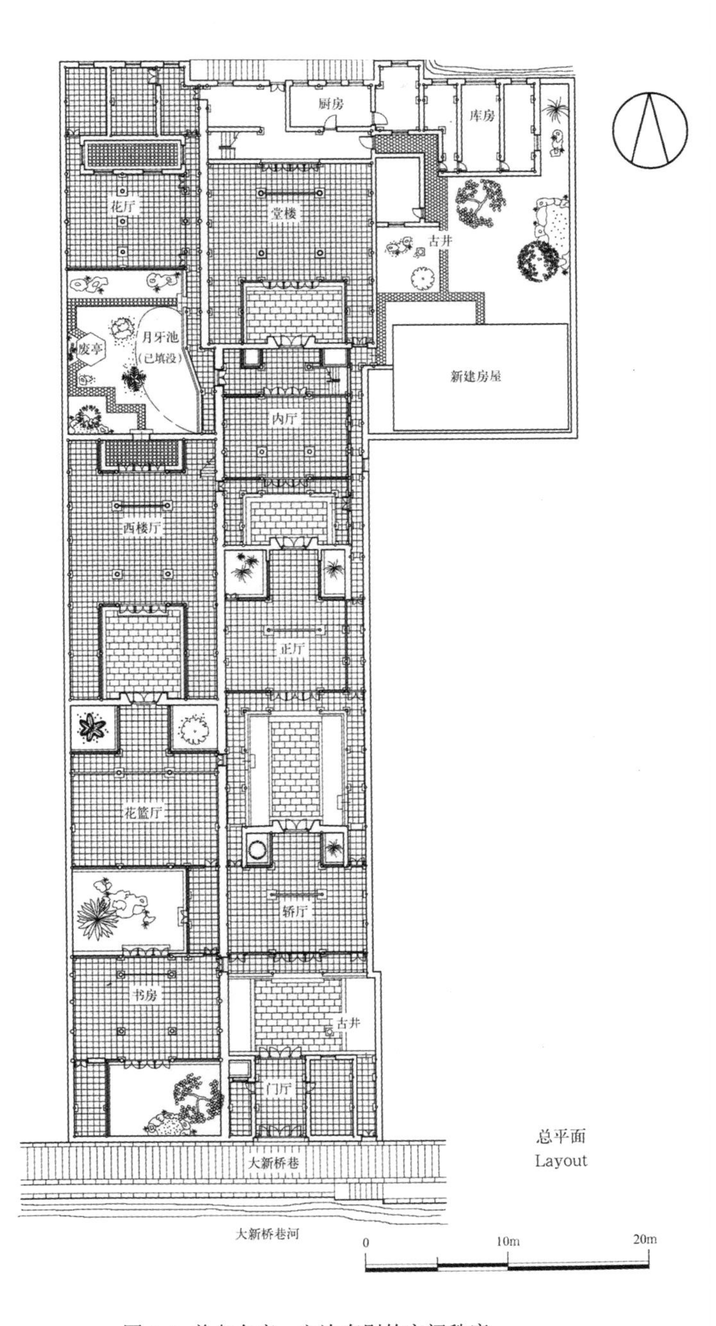

图 5-2 尊卑有序、主次有别的空间秩序

Fig. 5-2 Spatial order of respect for hierarchy and order

（图片来源：苏州市房产管理局．苏州古民居 [M]．上海：同济大学出版社，2004.）

蕴含的视觉符号和图式语言来营造不同等级空间的场所精神，是演绎苏南地区文化空间秩序、链接社会秩序、体现家族仪式的视觉象征符号。建筑装饰在民居空间中一般按照空间秩序——功能需求——视觉形式——文化承载——行为引导的逻辑进行置配与布局。装饰的题材、尺度、工艺、位置等形式语言一方面遵循建筑构件的功能逻辑，另一方面与等级位序和空间秩序密切呼应，直观和明确地标示不同空间的属性与涵义。

5.1.2.1 基于功能逻辑秩序的呼应

建筑的根本价值在于提供各种功能空间。苏南传统民居的单体建筑构造类型和形态相对简约，民居空间复杂的功能属性及地位等级属性更多地依赖于建筑装饰的修辞来形成一定的区别度。通过建筑装饰语境的渲染和语义的传达，苏南民居的功能生态与文化生态得以完整建构。

苏州西山东村敬修堂展现了建筑装饰如何与空间功能逻辑秩序呼应。敬修堂建于清乾隆十七年，占地面积近两千平方米，是东村保存最完整的儒商大宅。敬修堂空间组织尊卑有序，由门间、轿厅、正厅、大厅、堂楼（凤栖楼）及下房一落六进组成，各进之间均设天井，堂楼和下房接踵布局，院落西边设避弄，为严谨规范的择中式纵深布局。大门朝东设置，其他各进均坐落在南北走向的主轴线上。在封建社会，只有庙宇神堂、殿堂皇宫的大门才可以朝正南，一般民居要往顺时针方向略偏 15 度左右，这是空间等级制度的物化体现。整个院落的空间布局主从关系明确有序、紧凑合理，是封建礼教规制下的典型的内向型串联式院落。单体建筑在整个空间序列中功能明确、秩序井然，装饰则通过巧妙含蓄的题材与较高规格的工艺与之配合，标示了空间功能、强化了空间秩序。

入口空间是民居整体空间中的关键部分。它具有引导、标示及象征作用，是具有独立审美价值的重要节点。敬修堂不同的入口门楼通过不同的装饰设在主轴线上的各个重要端点，构筑了不同的礼仪空间，发挥了入口的引导作用和限制作用，强化了起始、承递、高潮、结束等一系列空间体验的节奏性变化。开启整个院落的是一座精美的木构门楼，后面依次为列缋连云（乾隆壬申年间）（1752）、世德作求（乾隆癸酉年

间）（1753）以及美哉轮奂（乾隆辛未年）（1751）三座砖雕门楼，用于分隔不同的空间。装饰完善了四座门楼的引导任务，标示了不同空间的功能和性质。木构门楼为“启”，以精美的雕饰语汇承担起宣示宅院整体风貌的作用；列缋连云砖雕门楼为“承”，以开放深远的装饰主题完成了外部事务空间的定位；世德作求砖雕门楼为“转”，以繁复隆重的装饰形式渲染了全院最威严整肃的空间；美哉轮奂砖雕门楼为“合”，以细腻唯美的装饰手法美化了私密性较强的起居空间（图 5-3）。三座砖雕门楼均建于乾隆中期，结构基本相似，在装饰的题材和内容上却不尽相同。

敬修堂大门为屋宇式木构门楼，进深 4.7 米、宽 3 米，是乾隆时期的代表作，尽显庄重秀丽、古朴谨严之气。门楼额枋上设四个门簪，精美异常。门簪直径 17 厘米、长 28 厘米，通体以浮雕与镂雕结合的形式雕牡丹、荷花、菊花以及梅花，代表春夏秋冬。前檐枋采用三段式包袱锦构图，居中“下搭式”包袱中亭桥之上麒麟回望祥云之间的喜鹊，寓“喜临门”；云纹绵延而上与垫栱板透雕纹样连成一体，两端包头浅雕如意。前檐枋的下沿两端承以雀替，深雕如意、寿桃，寓意“长寿如意”。前檐枋的上沿为四组装饰性斗栱，斗栱托连机和前檐檩。垫栱板镂雕寓意“喜临门”的麒麟及喜鹊。左右透雕一对貛穿行山林，与喜鹊寓“欢天喜地”。门砷石同样以“喜”为主题，正面雕“喜临门”主题的麒麟与喜鹊，侧面雕梅花鹿与喜鹊，寓“喜上眉梢”，底部须弥座浅雕如意。整体装饰造型凝练饱满、刀法洗练流畅。整个木构门楼装饰层次丰富、主题鲜明、工艺精湛，以精美绝伦的装饰艺术烘托出繁花似锦、欢天喜地的欢娱氛围，构建了敬修堂主入口既庄重威严又唯美内敛的仪式空间（图 5-4）。

过门屋，到达狭长梯形天井，天井北立面有“堂构维新”砖雕字牌。经轿厅，过狭窄天井，到达“列缋连云”砖雕门楼。“列缋连云”砖雕门楼开启的是正厅，正厅是家庭中处理对外事务的主要空间，具有开放性质。门楼以“文治武功”的装饰题材契合该空间开放深远的氛围。门楼外立面嵌“开”字形石枕，门覆青砖，简洁古朴。门洞内侧作八字形斜面宕口的“扇堂”，从上及下的结构及装饰为仿木式斗栱和垫栱板透雕双龙捧喜。上枋深浮雕戏文故事，两端头饰如意，两旁饰垂莲柱；中

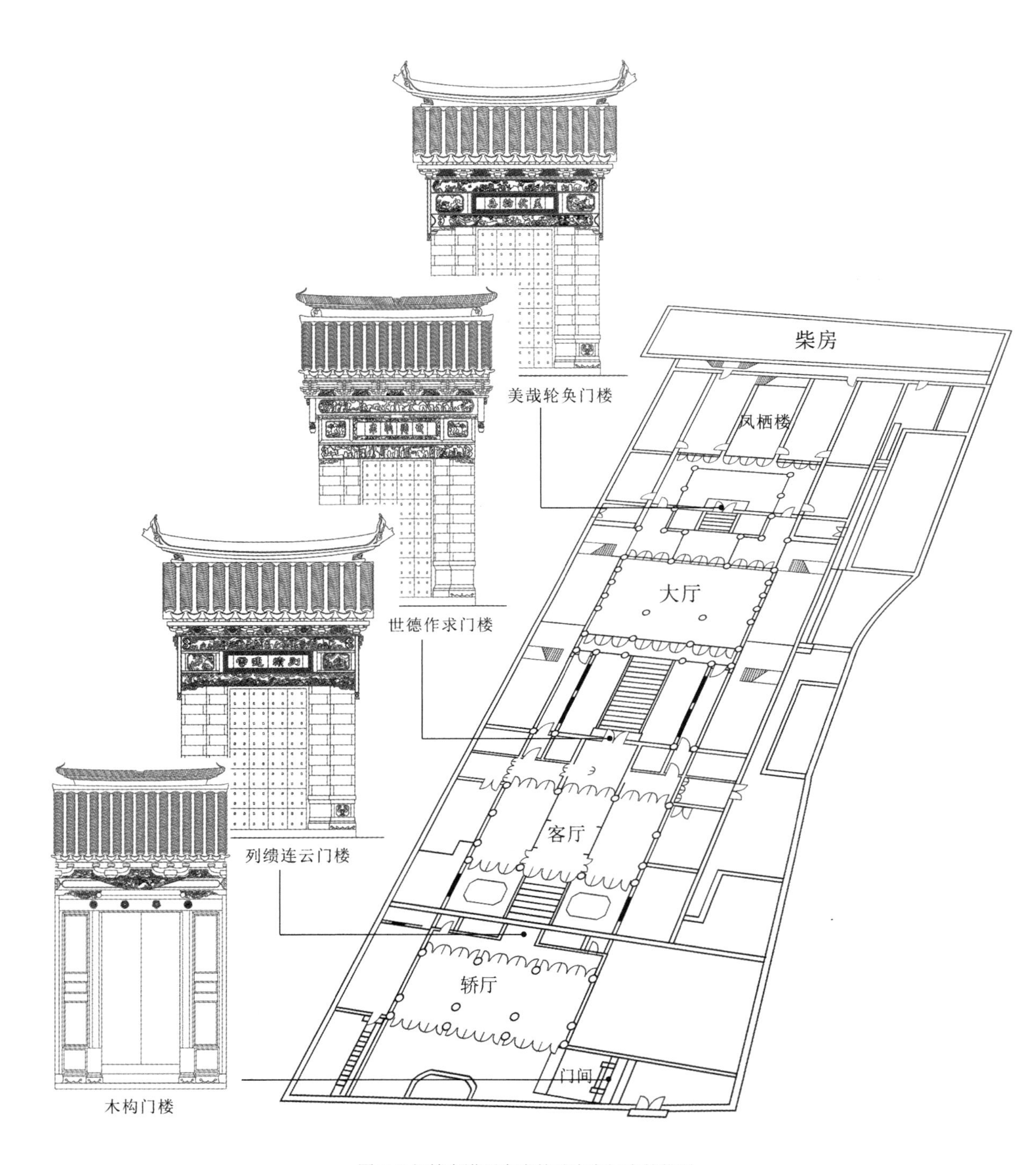

图 5-3 门楼在谨严有序的秩序空间中的位置
Fig. 5-3 The position of the gatehouse in the rigorous and well-aligned space

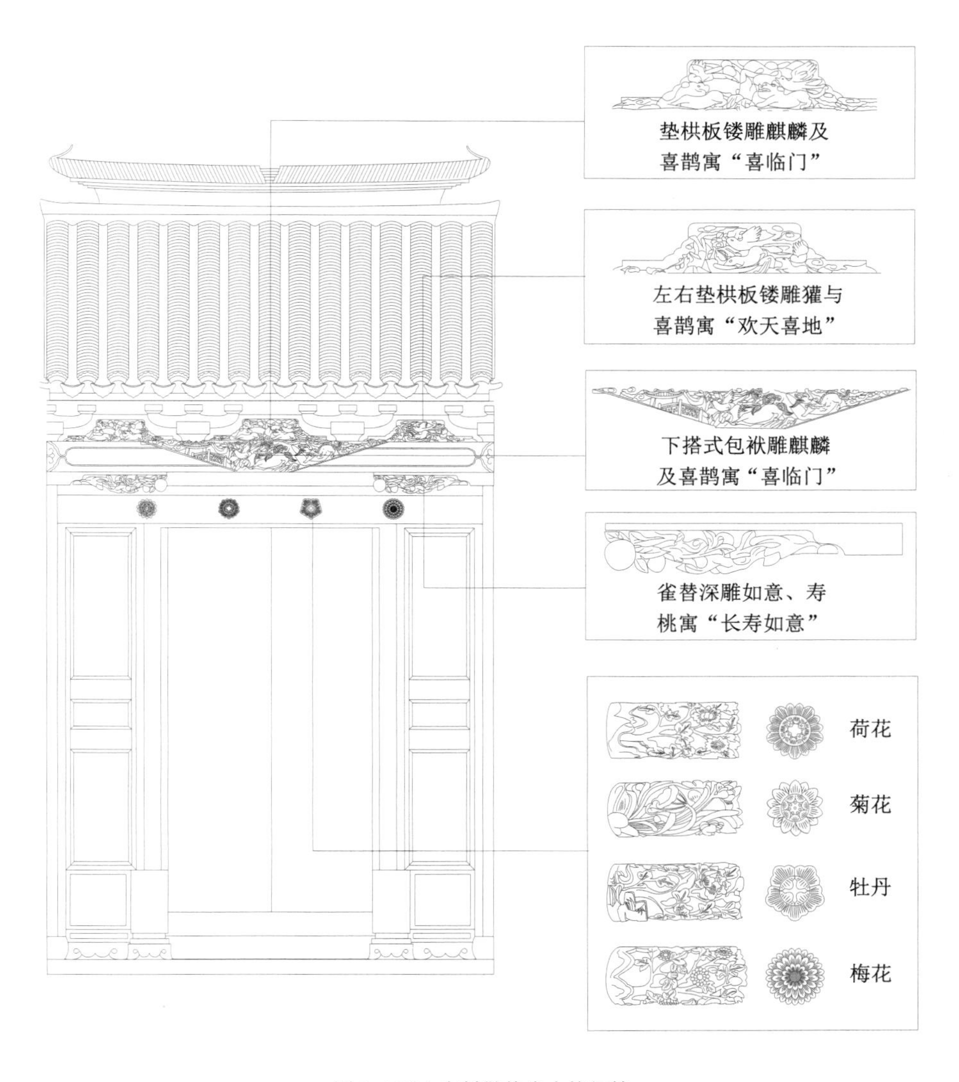

图 5-4 西山东村敬修堂木构门楼
Fig. 5-4 Timber gatehouse of Jingxiu Hall of Dongcun Village in Xishan Island

枋居中字碑雕“列缋连云”，回纹饰边，两边兜肚雕“八仙过海”。下枋雕精美细腻的鲤鱼跃龙门，下承云草饰插角。青石须弥座雕如意，两边雕竹节。整体雕饰精细繁复，形成精美的内向型艺术空间（图 5-5）。

穿过客厅即到装饰最繁复隆重的“世德作求”砖雕门楼，它面对整

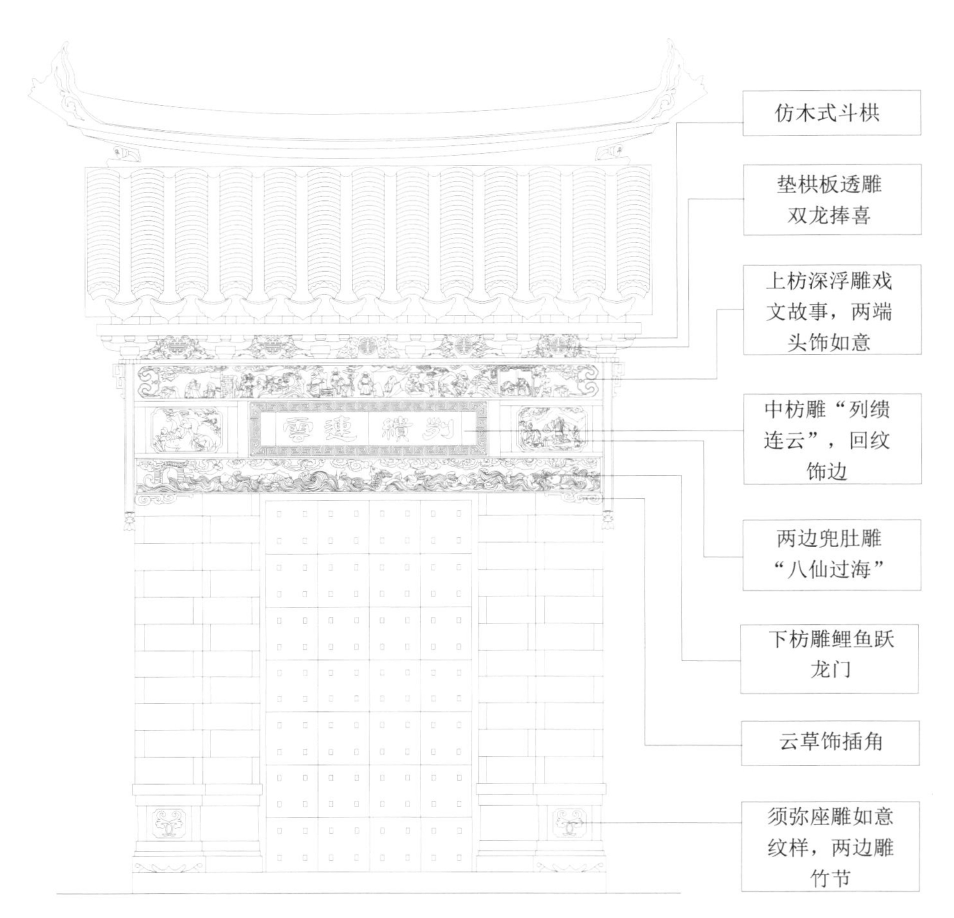

图 5-5 西山东村敬修堂“列缋连云”砖雕门楼
Fig. 5-5 Brick-carving gatehouse of named “Gorgeous” in Jingxiu Hall of Dongcun Village in Xishan Island

座宅院规格最高的大厅及院落空间。“世德作求”门楼与前一座门楼的形制构造基本一致，装饰题材则以戏文故事为主，更显精细繁复。与“列缋连云”门楼相比较主要有以下几点不同：第一，上下枋全部雕刻戏文故事，部分被损，可以辨认出的有“甘罗十二拜相”、“裴航蓝桥会”、“刘阮天台山遇仙”以及“高力士脱靴”等故事内容。下枋为渔樵耕读，以戏台结构分割画面，构图别致。第二，“世德作求”字碑饰祥云大镶边，左右兜肚镌刻文武状元，更显华丽隆重。第三，装饰性斗栱多加了

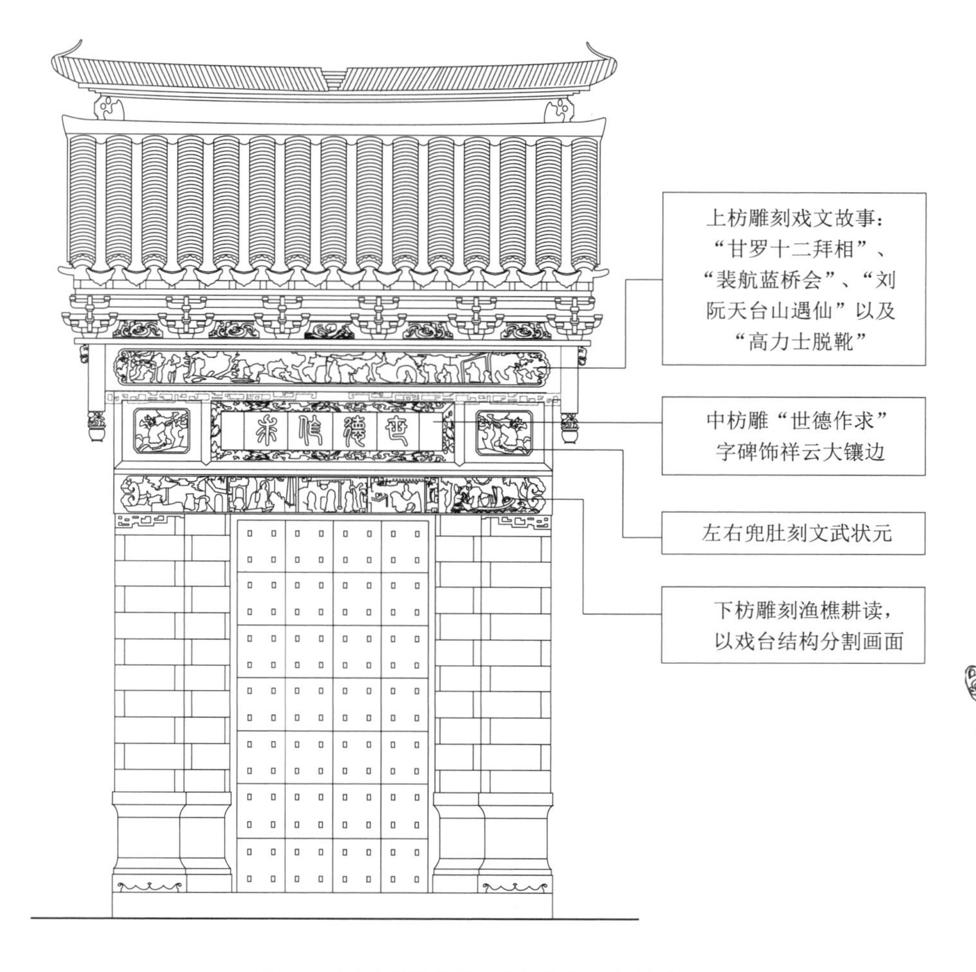

图 5-6 西山东村敬修堂“世德作求”砖雕门楼
Fig. 5-6 Brick-carving gatehouse of named “Virtue” in Jingxiu Hall of Dongcun Village in Xishan Island

翼形栱构件，通体镂雕藤蔓花草。整座门楼融合了戏文故事、文人山水、花草奇珍、亭台楼阁等装饰题材，综合运用透雕、镂雕、线雕等工艺手法，构图精巧、工艺精湛、生动传神，隆重渲染出整座宅邸最重要空间的华美典雅氛围（图 5-6）。

穿过大厅即至“美哉轮奂”砖雕门楼。它开启的是敬修堂最具私密性的空间——凤栖楼，是内眷生活起居空间。凤栖楼院墙高耸，砖雕墙门嵌于高墙之中。此座门楼外立面一改素朴风格，增加了精美石雕装饰。

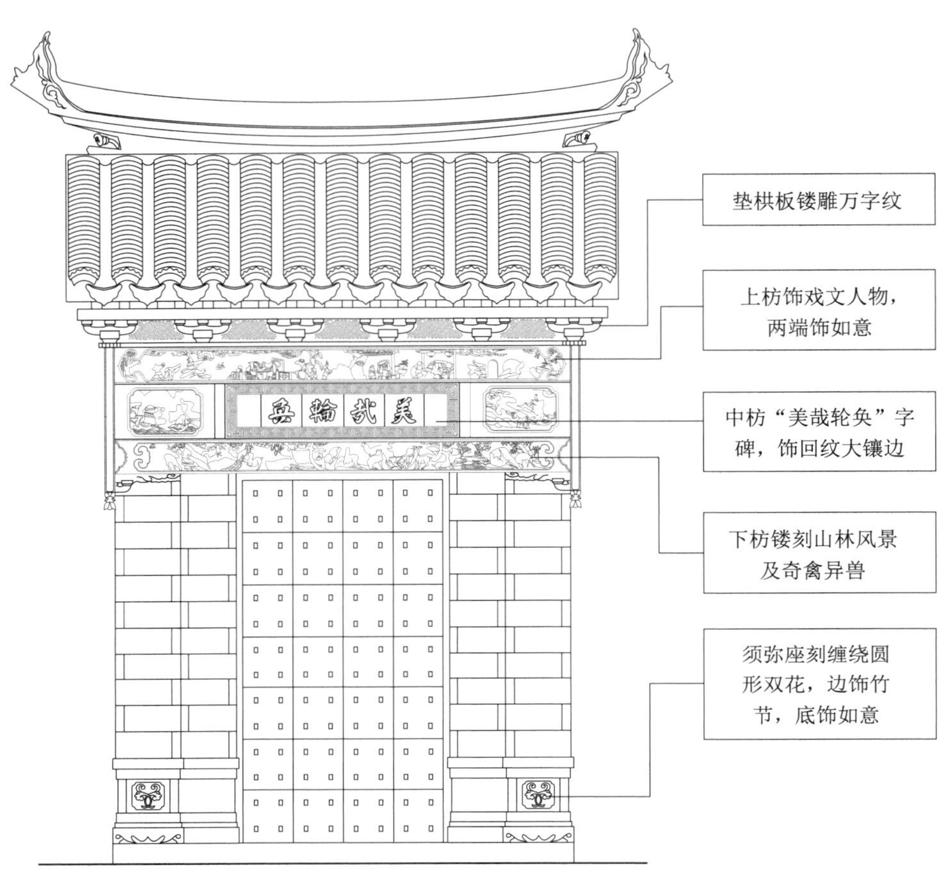

图 5-7 西山东村敬修堂世“美哉轮奂”砖雕门楼
Fig. 5-7 Brick-carving gatehouse of named “Beauty” in Jingxiu Hall of Dongcun Village in Xishan Island

中间字碑雕“功崇业广”，左右兜肚各雕荷花出水及山石牡丹。荷花喻纯洁超然、牡丹喻美丽富贵。下枋居中雕圆形“双喜”，两端饰夔龙草纹，边缘饰云纹，整体线条流畅柔美、构图饱满、形象生动。内立面与大厅门楼相比相对简洁，上设装饰性斗栱，垫栱板镂雕万字纹，绵延相连。上枋饰戏文人物，两端饰如意，两旁覆莲式垂花柱；中枋字碑“美哉轮奂”，饰回纹大镶边。下枋镂刻山林风景及奇禽异兽。青石须弥座正面刻缠绕圆形双花，边饰竹节，底饰如意。简繁适度的砖雕门楼、富

贵文雅的汉字装饰、霸气内敛的龙纹装饰以及层次丰富的廊轩空间共同营造了高贵祥和、幽静舒适的凤栖楼空间（图5-7）。

从以上分析可以看出，作为整个空间序列中的韵律节点，入口以不同的装饰内容及布局与不同功能的空间达成内在关系。在敬修堂严谨、理性、规则的空间秩序组织中，感性、唯美、灵动的建筑装饰强化了各个空间功能。从庄重秀美的木构屋宇式门楼到雄浑开放的“列缋连云”砖雕门楼，再从繁复富丽的“世德作求”到隽秀文雅的“美哉轮奂”砖雕门楼，都对应了轿厅、正厅、大厅、堂楼的序列空间。敬修堂入口装饰的丰富灵动与建筑空间序列的谨严有序完美呼应，达成了装饰与空间之间巧妙精彩的互补与互动。

5.1.2.2 基于等级位序的秩序呼应

受儒家思想的制约和影响，苏南传统民居整体空间层次严整有序，空间布局主次分明，呈现出等级森严的位序关系。装饰在空间中直观而深刻地表达礼制文化，它不仅在严格的等级规定下从工艺、题材、形式、尺度等方面进行调适，还将“礼”的仪式感及象征意义艺术地融入建筑构件与空间界面中。从长窗中，也能看出建筑装饰与民居等级秩序的呼应。

长窗是苏南民居空间中集功能与审美于一体的装饰构件。它具有分隔空间和通风纳明的功能。闭则可以满足私密性需求，分隔室内外；开则可以采光通风，形成过渡、交流、延伸、共享等虚实相生、融通内外的空间体验。长窗同时具有强化等级秩序和美化空间的功能。它不仅可以通过微观调节与不同等级和尺度的空间相适应，而且还可以通过生动形象、直观丰富的装饰题材与形式感强化礼制文化的内涵，表达对理想生活的追求。

一般情况下，地窗的正间面阔根据宅主经济状况，取门尺上的吉字决定其规格与尺度。“次间面阔为正间的八折”，[1] 明间最宽，次、梢和尽间呈递减关系。作为大木构之间的围合，长窗在结构和形式上极为灵活，可适应不同空间的需求。长窗在尺度上具有显调和微调双重调整机制。当明间、次间面阔尺度差距较大时，可通过调整长窗的扇数来适

[1] 祝纪楠．营造法原诠释 [M]. 北京：中国建筑工业出版社，2012：109.

应，为显调机制；当明间、次间等开间之间的面阔尺度差距较小时，微调机制可通过调整长窗自身的宽度来适应。明代文震亨《长物志》中载："窗下填板尺许，佛楼禅室，间用菱花及象眼者。"[1]。"窗下填板尺许"指的是次间的半窗或地坪窗，其调节机制与长窗同，"随宜"则道出了长窗调节的便利性。同理，长窗也可通过自身调整来适应不同等级的房屋高度。如果高度差较大，就利用显调机制，即调节夹堂板的数量来实现长窗高度视觉上的统一；如果高度差较小，则利用微调机制，通过对内心仔、夹堂板、裙板等尺度关系的调整，来适应房屋的高度变化。通过长窗的显调和微调双重调整机制，可使整个建筑立面达到尺度协调、风格统一的装饰效果。长窗内心仔装饰图形丰富多变，以适应不同等级与不同主题的视觉艺术，营造出不同的空间氛围。长窗便于开启和拆装，可形成虚实相生的空间界面。

东村敬修堂采用典型的"前厅后寝"式空间布局，长窗作为厅堂主立面的构成部分，从数量、尺度关系、装饰形式等各方面完美契合不同空间的属性。轿厅、正厅、大厅以及堂楼等四个不同厅堂的长窗结构相同，均为六抹头长窗。但因各厅堂在整体空间中的等级位序不同，长窗局部装饰的尺度、题材、工艺也不尽相同。其中，等级最低的轿厅长窗尺度最小，装饰简洁，而地位最高的大厅长窗尺度最大，装饰也最为华丽精细（图 5-8）。

敬修堂第一进是轿厅，为五界回顶建筑形式。轿厅的长窗装饰最为简洁，仅在下夹堂板上浮雕抽象拐子龙纹样，上中夹堂板以及裙板加兜肚线脚，心仔为间以葵式菱纹的四方直格，简洁质朴。穿轿厅至正厅，正厅共有 10 扇长窗，装饰比轿厅复杂精细。中夹堂板浮雕琴棋书画"四艺"，裙板上统一雕饰变体"福"字，以如意香草饰。长窗内心仔为简洁古朴的方格，无饰。整体装饰文雅精致、质朴从容，符合正厅作为待客议事重要场所的空间属性。

穿正厅至整个宅院规格最高的大厅，大厅共 16 扇长窗，装饰等级之高亦是整个大宅之最。长窗正反两面均施雕饰，集"珍禽瑞兽"、"山水景观"、"戏文人物"、"花卉植物"于一身，铺展了一幅层峦叠嶂、

[1]（明）文震亨著，李瑞豪编著．长物志 [M]. 北京：中华书局，2012：10.

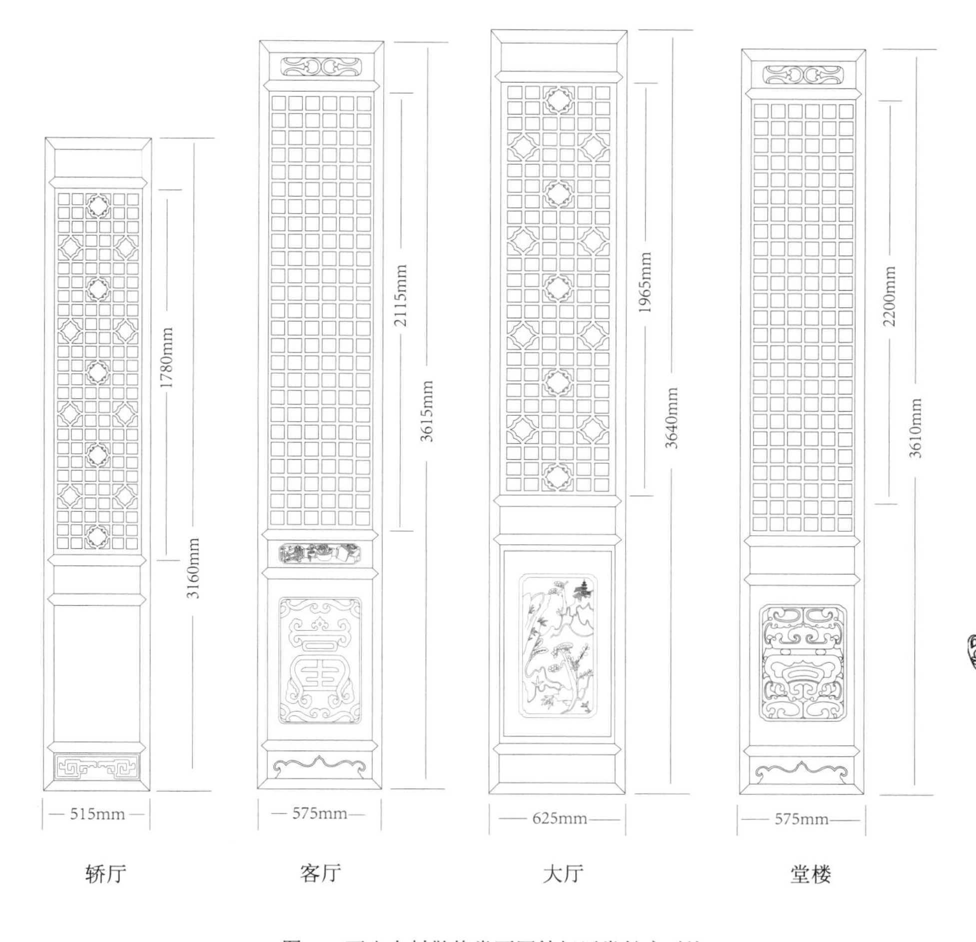

图 5-8 西山东村敬修堂不同等级厅堂长窗对比

Fig. 5-8 The comparison of different levels' French windows in Jingxiu Hall of Dongcun Village

气象万千的精彩画面，显示出大厅的至高等级。正面裙板雕饰山水景物，奇峭秀润、抒情写意，充满文人气息（图 5-9）。夹堂板为珍禽瑞兽，辅自然山林，清新自然。反面裙板雕饰花卉植物，秀美雅丽。中夹堂板则饰以戏文人物，神貌并举，下夹堂板浅雕草龙。内心仔的形式与其他厅堂相比较也最为精细，方格中饰菱形和铜钱纹样，在光影交织中变幻出灵动跳跃的装饰效果。长窗在大厅立面排列成齐整细密的巨幅纹样，渲染了华美而又文雅的气氛。

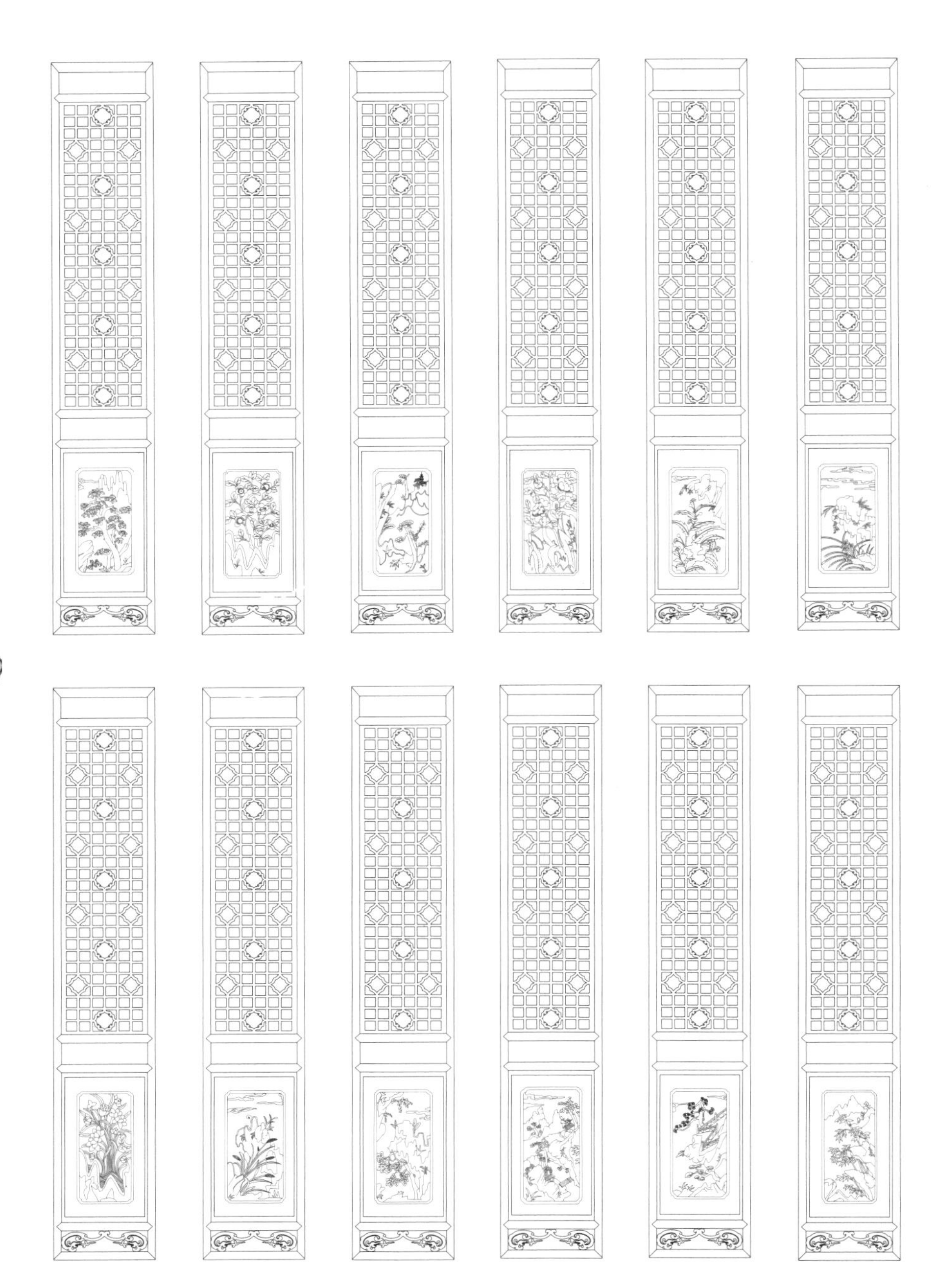

图 5-9 西山东村敬修堂地位最高的大厅长窗裙板双面雕

Fig. 5-9 Double of vulture on the apron board of French window ranked first in Jingxiu Hall of Dongcun Village in Xishan Island

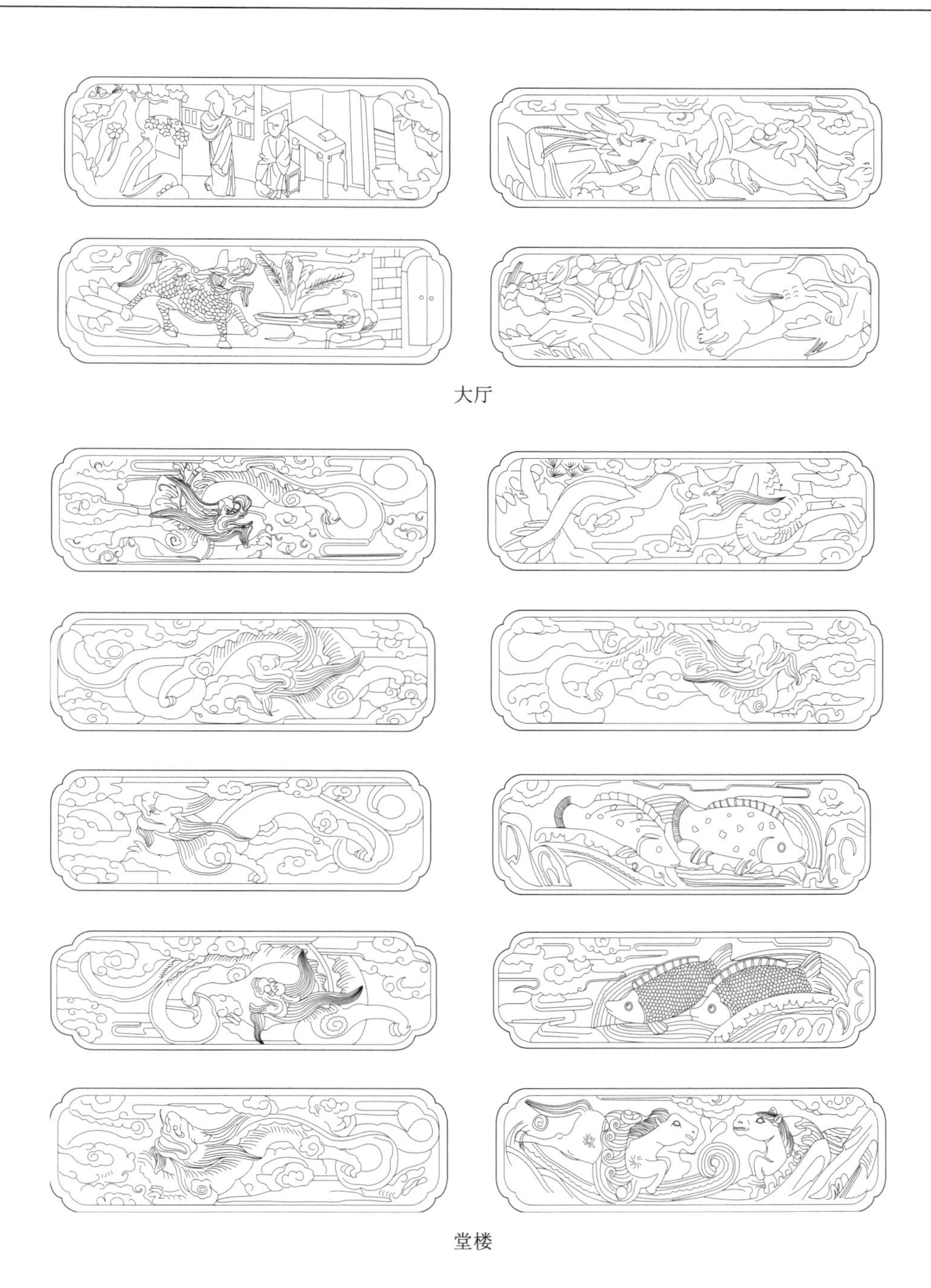

图5-10 西山东村敬修堂大厅及堂楼长窗夹堂板雕饰
Fig. 5-10 The carving decoration on the ornamental panel of the French window in Jingxiu Hall

过大厅到内宅，即凤栖楼。凤栖楼是女主人居住的堂楼，装饰题材最具特色：长窗的中夹堂板上雕有12条龙。龙纹在封建社会是天威帝德的象征，民居仅可用变体龙纹，而此处龙纹迥异于普通民居的造型，被后人认为是乾隆金屋藏娇的力证（图5-10）。龙头顶两束毛发成山字形，有上冲之势，上唇饱满成如意状，眼大有神，爪饰如意祥云，龙身后半部分与如意形蔓草同构，灵动流畅。裙板雕福字，以卷草纹饰，内心仔为质朴简洁的四眼直格。

敬修堂整体装饰张弛有度，重点突出，与空间结构相呼应，蕴含礼制约束下的等级秩序。具有开放性质的正厅通过鱼龙幻化、文治武功等励志题材来点明主题；地位最高的大厅装饰最为华美隆重，装饰题材富于生活气息，以娱乐性的戏文主题来烘托空间氛围；凤栖楼的装饰题材则含义深邃。从轿厅、客厅、大厅到堂楼形成了简洁质朴、典雅庄重、华美雅致、娴静秀丽的空间氛围，形成了既符合礼教制度规约、又气韵生动的空间序列。由此可见，建筑装饰通过形象化的界面处理，将居住空间中的 “秩序”与“世俗”、“理性”与“感性”连接起来，与其他建筑要素一起，相辅相成地建构出符合礼制规约和世俗人情的生活空间与精神场所。

5.2 装饰与虚实空间

苏南传统民居的建筑文化深受中国传统哲学观、审美观以及自然观的影响，在设计思维上强调建筑单体与院落之间的虚实相济、有无相生。在对待自然的态度上，提倡与自然和谐共生。在对美的理解上，追求情理并重、主客合一，注重审美主体之“人”与审美客体之“民居空间”意象的融合。苏南民居借助建筑装饰的形式魅力与象征意义营造出各种不同性质的空间，启发观者的多重体验与感悟。作为显性的视觉叙事载体，建筑装饰不仅可以通过视觉艺术语言营造日常生活空间的艺术氛围，起到美化作用，而且还可以通过装饰本体结构的巧妙组织使单体建筑产生丰富的空间层次，进而形成虚实特性和丰富的空间语义，实现空间的虚实对比和层次的丰富。

5.2.1 创建空间层次

建筑装饰具有渗透融合、过渡交叠等形式特征，通过对空间的有效

重构与组织，苏南民居形成丰富多变的空间层次和具有融通特性的虚实空间。苏南民居的空间组织主要表现为主次关系及层叠关系。建筑装饰通过映衬、围合、分割、延伸、渗透、屏蔽等手法，使民居空间经由转换和融合生成丰富的变化，以满足功能层面与心理层面的不同需求。

5.2.1.1 融通性室外空间层次的生成

长窗、漏窗、挂落等装饰构件在空间界面的恰当运用，可形成彼此渗透而又相对独立的融通性空间。长窗具有开启灵活又方便装卸的结构，可将室外自然景物引入室内，使室内外环境相互渗透、相互依存、相互关联、相互贯通。苏南民居还会在一些界墙上设置漏窗，使得空间隔而不绝、围中有透，形成富有变化的融通性空间。苏州东山雕花楼，于界墙顶端设置了四个漏窗（图 5-11）。四个漏窗内心仔图案均取向心式构图方式，但形式不尽相同，打破沉闷单调的墙体印象，使内外空间在

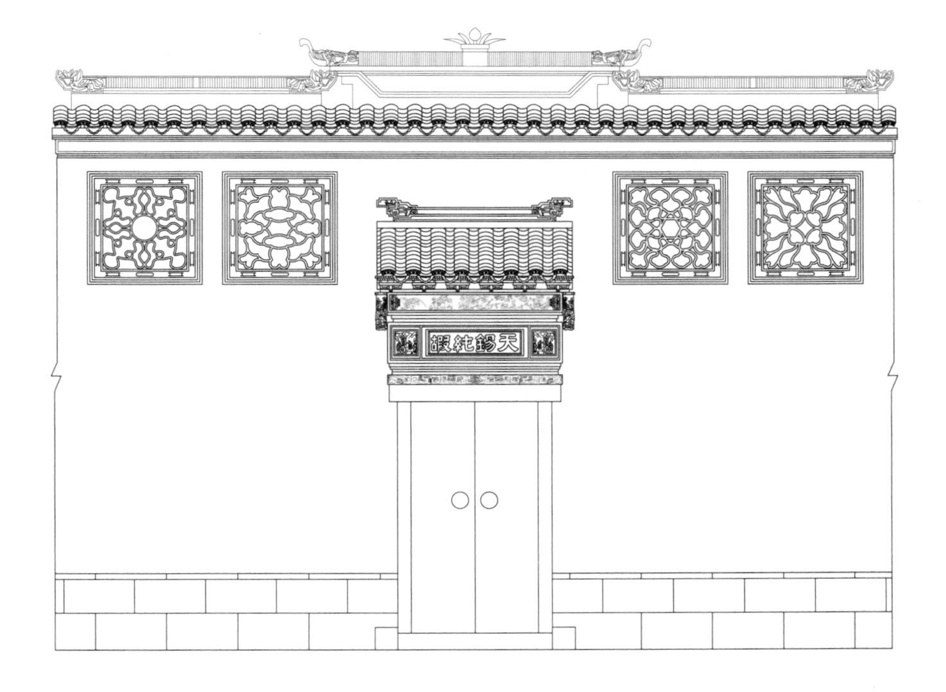

图 5-11 苏州东山春在楼界墙漏窗营造的融通性空间

Fig. 5-11 The space with scalability created by the perforated windows in party-wall of Engraving Building in Dongshan of Suzhou

有限的局部发生联系。

苏州西山敬修堂院落中的界墙上也设置了不同形式的漏窗，不仅营造出空间的通透性，而且通过对立面细节的处理强化了所属院落在整个序列中的地位。轿厅与客厅之间左右各有一“眉毛天井”，进深仅一米有余，各设“福”“寿”漏窗形成对景，玲珑剔透的窗景与万字栏杆构成层次丰富且充满韵律变化的通透空间，打破了狭小空间的拥塞感（图5-12）。客厅与大厅的天井墙面上均设有漏窗，客厅漏窗内心仔相对简洁，大厅漏窗则比较华丽，对流动空间的暗示作用也比较强（图5-13）。

5.2.1.2 可变性室内空间层次的生成

可变性空间是指以装饰性构件代替实体墙壁所形成的灵活多变的室内空间。苏南传统民居为木框架结构，“承担室内外分割作用的构件无需承重，室内空间的分割与组织并没有纳入建筑平面的设计之内，”[1]

图5-12 敬修堂“眉毛天井”的“福、寿”漏窗

Fig. 5-12 Perforated windows named “Longevity and good fortune” on the eyebrow-patio

[1] 李允鉌. 华夏意匠 [M]. 香港：香港广角镜出版社，1982：295.

为装饰隔断的设置提供了极大自由。明清时期苏南地区迅速发展的商品经济促使人们对生活品质有了更高要求。隔扇、飞罩、太师壁、屏门、屏风、博古架等装饰构件应运盛行，代替墙壁大量用于室内空间的分割组织，形成了变通灵活、虚实相济的可变性空间。

图 5-13 大厅天井漏窗
Fig. 5-13 Perforated windows on the patio in hall

板壁、太师壁、屏门等实隔装饰构件具有较强的界定、围合功能，主要施作于隔离性或仪式性要求较强的空间，兼具隔离、美化与象征作用。敬修堂客厅用镜面式板壁对明次间进行分割，这是苏南地区常见的一种板壁形式。镜面式板壁由外框宕子、间柱和板构成，外框宕子由左右抱柱与上下槛组成，中间用木板拼合而成，下设如意形出腿稳固板壁，底座下饰以对称花牙。板壁整体结构严谨、比例恰当、制作精良，具有简洁明朗、古朴典雅的装饰意味。

长窗式板壁与屏风式板壁也常见于苏南民居，它们一般施作于比较重要的厅堂，以营造庄严的氛围，凸显空间的重要性。长窗式板壁在《营造法式》中有所记载，其做法、形制以及比例关系等与长窗相似，只是将长窗上部通透性极强的槅心换成完全封闭的薄板，并在板上裱以书画，以取得文雅别致的装饰效果。屏风式板壁的艺术气息更甚，其尺度和形式更加自由灵活。屏风与手卷、壁画一起被视为极具中华特色的装饰艺术。屏风式板壁拥有和屏风相似的形态和气质，具有一定的仪式感和象征性。屏风式板壁与镜面式板壁相比较，用材更为讲究，板壁常以整板镶就，不似镜面式用木条镶拼而成。苏南大宅中屏风式板壁的结构通常是活动型的，用木销与柱相连，可拆卸移动，方便获取更加自由宽敞、灵活多变的空间（图 5-14）。

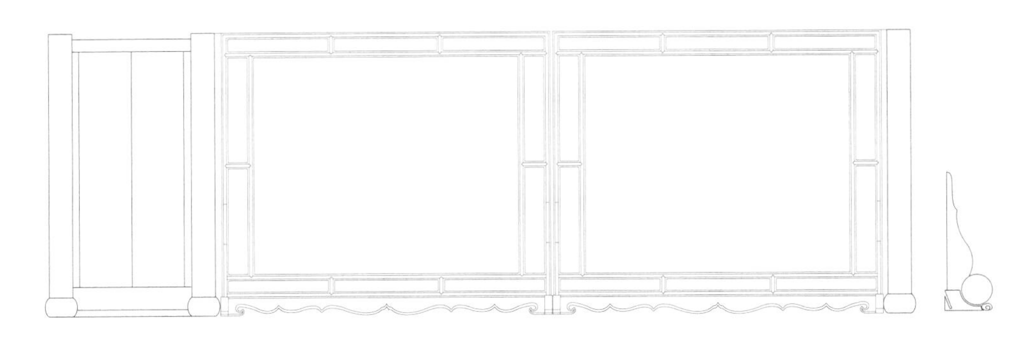

图 5-14 西山敬修堂的客厅板壁

Fig. 5-14 Wooden partition in the sitting room of Jingxiu Hall in Xishan Island

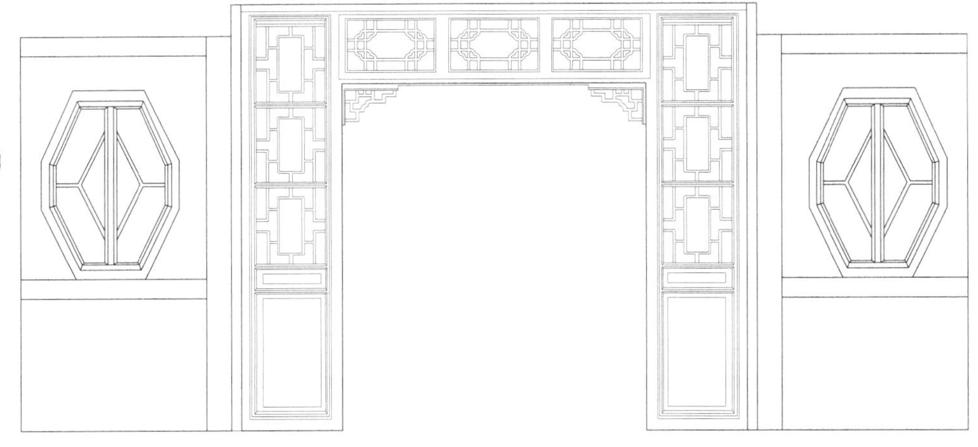

图 5-15 西山堂里整木透雕挂落

Fig. 5-15 Hangings made by penetrated-sculpture wood in Tangli Town of Xishan Island

室内通常用罩、折屏以及博古架来分割和装饰空间。罩是附于两柱之间的分隔木作形式，由细木拼几何图案或镂雕装饰。挂落飞罩最为轻盈通透，仅在梁楣处附以挂落进行示意性分隔，灵动活泼。挂落飞罩与柱相连的两端下落为飞罩，下落至地面为落地罩。飞罩一般施作于厅堂中屏门两旁的左右次间，常镂雕藤蔓缠枝等，显得厚重华丽，是室内装饰的精工细作之处。（图 5-15）。落地罩形式多样，常据内部形状随类赋名，例如花瓶罩、圆光罩、芭蕉罩等。挂落飞罩、飞罩、落地罩等隔断形式在通透程度上有疏密之分，在围隔程度上有强弱之分，可适应不同功能空间的特殊需求。这种时尚精美的隔断形式在清代中后期被大量使用，用料考究，雕工精细，颇有繁缛华丽之感。例如周庄沈厅的茶厅有一精美落地罩，葵式内心仔，内嵌雕刻精致的花节子，裙板上雕菊石图，构图繁复、寓意高雅，焕发富贵典雅之气象。“卍”形挂落中间雕饰花篮，精致细腻（图 5-16）。罩在对空间分隔划分的同时又起到了联系和延续的作用，其本身的形式美与因它而生的空间意象相得益彰。

图 5-16 周庄沈厅的茶厅室内隔断

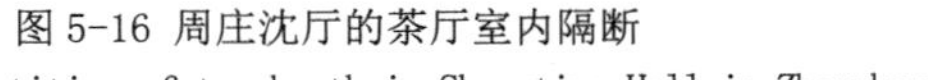

Fig. 5-16 Interior partition of tea-booth in Shengting Hall in Zhouzhuang Town

折屏是一种苏南民居中常见的轻巧便利的室内分隔装饰构件，“数片相互勾连，彼此依扶”[1]。它不仅便于收纳贮藏与移动，屏面还可随意调节伸缩以满足不同空间的陈列布置需求。折屏上常见裱糊文人字画，也有镂刻华美雕饰。折屏自身结构本来具有美的比例和韵律，因此书画和雕刻在它的衬托下更具装饰性和观赏性。考究一些的苏南民居将陈列古玩、鼎彝、瓷器的博古架置于两室之间，或分隔较大的空间，形成两面通透的壁面，可供两面观赏把玩，使室内环境意趣盎然。

苏南民居以多种装饰性构件代替实体墙面分隔空间，可虚可实、可分可合，赋予室内外流动的空间形态和模糊、开敞、贯通的空间意象，呈现出柔性特质。这些充满细节的隔断性装饰构件与家居陈设相匹配，使居住空间呈现一种充满生活情趣和审美体验的有序的复杂性。

5.2.2 营造复合空间

建筑装饰在传统民居空间中的合理配置催生了丰富的空间层次，促成了景观融合，为多元复合空间的生成提供了可能。以感性为基础的装饰语言的多义性与包容性是多元复合空间属性呈现“不稳定性”的主要原因。具有多元复合性质的空间以主体活动为出发点，在定义场所和组合空间时以适应居者生活和行为的丰富性为归旨，体现出一定的模糊性和变通性。

5.2.2.1 多元复合空间生成的途径

建筑装饰在赋予场所内涵方面赋予苏南传统民居空间极大的灵活性和自由度，例如通过装饰语言所暗示的多元复合功能来变换空间属性。装饰形式的复合、围合界面的复合、空间层次的复合、功能属性的复合都能生成多元复合空间，引发人们对于一个特定空间的多种体验。建筑装饰作为空间组织的要素之一，通过分隔、界定、连接等方式丰富空间层次。“透”、“漏”、“掩”使空间产生渗透和融合意向，形成中正与自由、严整与活泼、单调与丰富、隔离与贯通的对比，在秩序中注入变化，在单一中生成复合，将不同层次的空间融为一体。

堂里仁本堂与震泽师俭堂都设有内外空间相互贯通的开放式敞厅，

[1] 杨廷宝．中国古代建筑的艺术传统 [J]. 东南大学学报（自然科学版），1982(03)：8.

在南面不设长窗，仅以挂落和栏杆进行区隔，中间呈虚空状态，立面更具模糊性，直接与天井相连。仁本堂与师俭堂都是商住一体式大型民居，敞厅将多种空间属性和多重功能角色融汇到一起，商事、会客、交通等不同活动均可容纳其中，围合界面经过装饰与复合功能形成同构，“形成颇为开放的复合空间”[1]（图 5-17）。苏南民居中还有一种常见的双向“敞厅”，两面均与天井相连，设有可完全敞开和拆卸的整面长窗。通透空灵的长窗弱化了室内外的隔离之感，灵活方便的开启方式及可拆卸结构使围合界面所起到的作用不是隔断而是连通。长窗立面使原本应该分离的厅堂空间与庭院空间发生“粘连”，通过相互借景扩大了自身的场域。

苏南传统民居的廊轩也是这类具有多种功能属性的复合空间。廊轩空间仅以檐枋下设置的挂落来分割空间而没有封闭式的垂直界面。相对于厅堂，廊轩的空间更具有开放性，因而它边界设置更加模糊，颇有点到为止的意思。人们可在廊轩内交谈、做家务、观景和小憩。廊轩的装饰并不隆重，但很微妙，它的目的是通过虚化室内外的边界来使这个过渡空间最大程度地满足生活、行为、情感等方面的各种需求。

（a）仁本堂敞厅

（b）师俭堂敞厅

图 5-17 内外空间相互贯通的开放式敞厅
Fig.5-17 Open-hall which the Internal and external space is connected

[1] 侯幼彬 . 中国建筑美学 [M]. 北京 : 中国建筑工业出版社 , 2009:133.

5.2.2.2 多元复合空间的功能

图 5-18 西山敬修堂渗透流动空间
Fig. 5-18 Infiltration and mobile space of Jingxiu Hall of Xishan Island

作为苏南传统民居建筑的中心，天井和庭院是最具多元复合功能的空间之一，具有“不稳定”的属性。建筑装饰的分隔与引导使室内外的界限发生不同程度的消解与弱化，“隔”与“漏”塑造出多元复合效应，空间得以渗透和流动，层次和维度得以增加（图 5-18）。莫伯治先生在《中国庭园空间的不稳定性》一文中指出，庭园空间因其界限相互渗透，给人以自然流畅、活泼生动之感，其本质特点是“不稳定性”。天井和庭院是外界环境与室内环境的“中介”，建筑装饰软化了内外边界，使天井和庭院空间更好地发挥“中介”的作用。

出于审美需求，考究的苏南民居会将天井和庭院精心打造成充满自然情趣的“小天地”。苏南传统民居的天井空间狭长，是联系正房、厢房、廊轩等单体建筑的纽带，集采光、通风、美化、休憩、排水于一体，对内外环境起到重要的调节作用。庭院与天井相比空间较大，除了具有天井的功能外，增加了劳作、待客、娱乐等功能，是名副其实的多元复合空间。苏南民居在庭院中广植花木，甚至借鉴文人的造园手法叠山理水，营建出充满自然意趣的“咫尺山林”。庭院植物所显现的四季更替会将时间的因素引入与之相接的厅堂等室内空间，平添时空一体、跟随自然流转的浪漫意趣。苏南民居还常常通过漏窗、景洞等来形成对景、借景，使庭院从一个满足日常生活需求的功能空间升华为修身养性、陶冶情操的精神场所。

经由装饰定义出的多元复合空间是边界模糊、功能丰富的共享空间。

装饰的作用在这里不仅仅是美化，而是要拓展人们的感知维度，赋予空间更加自由的性格与丰富的功能及精神内涵。

本章小结

建筑装饰是苏南传统民居空间的有机组成部分，与虚实空间、秩序空间存在密切的关系。出于功能需求的空间分隔丰富了建筑装饰的样态；反之，丰富的建筑装饰也极大地拓展了民居建筑的空间意象。

在宗族制家庭中，家庭成员个体活动空间与集体活动空间、主人私密空间与主客交流空间均需要加以区别。建筑装饰在形成空间秩序和差异度上具有重要作用。它不仅可以对空间进行分隔与组织，而且通过题材、形式、工艺的选择实现对空间的标示、引导、定义和修饰。通过建筑装饰的巧妙组织，苏南民居建筑的空间层次得以丰富，日常生活空间转化为可以寄托精神向往和表达个人志趣的文化空间。

苏南传统民居建筑装饰参与构建了民居空间的秩序，同时也是虚实空间的组织者和创造者。它通过疏与密、藏与露、围与透等组织手法使民居建筑立面产生丰富的虚实变化，使民居空间层次更加丰富，呈现出空间形式与空间属性上的差异性和复杂性。装饰带来的虚实空间具有复合、多元、可变的空间意象和含蓄、流动、通透的形式特征。

苏南传统民居装饰不仅是对建筑界面的修饰，更是对空间的处理与组织。它在围合与分割等关系的处理与经营中衍生出极富变化的空间意象，做到了虚与实、动与静、内与外、有与无的巧妙结合，甚至溢出空间维度而触及时间和情感范畴，由此使有限的生活空间连通了无限的“心境”。

第6章 苏南传统民居建筑装饰的风格嬗变

作为社会信息和地域文化的物质载体，建筑装饰经历了伴随人们的现实生活和精神生活的变化而逐步演进发展的过程。民居建筑装饰的艺术特征、形式变迁、风格嬗变、文化倾向都是随其所处的大环境潜移默化的结果。明代至民国，中国传统社会的基本形态经历了多次重大的变迁，这些变迁所产生的影响既体现在制度、法规、文化教育、主流艺术等社会上层建筑中，又反映在不同时期的日常生活环境中。苏南传统民居建筑装饰既是一种极具代表性的忠实反映，又是记录历史变迁和思想演化的表层艺术类型。它既有审美上的独立性和鲜明独特的艺术性，又呈现出多种自身内在生成的逻辑与相互关联的语言风格。

苏南传统民居建筑装饰与人们日常生活具有密切的互动关系，忠实地反映出不同时期的社会风貌。它经历了由简及繁、由素及纹的上升兴盛过程，形成了既有延续性又反映时代特征的装饰体系。家具和同时期建筑的发展分期既有联系又有区别。家具领域，在明、清时期的分期有以下几种：王世襄先生依据“家具的风格式样、用料和结构特征，将其分为明初至明中期、明中至明晚期、明晚至清前期三个历史时期”[1]；田家青先生将清代家具分为“明清之际（明崇祯至顺治年间）”、“清早期（康熙至雍正年间）”、“清中期（乾隆年间）”、“清中晚期（嘉庆道光年间）”、“清晚期（道光以后）”[2]五个时期；刘畅先生参照朱家溍对清代家具的分期将清代内檐装修及特征分为早期、中期及晚期三期，“早期为明万历二十六年（1598）至清康熙六十一年（1722）；中期为雍正元年（1723）至嘉庆二十五年（1820)；晚期为道光元年（1821）

[1] 王世襄．明式家具研究 [M]. 香港：三联书店，1989: 155.
[2] 田家青．清代家具 [M]. 北京：文物出版社，2012: 47.

至宣统三年（1911）”[1]。在建筑领域，关于明、清时期的分期，“殷永达先生将明代住宅分为明代初期和明代中后期，认为明代初期的住宅皆受制度的严格束缚，形式单一、组合严谨规整，明代中后期，住宅形成了雕饰精美、布局自由、崇尚自然等新的特点”[2]；孙大章先生将清代建筑的发展过程划分为“恢复（顺治初年至雍正朝）、极盛（乾隆年间）、衰颓（嘉庆至清末）”三个历史时期。[3]

从以上相关领域的分期可以得到启示：依附于建筑实体空间的建筑装饰，与建筑、家具体系相似，其建造技艺都是民间工匠代代承传，而不是蓦然而兴、突兀而衰，其演进、嬗变的分期不会像改朝换代一样发生剧变，而是呈现一种与同时期历史环境、生活方式、精神追求、审美趣味相适应的渐变过程，具有一定的滞后性。因此对于明、清时期建筑装饰的历史阶段和艺术特征的归类，不能以朝代、年号而对其进行断然割裂式的划分，而是应该遵从建筑装饰继承、演变与延续的规律进行描述。依据对存世实物的分析和对文献资料的归纳，将明清时期民居建筑装饰艺术特征的发展演变分为发育期（明末至清顺治）、定型期（清康熙至嘉庆）以及变革期（清嘉庆晚期至民国）三个时期。

6.1 经世致用与尚雅摈俗——发育期

王毅先生把中国古代木架构体系及其发展看作一个模型，认为其原型是中国古代的社会形态，与社会的政治、经济乃至文化模式形成同构关系，建筑装饰体系的建构逻辑亦是如此。明代在建立时就持有坚定的反异族统治思想，遵奉古制。因此，明代摒弃元朝的一切制度，以宋制法规为蓝本进行各种规章法令的建构，出现了回归历史的现象，建筑亦是崇尚古制。但毕竟明代已逾宋时百余年，王朝的更替、社会的遽变、观念的革新使明代建筑无论是在设计理念还是在营造技术层面都发生了深刻的变化。

苏南地区遗存有一批明代的缙绅商贾大宅，大多为明代末年。有确

[1] 刘畅 . 慎修思永：从圆明园内檐装修研究到北京公馆室内设计 [M]. 北京：清华大学出版社，2004: 67.
[2] 潘谷西 . 中国古代建筑史 (第四卷) 元、明建筑 [M]. 北京：中国建筑工业出版社，2002: 252-253.
[3] 孙大章 . 中国古代建筑史（第五卷）清代建筑 [M]. 北京：中国建筑工业出版社，2002: 3-7.

切年份的按照建造的时间顺序排列为："周庄玉燕堂（张厅），建于正统年间(1435～1450)；东山陆巷的惠和堂，始建于弘治至天启年间（1487～1625）；常熟彩衣堂建于弘治年间(1487～1505)；无锡硕放的昭嗣堂（曹察故居）建于嘉靖七年（1528）；苏州阊门外吴一鹏故居建于嘉靖十一年（1532）；太仓的王锡爵故居始建于隆庆至万历年间（1567～1590）；常熟赵用贤故居建于万历年间（1572～1620）；太仓张溥故居建于明代天启崇祯年间（1620～1625），以上遗存大宅涵盖了明代早、中、晚期"[1]。此外东山陆巷遂高堂始建于弘治年间，为明代中期的建筑，黎里的鸿寿堂亦为明代建筑，东山殿新村的瑞霭堂、翁巷凝德堂、杨湾明善堂均为明末建筑。

从这些明代民居遗存可看出建筑装饰遵循经世致用的指导原则。"删繁去奢、崇实达用"、"尚雅摈俗"、"宜"均是苏南民居建筑装饰设计思想的简明概括。建筑装饰的设计、营造均从最基本的建造逻辑与构件本体出发，有度地兼顾主观审美意志而不曲意雕琢。苏南建筑装饰又深受"尚率真、轻功力；崇士气、斥画工；重笔墨、轻沟壑；尊变化、黜刻画"南宗美学理念的影响，从而体现出"初发芙蓉，自然可爱"之美。

6.1.1 删繁去奢与崇实达用

明初在建筑上努力恢复宋制，以"力戒奢侈、倡树简朴"为基本国策，颁布了一系列细致严苛的法令，形成新的营建制度。这使民居建筑承袭宋代建筑遗规，在构造上极力精简，在形式上推崇素朴，在功能上注重实用，几何纹饰是此阶段传统民居的主流装饰题材。删繁去奢与崇实达用成为明代民居建筑装饰的主要特色，苏南民居建筑装饰同样呈现出简约、俭朴、巡礼、严谨、素雅之气（图 6-1）。

6.1.1.1 宁朴无巧，宁简无俗

明朝初年，民生凋敝，社会及经济均处于恢复时期，因此采取了重本抑末、力戒奢侈、倡树简朴的基本国策。"朱王朝在内、外诸多方面都采取了坚决和严苛的国策经略及举措……对内着力肃正纪纲，整饬法

[1] 刘森林．明代江南住宅建筑的形制及藻饰 [J]. 上海大学学报 (社会科学版) , 2014(05): 68.

图 6-1 西山堂里仁本堂简朴素雅的长窗
Fig. 6-1 Simple and elegent French window in Renben Hall in Xishan

度，恢复生产和安定社会秩序。”[1] 统治者将此原则也贯彻于建筑法度的规约中。建筑及其装饰都被纳入严苛的等级制度中，建筑被用来显示统治秩序与维护伦理道德。

洪武八年（1375）明王朝在对南京宫殿进行改建时，朱元璋即定下节俭基调：“但求安固，不事华饰……使吾后世子孙守以为法。至于台榭苑囿之作，劳民财以事游观之乐，朕绝不为之”，又道：“人之害莫大于欲，欲非止于男女、宫室、饮食、服御而已，凡求私便于己者皆是也。然惟礼可以制止。先王制礼，所以防欲也”。由此可见，朱元璋认为张扬人欲、追求物质享受等都是不可取的，故而制定各种规章制度用来约束规范建筑及其装饰的形制规模等。帝王秉持和宣扬的等级制度及权威意识对建筑及其装饰具有深刻的影响和引导作用。明代统治者通过宅第

[1] 刘森林 . 明代江南住宅建筑的形制及藻饰 [J]. 上海大学学报 (社会科学版), 2014(05): 64.

制度对各级宅第包括民居进行进一步明确细致地规约："百官第宅：明初，禁官民房屋不许雕刻古帝后、圣贤人物及日月、龙凤、狻猊、麒麟、犀象之形……三十五年，申明禁制，一品、三品厅堂各七间，六品至九品厅堂梁栋只用粉青饰之。"对庶民的房舍建造，规制更加严苛。"庶民庐舍：洪武二十六年定制，不过三间，五架，不许用斗栱，饰彩色。"[1]这些宅居等级制度涉及建筑房屋的结构、开间、材料、纹样乃至色彩等各个方面，对明代建筑装饰风格特点的形成产生了决定性的影响。

另一方面，受苏南地区深厚的文化传统影响，建筑装饰也集中体现了文人士大夫的审美趣味。明代沈春泽函括《长物志》的设计思想即为"删繁去奢"，《长物志》提倡："宁朴无巧，宁简无俗"[2]。"淳朴是中国传统文人所推崇的品质……在中国传统道德中，拙朴也是君子风度的一种体现"[3]。这种崇尚自然本性、适当给予外力干预的设计主张是明末苏南传统民居建筑装饰的主要设计思想，也是明末造物文化的精髓。李渔主张："土木之事，最忌奢靡，匪特庶民之家，当从简朴，即王公大人，亦当以此为尚。盖居室之制，贵精不贵丽，贵新奇大雅，不贵纤巧烂漫"[4]。李渔强调无论贫富贵贱，都应崇尚简朴，力求少而简、俭而雅、精而宜，不提倡奢侈靡费。这不仅是在经济层面的诉求，更体现出精神层面的文化品格与审美趣味。

6.1.1.2 简斯可继，繁则难久

"删繁去奢"的设计在物质层面上强调崇实达用。明代是实学兴起的时代，宋应星的《天工开物》、曹昭的《格古要论》、计成的《园冶》、李渔的《闲情偶寄》等都对百工技艺之事有所论述。李渔认为"凡事物之理，简斯可继，繁则难久"[5]，即是对经济实用层面的考量。明末著名造园家计成在《园冶》铺地一节中对于装饰材料的就地取材、因材施饰、有效利用等方面有以下描述："废瓦片也有行时"、"破方砖可留大用"、"各式方圆，随宜铺砌"[6]，明确指出选择铺地材料非新者、价贵者才好，

[1]（清）张廷玉 . 明史 · 舆服志四 [M]. 北京 : 中华书局 , 2000: 1117.
[2]（明）文震亨著 , 李瑞豪编著 . 长物志 [M]. 北京 : 中华书局，2012：30.
[3] 朱孝岳 . 长物志与明式家具 [J]. 家具 , 2010（04）：55.
[4]（清）李渔 . 闲情偶寄 [M]. 上海 : 上海古籍出版社，2000: 181-182.
[5]（清）李渔 . 闲情偶寄 [M]. 上海 : 上海古籍出版社，2000: 190.
[6]（明）计成著，刘艳春编著 . 园冶 [M]. 南京 : 江苏凤凰文艺出版社，2015:252.

而在于设计得宜、用法得宜。卵石、碎瓦、碎瓷片等废旧材料巧妙构造，都可再次利用，创造出“当湖石削铺，波纹汹涌”、“绕梅花磨斗，冰裂纷纭”[1] 等颇有意境和韵味的图案。这其中所蕴含的设计理念，与现代的“绿色设计”、“可持续发展”等设计理念不谋而合。

“删繁去奢、崇实达用”的设计在审美取向上趋向于疏洁素朴，具有质朴无华、典雅高古的意趣。例如东山陆巷一幢建于明弘治年间的明代建筑遂高堂，就体现了这种风格（图 6-2、图 6-3）。其入口为简洁的砖砌结构，长窗的内心仔为四眼方格，裙板浅雕如意，建筑装饰古朴文雅，体现了人在改造自然环境为我所用的过程中所秉持的一种“本真”态度。李砚祖先生认为“删繁去奢”是一种“适宜”，其设计思想底蕴是“无物”的心性，是“在设计形式上追求一种返璞归真，于灿烂之极后归于平淡的美学境界，是一种对于事物本质、本性的重视与体认，是明代的主要艺术精神”。[2]

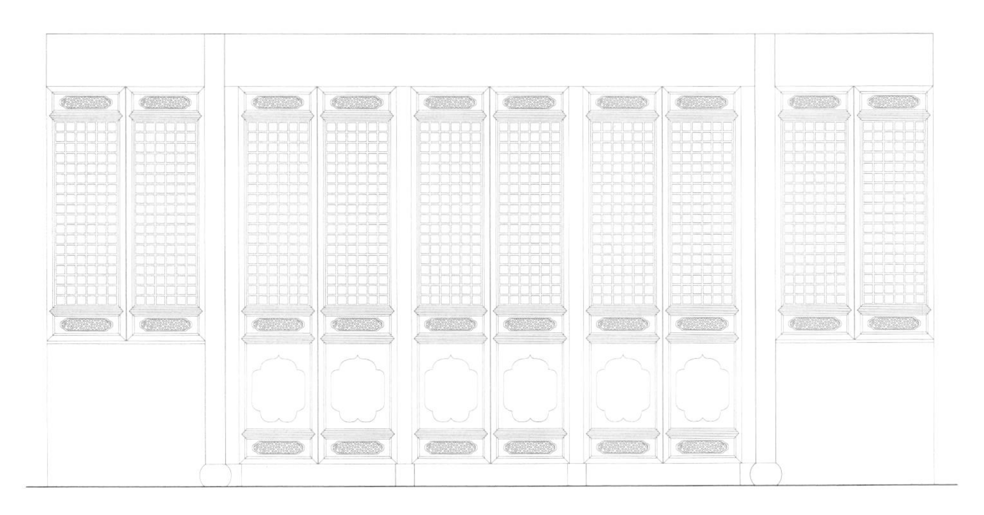

图 6-2 东山陆巷明代遂高堂简雅形式长窗
Fig. 6-2 Reduced and elegant French window in Suigao Hall of Luxiang Lane in Dongshan

[1]（明）计成著，刘艳春编著 . 园冶 [M]. 南京：江苏凤凰文艺出版社，2015:251-252.
[2] 李砚祖 . 环境艺术设计：一种生活的艺术观——明清环境艺术设计与陈设思想简论 [J]. 文艺研究，1998(06): 130.

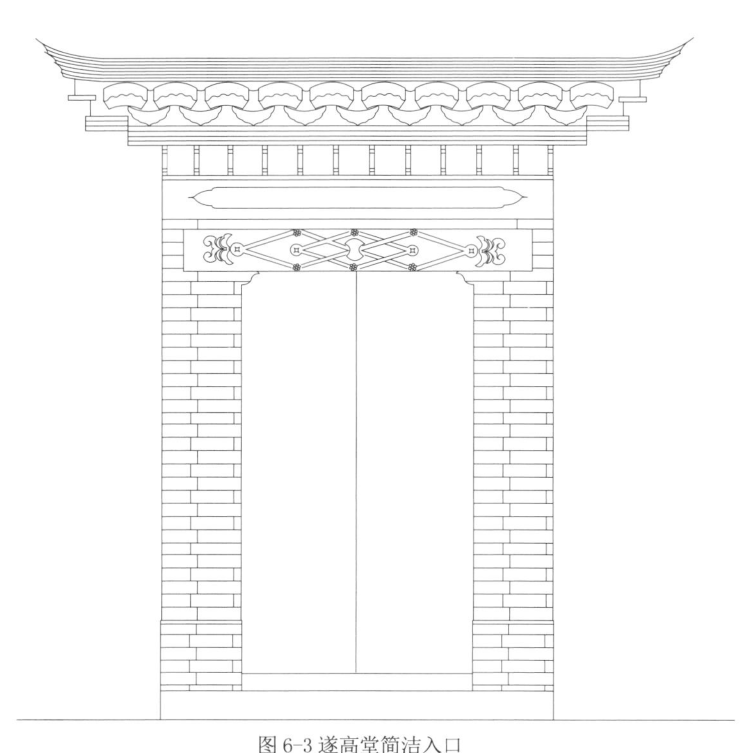

图 6-3 遂高堂简洁入口
Fig. 6-3 Reduced enter of Suigao Hall

6.1.2 尚雅摈俗与自然天成

从明朝初年洪武、永乐年间的苛刻谨严，经正统、景泰年间的通时合变，“正统十二年令稍变通之，庶民房舍架多而间少者，不在禁限”[1]，到成化、弘志年间的宽容恢涵，直至隆庆、万历时期的法禁松弛，以治生为急务的思想得以广泛认同。正如震泽县志中所载：“明初风尚诚朴，非世家不架高登，衣饰器皿不敢奢侈。若小民咸以茅为屋，裙布荆钗而已。即中产之家，前房必土墙茅盖，后房始用砖房，恐官府见之以为殷富也……万历以后，迄于天（启）、崇（祯），民贫世富，其奢侈乃日甚一日焉”。[2] 这个时期，在苏南地区有个原本在体系以外的重要群体参与到园林及居所的营造活动中，并在实践和理论上实现了双重突破，

[1]（清）张廷玉 . 明史 · 舆服志（四）[M]. 北京 : 中华书局 , 2000: 1117.
[2] 陈和志 . 震泽县志 [M]. 刻本 . 上海 : 华东师范大学图书馆 , 1893（清光绪十九年）.

使建筑装饰体现出“尚雅摈俗”的新风貌，这个群体就是文人士大夫阶层。

6.1.2.1 艺术化生活与生活艺术化

明代，苏南地区许多对建造工艺明晰又具有较高文化艺术审美品位的文人，例如计成、卢溶、文震亨等人同时也是设计师，设计了诸多具有浓厚文人气息的优雅宅居。他们在潜意识里排斥等级制度的传统，反对盲目遵循旧制，讲究尊重人性、追求个性。他们对于诗意生活方式以及艺术审美体验的追求，都反映出明代人文精神的觉醒。文人士大夫阶层在实现居住空间基本功能的基础上，加以艺术的眼光来审视生活环境，摒弃旧制与俗念，追求与精神世界相契合的“有意味的形式”，居住空间及建筑装饰成为他们直抒胸臆、宣泄情感的载体。他们的丰厚文化底蕴与艺术实践积累通过装饰给民居建筑注入了新的活力。对于民居的设计，从过去的“重道轻器”回归到为“日常生活”本身服务，并且这种“生活”在文人的设计和倡导下成为一种充满诗性的生活范式。

文人士大夫通过叠石理水、植花铺地，陈设精良简约的明式家具，将其居所营造为既身处繁华城市又可归隐园林的雅致场所。文士阶层精致文雅的生活方式带动了人们对日常生活“雅”的追求与模仿。因此，无论是商贾巨富还是普通百姓，都力求将高雅情趣寓于平淡的日常生活中，这促使人们对居住环境的装饰秉持“尚雅摈俗”的态度。“尚雅摈俗”是明代苏南地区建筑装饰设计的美学思想，“超凡脱俗、雅人深致”是文人雅士对造物神韵的追求。从物质层面上来讲，“尚雅摈俗”是材料的自然属性和与之相匹配的技艺体现；从精神层面讲，它是苏南地域艺术文化的一种精神气质，是人们对于日常生活空间的诗意追求。

《长物志》亦包含了这种“尚雅摈俗”的设计思想，诗、书、文、画俱佳的文震亨将自身长年积累的造园、室内陈设等实践经验与思考总结纳入其中。《长物志》中的“长物”并非琐碎多余之物，而是与日常生活相关联、为增添雅趣而设计的生活用品，是蕴含文人志趣的物品。在《长物志》中所涉及的物品不仅反映了文震亨个人“尚雅摈俗”的情趣品位和审美追求，而且也代表了晚明文人对于艺术化生活的执着追求，标示了明代造物文化的一种高度。“宜简不宜繁”是日常生活“尚雅摈俗”造物的一种实现路径，“简”涵盖了经济与形式两个层面，“雅”关照

的是审美追求，在明代造物简洁的形式中蕴含着文人雅趣。例如文震亨在谈及几榻时认为“今人制作，徒取雕绘文饰，以悦俗眼，而古制荡然，令人慨叹实深”[1]，即反对人巧外露，反对过分雕镂繁复的装饰。

从某种角度而言，建筑装饰可看作是隶属于建筑本体的“长物”，明末清初的苏南民居建筑装饰也呈现出“尚雅摈俗”的设计风貌。

6.1.2.2 简俭而雅、自然天成

在明代苏南民居中我们可以看到许多建筑装饰都呈现出少而简、俭而雅、精而宜的特点。无论是形式层面的简雅、还是制作层面的简洁，都体现出明代崇尚天趣、厚质薄文的雅致审美和人格向度。计成在《园冶》装折一节对户槅心的样式进行了图文并茂的探讨，他认为“古以菱花为巧，今之柳叶生奇”，柳条式及其变体样式是被明末清初文人尊崇为雅的槅心棂格样式。计成对柳条式极其推崇：“古之户槅，多于方眼而菱花者，后人减为柳条槅，俗呼‘不了窗’也，兹式从雅，予将斯增减数式，内有花纹各异，亦遵雅致，故不脱柳条式。”[2]《园冶》一书中以柳条式为设计母体，巧妙生发出柳条变人字式、井字变杂花式、玉砖街式等多达 43 种柳条式变体户槅样式，均以雅致取胜（图 6-4）。在明末清初的版画及坊刻中呈现的棂格样式也多为文雅简洁的柳条式及其变体，说明简雅的柳条式备受文人推崇。这种对于日常生活空间装饰形式的选择体现出明代文人士族的审美向度和精神追求。例如周庄张厅，其长窗的夹堂板、裙板等装饰均为简洁素朴之态。裙板浅雕如意，造型简洁大方，大面积素底凸显了材质的天然肌理与质感（图 6-5）。晚明这种为文人所崇尚的古朴素雅之风一直延续至清代前期。

在《园冶》装折一节中，计成还以栏杆为例对“雅”进行了进一步阐释：“栏杆信画化而成，减便为雅。古之回文万字，一概屏去，少留凉床佛座之用，园屋间一不可制也。予历数年，存式百状，有工而精，有减而文”[3]。他认为栏杆样式可自由设计，但要规避多纹样式，要简洁、精工。“虽有人作，宛若天开”、“巧于因借，精在体宜”是计成在《园冶》中造园思想的精髓，一方面强调要因地制宜、顺应自然，另一方面

[1]（明）文震亨著，李瑞豪编著 . 长物志 [M]. 北京：中华书局，2012：143.
[2]（明）计成著，刘艳春编著 . 园冶 [M]. 南京：江苏凤凰文艺出版社，2015:171.
[3]（明）计成著，刘艳春编著 . 园冶 [M]. 南京：江苏凤凰文艺出版社，2015:190.

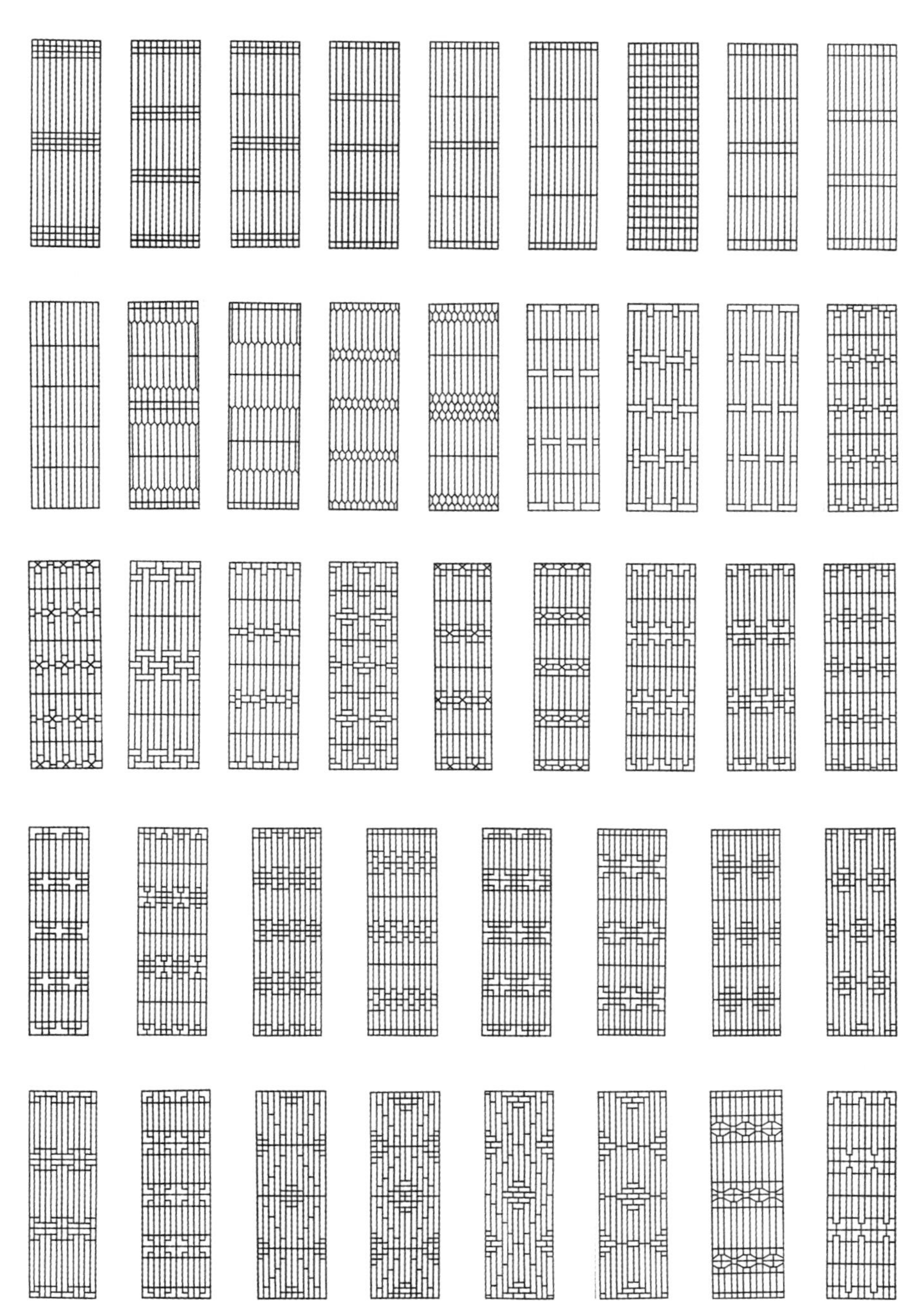

图 6-4 计成《园冶》柳条式变体户槅样式

Fig. 6-3 Wicker-style modification exterior partition in Ji Chen's Yuan Ye

（图片来源：（明）计成．古刻新韵 [M]．杭州：浙江人民美术出版社，2013.）

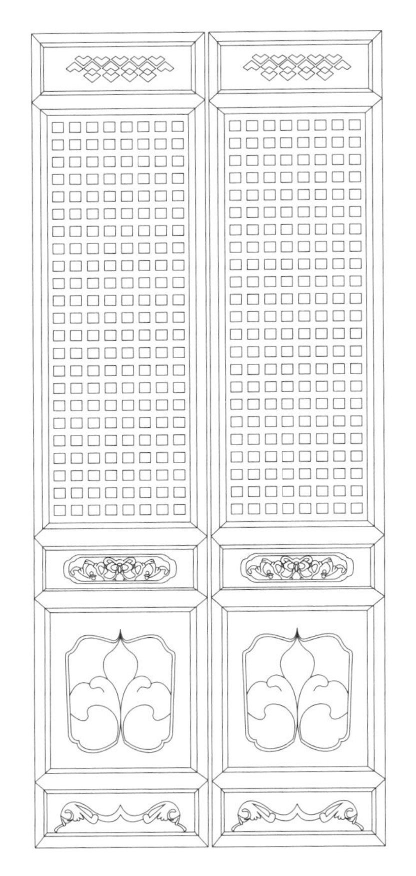

图 6-5 周庄张厅长窗简洁古朴
Fig. 6-5 The French window in Zhangtin Hall of Zhouzhuang Town, simple and unsophisticated

强调师法自然，通过人工设计追求自然天成的文人审美向度。他强调在园林以及民居的营造中，要“时遵雅朴”、“从雅遵时”、“构合时宜、式征清赏”，即要合乎自然时令的规律，以达雅致清赏的目的。明末清初的苏南民居建筑装饰深受文人园林文化的影响，体现出清雅、实用、适宜的设计思想。

6.1.3 “宜”的原则与手法

“宜”是明代设计造物中所秉持的最重要的价值取向和审美追求之一，同时也是明末清初苏南传统民居建筑装饰的基本设计观。在“宜”的设计准则影响下的建筑装饰在强调日常生活所需要的实用性与便利性的同时，也关注居者的情感需求、人性体悟等精神层面的诉求。

6.1.3.1 因材制宜、制体宜坚

从经济实用层面来看，“宜”为“因材制宜、制体宜坚”、“坚而后论工拙”。明末清初，苏南民居的建筑装饰因材施饰、因材制宜，呈现出美观便利、坚固耐用的造物特征。李渔在《闲情偶寄》居室部中提出“制体宜坚”的主张，他认为：“窗棂以明透为先，栏杆以玲珑为主，然此皆属第二义；具首重者，止在一字之坚，坚而后论工拙。尝有穷工极巧以求尽善，乃不逾时而失头堕趾，反类画虎未成者，计其数而不计其旧也。”[1] 李渔以窗隔的格心以及栏杆为例，就其坚实耐用与审美形式之间的关系、自然物性与人工雕饰之间的关系进行

[1]（清）李渔 . 闲情偶寄 [M]. 上海：上海古籍出版社，2000: 189-191.

了详细论述，强调在居室设计和营造中要以实用功能为主，以“坚”，即坚实耐用为核心设计观，对于“玲珑”等形式美学层面的追求则次之，这与西方经典建筑理论中的“实用、坚固、美观”三原则序列不谋而合。

“制体宜坚”还体现于明代人在建筑装饰的设计与施作中顺应物性的原则。顺应物性不仅是造物思想，而且还是明末清初苏南民居建筑文化中的基本特质。苏南民居建筑装饰选材倾向于本地盛产的木、砖、石料，例如苏南丘陵地区盛产的榉木、楠木等木材；苏州、无锡的优质砖瓦；产自太湖周边的花岗石、太湖石、青石、黄石等。工匠们顺应当地气候环境与地理特征，充分发挥材料特性，利用物与物之间相生相克的关系，在形式、工艺、意匠等方面顺应材料性质，巧妙地形成装饰效果。苏南民居装饰一方面强调顺应自然的设计原则，反对逆反实物本性进行过多的人工雕琢；另一方面强调在材料工艺、空间尺度、形式题材等方面要关照居者日常生活与心理层面的丰富需求，以营造出宜人宜居、赏心悦目的生活空间。

6.1.3.2 宜简不宜繁

从工艺与美的辩证关系而言，“宜简不宜繁，宜自然不宜雕斫”是一种进步的工艺美学思想。李渔论：“顺其性者必坚，戕其体者易坏。木之为器，凡合笋使就者，皆顺其性以为之者也；雕刻使成者，皆戕其体而为之者也；一涉雕镂，则腐朽可立待矣。”[1] 李砚祖先生认为“宜自然不宜雕斫”之“宜”的深层内涵是以自然之美为化境。“宜简不宜繁”是明末清初设计者的审美选择与理想信念，即便有奢华繁缛的条件亦不为之。“但取其简者、坚者、自然者变之，事事以雕镂为戒，则人工渐去，而天巧自呈矣。”[2] 明末清初苏南民居的建筑装饰设计同样体现出“简”、“坚”、“自然”的特性，在装饰中顺应各种建筑材料的自然属性，运用与之匹配的构造工艺。尤其是对于苏南民居建筑的主要用材木材而言，如果一味为了追求美观而极尽雕镂，则会逆其本性、伤其筋骨，而致其损坏。“虽由人作，宛自天开”，明代苏南民居建筑装饰以充分表现材质的自然面貌，顺应天然，不显造作之气者为上。

[1]（清）李渔 . 闲情偶寄 [M]. 上海：上海古籍出版社，2000: 189-191.
[2]（清）李渔 . 闲情偶寄 [M]. 上海：上海古籍出版社，2000: 189-191.

6.1.3.3 随方制象

文震亨认为"随方制象，各有所宜"是造物设计的基本原则。他在《长物志》位置一节中论道："位置之法，烦简不同，寒暑各异，高堂广榭，曲房奥室，各有所宜，即如图书鼎彝之属，亦须安设得所，方如图画"[1]，主张的就是因"因"制"宜"的设计思想，"因"为设计的客观条件，"宜"为设计所遵从的理念。例如苏南民居居室中陈设品的位置受园林艺术的影响，既讲究空间上的权宜，依据环境条件摆放，又讲究与时令相宜，根据不同的季节物候变化，调整室内装饰的品类和位置。陈设宜简不宜繁，不以时尚与奢华为追求，以居住环境的清雅为上。

苏南文人在宅居设计中反对盲目崇尚高、阔、敞，主张回归生活和心灵的本真需求，主张环境氛围与居者的个性风格与志趣品位相"宜"，主张把个人的情感与追求物化于建筑装饰中。明代苏南民居建筑装饰对于居室氛围的精心营造，以追求高雅意境为目标而非显示权贵（图6-6）。明代文人士大夫阶层的实践与理论与工匠艺人的智慧及经验相结合，最终成就了具有独特价值取向与审美品格的明代苏南民居建筑装饰艺术。文士阶层的审美理想广泛而深刻地影响了建筑装饰的价值取向和审美选择。明至清初建筑装饰的雕刻工艺以线刻和浮雕为主，装饰题材以传统的几何纹、植物花卉及动物纹样为主，相对简洁文雅。明代月梁梁头的剥腮和龙须纹装饰、柱端的卷杀等，都是"宜"装饰的体现。明代苏南民居建筑装饰的审美取向、题材内容以及风格特征等都有其鲜明的时代印迹。它所包涵的本真的自然趣味和浓郁的文人气息，体现出对个体价值、独立人格以及所处环境的尊重。

6.2 崇情尚美与工巧繁丽——定型期

明代的建筑装饰艺术风格一直持续到清代初期，到清康熙时期逐渐形成新的装饰特征。康熙、雍正、乾隆、嘉庆时代的建筑装饰是苏南地区物阜民丰、艺术化生活的真实写照。从康熙末年开始，装饰题材逐渐由明末清初简洁单纯的装饰元素趋向相对复杂的综合化和世俗化，具有苏南地区地方特色的戏文装饰和吉祥图形大量出现，在工艺上也从简单

[1]（明）文震亨著，李瑞豪编著．长物志 [M]. 北京：中华书局，2012:209.

图 6-6 周庄明代张厅隔断及门
Fig. 6-6 Partition and door of Zhangtin Hall in Zhouzhuang Town during Ming dynasty

的浮雕、镂雕逐渐发展到深浮雕、半圆雕、圆雕等具有多元化发展和综合应用的雕刻技术，形成了雅俗相济、工巧繁丽且文质彬彬的风格，代表了该地区历代民居建筑装饰的最高水平（图 6-7）。

明末清初至清康熙年间为经济的顿挫和复苏期。清代统治者于执政之初，在军事、政治及经济等方面均采取了一系列强有力的措施。军事上平定“三藩”、收复台湾，继而平定了西北。在武装平叛的同时，清王朝又积极推进对于新疆、蒙古、西藏的行政体制改革，建立流官统治，逐渐成为版图辽阔的庞大帝国，为清初经济的恢复和发展创造了政治基础。清初，在农业方面实施了一系列奖励开垦、免除人丁税的措施。雍正时期朝廷严禁官员“需索陋规”，加上兴修水利、治理黄河、开发漕道、蠲免赋税等一系列措施，使得社会经济得以迅速发展，并于康乾盛世时出现了超越明代的第二次资本主义萌芽。清初到清中期商业和手工业的空前发展，艺术文化也得以复苏，促成了传统民居建筑装饰的快速发展。

清初顺治年间，民居建筑装饰并未因为改朝换代而更弦易辙，其制作主体均是明天启、崇祯时代的工匠，依然承袭明代的遗制，风格简雅素洁。直至清康熙年间，苏南民居建筑装饰在新的政治经济、艺术审美以及人文精神的影响下开始出现一些新的造型、题材和工艺，更加注重精细的雕刻与修饰，形成前所未有的写实性的雕饰特色。这种艺术主张更趋向于 “入俗”，开启了清代盛世民居建筑装饰雅俗相济的新风貌。

康乾盛世的经济发展、社会安定和文化繁荣推动艺术更趋于精致与繁丽。历经康、雍、乾三朝盛世积累，苏南地区更是物阜民丰，市场分工日趋精细，手工业高度发展，艺术创作极为活跃。这些都促进了人们对物质生活的热情和精神娱乐的向往，审美风尚随之呈现出由朴向奢、由雅入俗的变化趋势。漆器、玉器、陶瓷、竹木牙角等各种工艺美术品类的发展促使家具、建筑装饰亦趋向于精工细作（图 6-8）。朱家溍对清代家具的发展轨迹有如此论述：“清代家具发展到乾隆年达到高峰，过此逐渐下降。因此，‘乾隆造’代表着‘清式’，这个论点是可以成立的。但这还不全面，应该说：康熙、雍正、乾隆三个时期制作的家具代表着清式；更确切地说：清代家具新的做法、造型、装饰在雍正时已

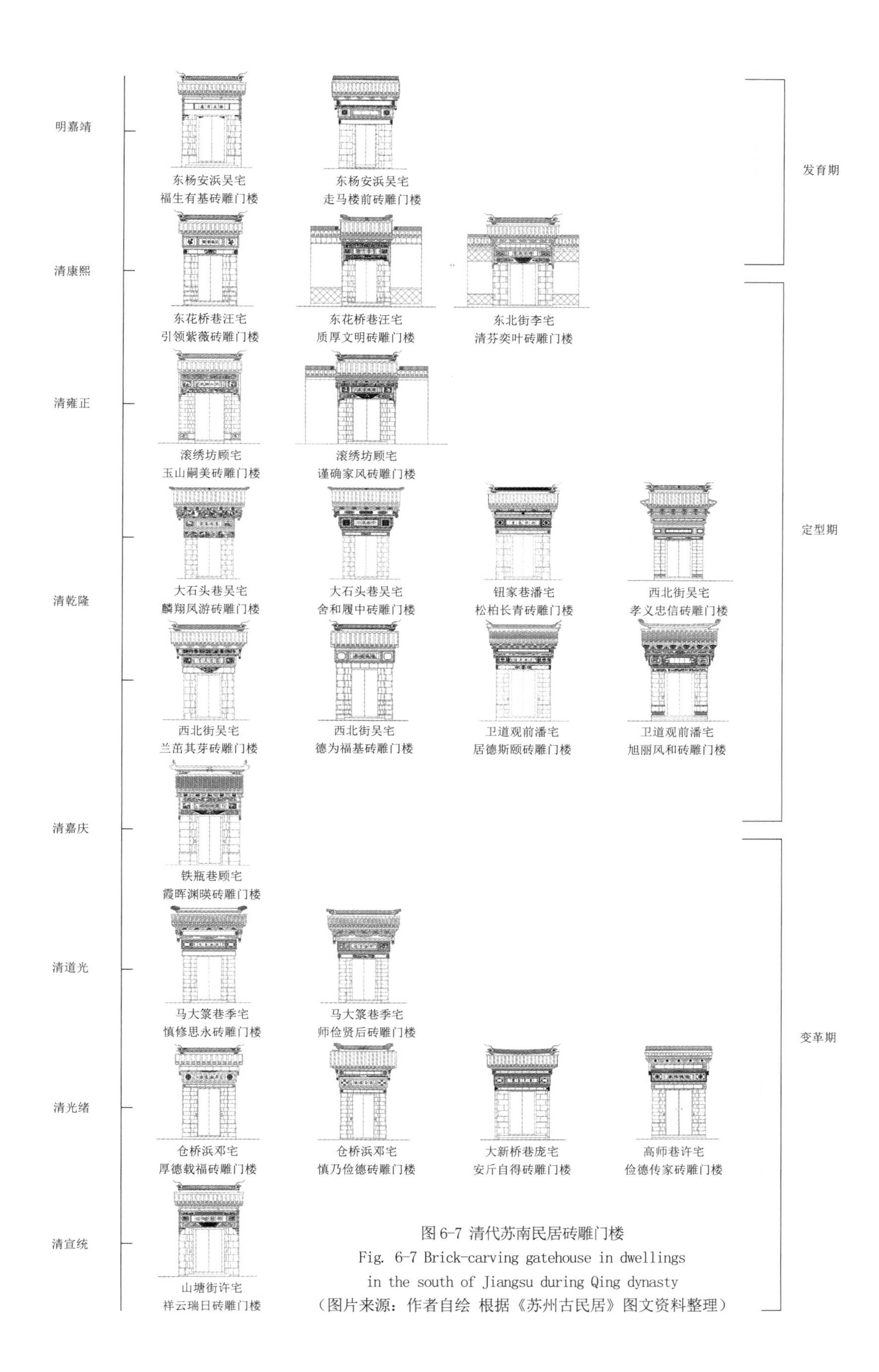

图 6-7 清代苏南民居砖雕门楼

Fig. 6-7 Brick-carving gatehouse in dwellings in the south of Jiangsu during Qing dynasty

（图片来源：作者自绘 根据《苏州古民居》图文资料整理）

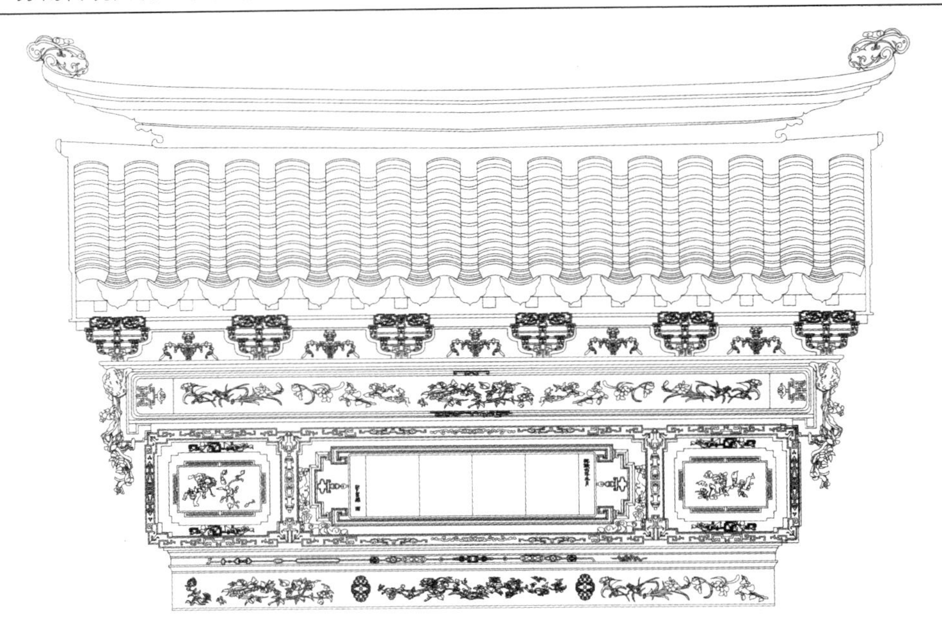

图 6-8 卫道观前潘宅旭丽风和砖雕门楼（清乾隆）
Fig. 6-8 Brick-carving gatehouse named “sunny” in the Pan’s house of Weidaoguanqian Street (Qing Emperor Qianlong period)
（图片来源：苏州市房产管理局．苏州古民居 [M]. 上海：同济大学出版社，2004.）

经大备。”[1] 建筑装饰亦是如此。从康熙末年开始，传统民居建筑装饰的题材更加丰富、工艺手法更加多样、空间关系更加复杂、装饰图案更加繁丽。苏南地区的文人、工匠、宅主一起突破了明代建筑装饰质朴、典雅、不事雕琢的装饰传统，转而推崇装饰的繁复与精细，调和了“雅”与“俗”这对艺术领域中的矛盾体，逐渐形成了文雅与怡情、质朴与富丽、端秀与华美并存的美学风格，至乾嘉时期这种风格臻于巅峰。康熙至嘉庆时期，苏南民居装饰在技术上达到鼎盛，装饰题材丰富多样，艺术上呈现雅俗并济的风貌，满足了人们更为复杂的精神需求。

6.2.1 “求趣”文士风

明末到清代中期，政治制度极度严苛、礼教制度严谨完备、社会经济不断繁荣，苏南地区社会各阶层关系趋于模糊：出现了士商互渗、士魂商才、工匠入仕、士匠互动等社会现象，推动了文士阶层与其他社会

[1] 朱家溍．雍正年的家具制造考 [J]. 故宫博物院院刊，1985 (03): 105.

各阶层审美趣味的渗透和融合。

6.2.1.1 士商互渗与士魂商才

明代以前，“重农抑商”是传统的“士农工商”观念中的主流，商人的社会地位一直相对较低。据余英时先生考证，“王阳明之前的儒家，义与利是一对水火不容的矛盾体，取义则不得利，反之亦然”；[1] 而至明代，王阳明提出了“终日做买卖，不害其为圣贤”的观念。于是，自王阳明之后的明清儒家，不再耻于言利，不再认为义与利是不可调和的，而转为一种接受他们相互渗透融合的态度。以苏州为例，明成化时期，已是“列巷通衢，华区锦肆，坊市棋列，桥梁栉比”[2]，成为商业发达的繁华都市。至明朝末年，苏南地区出现了资本主义萌芽，商品经济迅猛发展，催生了新兴工商市民阶层并使其不断壮大。明朝景泰年间，当局开始采取捐纳粮草、马牛、银钱入监的捐监制度。富家子弟不但可以凭借巨额财富享受奢华的生活，而且可以不用科举，利用捐纳制度步入仕途，猎取功名富贵。明代中叶以后，士商之间的界限已经呈现模糊不清的状态，至明中后期，从名誉性的授职至监生出仕，大量捐监生涌现出来，报捐人员的身份空间多样化。清代继续沿用了捐生制度。

社会环境的激变直接影响着各阶层人物的社会关系、生活方式以及生活态度，打破了传统的“士农工商”的社会等级次序。商贾阶层的社会地位不断提高，而士的地位却在悄然下降。因此，崇商、慕商情节不仅仅在平民百姓中广泛滋生。政治生态的恶化和社会地位的下滑使得文人在饱受排挤的恶劣环境中，内心充满矛盾和压抑，常有“士不如商”的感叹。居于社会顶端的文士阶层在大环境的影响下也放弃了对孤高心气的坚守，放下身段萌生出经商之愿与求利之心。另一方面，商贾阶层尚儒之风盛行，他们不仅乐于与文人士族交往，而且在日常生活的方方面面也极力效仿士人，附庸风雅。“士之子恒为士，商之子恒为商”的传统已经被“士商互渗”的现实完全改变。抑商观念的松动与士商关系的嬗变使社会出现了士人从商、商人入士、士商合流、儒商结合的现象，苏南地区独特的绅商阶层开始形成。

[1] 余英时 . 现代儒学论 [M]. 上海：上海人民出版社，1998：81.
[2] 李正爱 . 江南都市文化与审美研究 [M]. 杭州：浙江大学出版社，2015: 97.

苏南地区自古以来文风鼎盛，具有重教尚文的传统，商人的思想和行为方式都深受儒学影响，因此苏南商人不像普通商人那般一味趋利，他们有自己的文化追求和精神品格。经商之余，他们会博览群书，结交文士，吟诗作赋、营造园林、兴办书院、关注教育，形成了独特的苏南儒商文化。雄厚的经济实力以及对精神生活的高品质追求使得他们重视生活享受、讲求日常生活的艺术化。这种士魂商才的儒商品格与情结自然而然地在生活中流露出来，宅居装饰艺术成为他们抒发情感、表明趣味、彰显本我的重要渠道。

6.2.1.2 工匠入仕与士工互动

明清之后，文士阶层与工匠阶层之间的关系也发生了微妙变化。自明代始，许多民间匠师凭借着自己的智慧与才能脱颖而出，以匠师身份步入仕途，被朝廷委以重任。例如，苏州吴县香山帮的木匠蒯祥，即是凭借自己在木工技艺和营造设计上的过人本领而逐步晋升，最后官至工部左侍郎。木匠徐杲也是因其在建筑上展现出超人才艺而被直接提升为工部尚书，他是明代因工程实绩而被提升官职最高的匠人。原本为社会最底层的匠人入仕为官的事例提高了工匠阶层的社会地位。

另一方面，从明代始，文人厌倦于宦海沉浮，退隐后主动参与到园林居舍以及各种器物家具的营构及设计中，追求富有高雅情趣的日常生活。明清时期，文士阶层与下层工匠形成密切的交流和互动。一方面，封建礼教约束下的建筑装饰被居于下层社会的普通匠人注入了更为世俗化和生活化的活泼因子；另一方面，文士阶层的深层参与为面广量大的民间宅居建筑装饰增加了清新雅致的文人品格（图 6-9）。

6.2.1.3 文士阶层与市民阶层审美趣味的渗透融合

自古以来，文士阶层与市民阶层分属于两个不同的精神世界，在审美向度、精神追求等层面差异巨大。但从晚明开始，通过造物、艺术、装饰、园林等介质的沟通，二者在审美趣味和审美追求上逐渐由平行隔阂转向融合交汇。深受儒学熏陶的文人士族在弃仕归隐之后，其生活观和价值取向发生了一系列转变：从对社会历史发展的宏观关注转向对现实日常生活的经营与追求；从充满理想主义情怀的文人视界转向关注溢

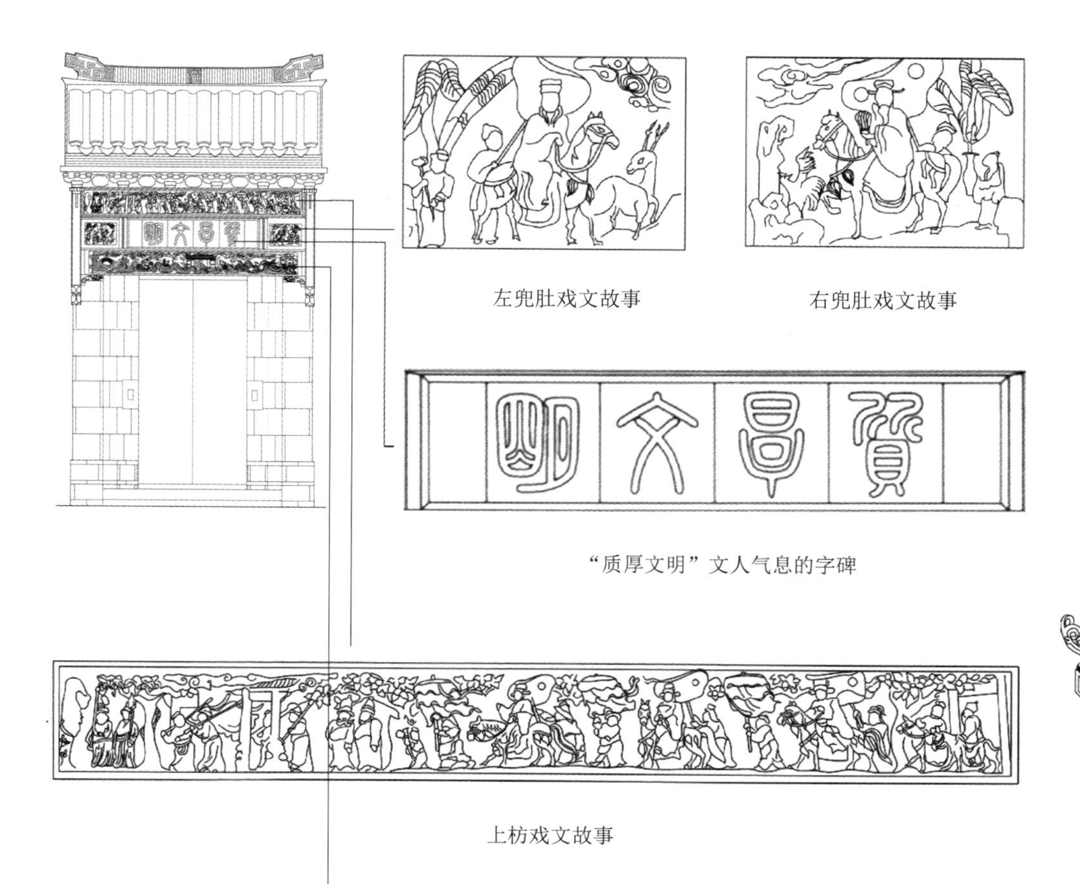

左兜肚戏文故事

右兜肚戏文故事

“质厚文明”文人气息的字碑

上枋戏文故事

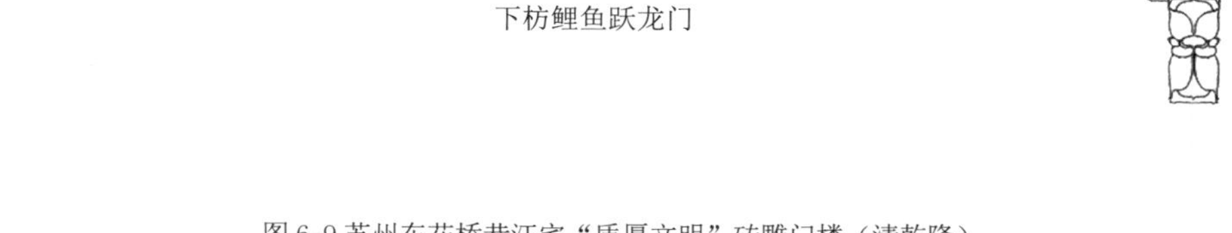

下枋鲤鱼跃龙门

图 6-9 苏州东花桥巷汪宅“质厚文明”砖雕门楼（清乾隆）

Fig. 6-9 Brick-carving gatehouse named “civility” in Wang’s house in Donghuaqiao Lane of Suzhou (Qing Emperor Qianlong period)

满人情的世俗视界；从专注精神满足转向兼顾现世享受。他们将更多的情趣赋予日常琐事中，其生活艺术化的意趣体现在崇尚自然野趣、赏玩古董、焚香品茗、调琴作画、饮酒赋诗等活动中。这些活动是对文人理想人格与文化情怀的一种新的标示，它们扩大了精神生活的领域，为明清时期的民居建筑装饰的发展演化提供了新的环境和背景。拥有文化权力的士绅阶层，拥有特殊的社会地位和影响力。其艺术化的生活方式和价值观迅速向其他阶层渗透，从而改变了普通民众的生活态度和造物观念，这一变化潮流在苏南民居建筑装饰上尤为显著。

市民阶层在物质需求满足以后，竞相仿效清新雅致的生活方式，开始追求精神上的愉悦与满足。他们的审美情趣发生了显著变化：从世俗平庸转向了清新雅致，显示出生活艺术化的倾向。这种审美情趣从日常生活中自然生发，并从文人艺术、民间工艺美术和苏南地域文化中广泛地吸取养分，呈现出人性化、个性化、多层次的特征。新兴市民阶层新型审美需求的高涨大大丰富了苏南民居建筑装饰的题材与语言。伴随着明清时期社会形态与生活方式的一系列变革，文人士大夫对于世俗生活审美情趣的关注和追求促进了艺术化生活的观念不断向普通民众辐射和渗透。

由明入清的士人尚真求趣，在清代市民阶层逐渐壮大的背景下，开始趋向于彰显个性和表现自我。早在明代，吴门四家中画作题材就相对丰富，具有“俗”的审美倾向（图 6-10、图 6-11）。就连最为雅正的文徵明，“既有《秋野》、《田舍》等乡村题材的诗画作品，也有《新燕篇》、《闻蛙》等生活化题材作品，甚至还有《春闺》、《题伯虎美人图》等艳俗题材的作品，更有《湘君图》、《洛神图》等具有绮艳格调的画作”[1]，历来以“雅”著称的文人画在人文艺术俗化的大潮下呈现出由雅入俗的走向。明代吴门的四家之一的唐寅曾自嘲道：“闲来写幅丹青卖，不使人间造孽钱”，说明在当时文人画家卖画还没有被普遍认同，清中叶以后，文人卖画已不是个别现象，得到人们的广泛认同，书画等“雅”艺术呈现出平民化和商品化的“俗”特征，甚而呈现出功利化的特征。苏南地区的画家敏锐地察觉到这种变化，自觉地接受商品

[1] 程日同．由守雅持正到雅俗相济——文徵明诗画融通过程中的文艺“俗”化路径 [J]. 河北学刊，2013（11）:87-88.

图 6-10 贵妃晓妆局部（吴门画派具有“俗”审美倾向的画作）（明）仇英
Fig. 6-10 Paintings with the common aesthetic tendency in Wumen Group
（图片来源：北京故宫博物院）

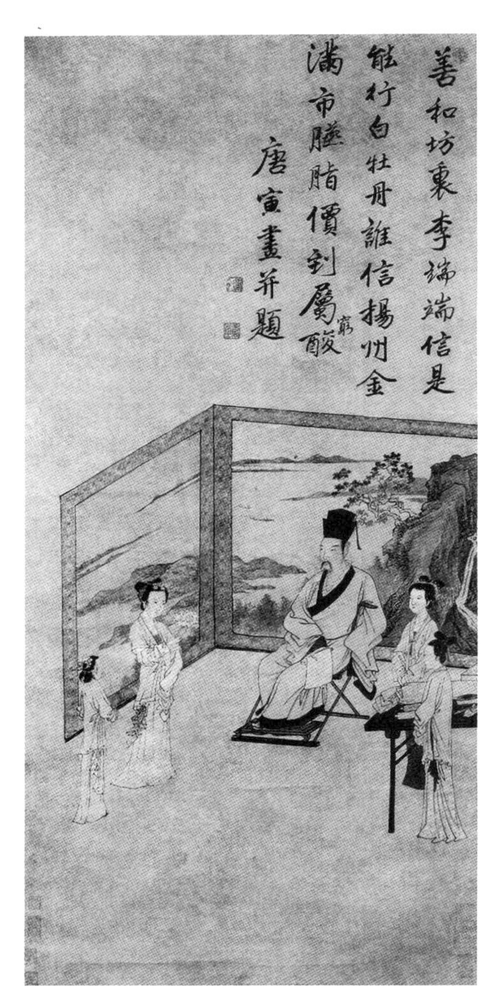

图 6-11 李端端图 （明）唐寅
吴门画派具有“俗”审美倾向的画作
Fig. 6-11 Paintings with the common aesthetic tendency in Wumen Group
（图片来源：南京博物院）

经济所引发的书画世俗化的变化，自觉成为职业画家。文士艺术思想与创作风格的改变必然会影响苏南民居装饰的题材与形式，促使它通过突破旧制、显现个性来吸引新兴市民层阶。

6.2.2 “重义”教化理

苏南人自古崇尚古朴雅致，明清之际的著名文人顾炎武对此有所论述：“姑苏人聪慧好古，亦善仿古法为之。书画之临摹，鼎彝之制淬，能令真赝不辨。尚古朴，不尚雕表镂。即物有雕镂，亦皆商、周、秦、汉之式，海内僻远皆效尤之。此亦嘉、隆、万三朝为始盛。”随着商品经济的发展，受艺术商品化以及“心学”、“童心说”、“性灵论”等多种思想的影响，文人艺术呈现出不可阻挡的商品化、市民化、世俗化趋势。但对于苏南地区建筑艺术的引领者文士阶层来说，儒家学说为他们树立了难以被真正取代的核心价值观，他们的儒家思想归附是发自心底的愿望，即便归隐田原，也大多是“身在江湖、心存魏阙”，以出世的行为标示自身的高洁情操及虚静情怀。他们时时以要表示积极“入世”的生活态度来平复被迫“出世”的晦暗心态，而与人朝夕相处的建筑装饰很适合用来表示这

种心态。

6.2.2.1 寓教于乐的装饰精神

明清时期丰富驳杂的艺术思想使苏南传统民居建筑装饰精彩纷呈。从清康熙时期起，民居装饰题材迅速扩展，内容趋于丰富多样，形式喜闻乐见。即便如此，旨在传播道义、重于教化人伦的内容仍然是民居建筑装饰的主要题材之一。这些内容中有大力宣扬“三纲五常”儒教正统思想的题材，也有以佛教故事为蓝本、阐释教义的题材，而许多内容的呈现借用了家喻户晓的戏曲艺术形式。“中国文艺尚雅贬俗，有一核心的宗旨是教化民心”[1]。具有乐舞形象的戏曲其功能经历了三个阶段：在第一阶段的萌芽期，它仅是一种娱乐形式；在第二阶段的发展期，戏曲的传统剧目中逐渐融入了时代精神；随着文人介入剧本的改编与创作，戏曲不仅具有大众通俗的娱乐性质，而且被赋予了教化职能。孔子就非常认可音乐的社会教化功能，认为“移风易俗、莫善于乐”。戏曲不仅有歌，具有音乐性，同时还有舞，具有视觉性，是“有思想、有故事的歌舞艺术”。

自古以来，“雅俗不仅指一种趣味，更指一种形式。经史诗文，是文人士大夫表达治世理想与修养取向的最佳文体，属雅的范畴；而小说、戏剧，认为不过是流行于市井民间，供平民百姓娱乐的消遣品，被归入鄙俗范畴。”[2] 戏曲曾长期被认为“俗”艺，而不能登大雅之堂，不被文士所认可。但在清初，人们将戏曲纳入正统诗歌演变体系中进行考证，强调戏曲与诗、词的同源性和同质性，故清代尤侗在《倚声词话序》中有“诗变为词，词变为曲，北曲之又变为南也”[3] 的论述，将其纳入“雅”的范畴，借此提升戏曲的地位。戏曲通过对传统经典题材的演绎，在潜移默化中完成对下层民众的知识传播和文化性格塑造，实现启迪民智、唤醒民众的教化功能，达到“使民开化”的目的。清代李渔认为戏曲要承担起厚人伦、敦风俗道德教化作用：“可传与否，则在三事，曰情、

[1] 肖鹰 . 化雅入俗 —— 明代美学的终结之路 [J]. 学术月刊，2013(06): 124.
[2] 杨匡汉 . 20 世纪中国文学经验（上）[M]. 上海 : 中国出版集团东方出版社，2006: 475.
[3] 俞为民，孙蓉蓉 . 历代曲话汇编（清代编）第一集 [M]. 合肥 : 黄山书社，2008: 457.

曰文、曰有裨封风教。”[1] 作为日常生活环境中的人文教化载体，苏南民居建筑装饰对于戏文题材的选择主要注重其是否具有典型的教化意义。借助于戏曲艺术，苏南民居建筑充分实现了其寓教于乐的宣教职能。

6.2.2.2 伦理道德的题材演绎

中国传统文化具有多元复合的特点，但在其价值体系中，儒家思想的核心地位却始终没有动摇过。苏南地区传统民居建筑装饰有诸多选取了具有儒家核心思想的“三纲五常”戏文故事。无论对于达官贵人、文人雅士还是寻常百姓，以儒家思想为核心的“戏文体”建筑装饰在某种意义上实现了“夫宅者，乃是阴阳之枢纽，人伦之楷模”的理想，在以血缘为根基、以儒家学说为主导的传统社会中完善了“助人伦、成教化”的宣教体系的建构。

例如选择“老莱娱亲”、“卧冰求鲤”等二十四孝历史故事，主要目的不是单纯叙述故事，而是将儒家的“孝”转化为可视、可感的具体画面，这一题材的雕饰为居者提供行为和道德的暗示与教化，形象化地宣扬了伦理道德。选择“三国演义”、“岳母刺字”等民众喜闻乐见的故事，是基于国家、社会宏观层面进行“忠君”、“仁义”以及“智勇”等价值的诉求。民居装饰将抽象的“三纲五常”转化为可视、可感的艺术造型，为居者提供日常行为的指导和道德修养的提示，吻合统治阶级的宣教目的。其他诸如“囊萤夜读”、“凿壁偷光”、“渔樵耕读”等题材，其主旨也都是推行忠、孝、节、义等儒家核心伦理道德思想。

这些承载儒家思想的装饰形象逐渐留驻到人们的日常生活和精神世界里。因为既合天理又近人情，无论是统治阶级还是平民百姓都乐于接受这些题材。它被当作一种符号演绎到与人朝夕相处的居住空间中，成为一种与日常生活与思想情感密切关联的环境元素。借由建筑装饰，动态的表演艺术凝固成静态的雕刻艺术，戏剧性造型突破了现场表演的时空局限，从公共舞台走进私密的民居空间。这种“以物载道”的装饰形式被广泛接受，成为统治阶级正人心、明长幼、厚风俗的宣教载体，演变为十分流行的建筑语言，在各个层级的民居空间界面中发挥伦理教化作用（图 6-12）。

[1] 赵维国 . 教化与惩戒：中国古代戏曲小说禁毁问题研究 [M]. 上海：上海古籍出版社，2014:16.

图 6-12 西山敬修堂棹木上的戏文片段（清乾隆）
Fig. 6-12 Fragments of the Drama on the Zhao Wood in in Jingxiu Hall of Xishan Island (Qing Emperor Qianlong period)

6.2.3 “怡情”世俗景

随着苏南地区商品经济的极度繁荣，富商巨贾的私有财产急剧膨胀，缙绅大富大都私据尊位、纵欲无度，随着包括建筑在内的封建法制的渐趋废弛、技艺的进步、市民阶层的审美观及消费观日益转变，民居建筑装饰趋于以华为美、以奢为荣。“居必巧营曲房，蓝楯台砌，点缀花石，几榻书画，竞事奢华。”[1] 民间大兴土木之风日盛，私人园林以及民居建筑的营造活动日渐活跃，装饰亦完成了从“朴素浑坚不淫”到“金碧辉煌、高耸过倍”的嬗变，风格亦日趋奢华。于是，“代变风移，人皆至于尊崇富侈，不复知有明禁，群相蹈入”[2]。这些都大大超出了原有传统民居建筑装饰形式。相对朴素的题材、形式已不能满足空前旺盛的表现欲望。建筑装饰的审美理念在变更，艺术形式、技术材料、装饰题材不断扩容与重构，工巧繁丽、唯情至真的戏文体建筑装饰应运而生。

[1]（明）陈继儒等 .（崇祯）松江府志：卷七 [M]. 北京：书目文献出版社，1991.
[2] 张翰 . 松窗梦语 [M]. 上海：上海古籍出版社，1986: 123.

6.2.3.1 驳杂思想孕育世俗审美

从明代后期开始，朱子之学受到王阳明“心学”的冲击，文化领域呈现出多种思想驳杂交织的现象。这对于建筑装饰题材的扩展以及审美风格的多元化发展产生了重要影响。从王阳明以“致良知”为宗旨的心学，到佛道宗教的世俗化倾向直至明末儒释道三教合流，再到以王艮倡导的“百姓日用即道”的泰州学派，以及主张“经世致用”的实学；从李贽的“童心说”到汤显祖的“唯情论”再到袁宏道的“性灵论”，其核心都是张扬自我个性、肯定个体的自然情感，力求打破礼教束缚、追求自由精神。“其开拓的是以肯定人的自然需求为前提的世俗化审美运动”[1]。追求“独抒性灵，不拘格套”、“情至之语，自能感人”的“唯情”论指引人们的目光转向了对于现实日常生活的关注和感悟。“传统的美学尽管仍然在诗、书、画理论中展开，但在精神主旨上有了向情感主体化、自然趣味化的转化……明代美学终结的主题表现，是‘由雅入俗’……时代美学的主流转进入了一个肯定世俗生活、张扬个人享乐、商品经济注入日常生活，而且消费文化逐渐常态化的生活世界”[2]。市民意识逐步觉醒和形成，世俗审美观也逐步形成，影响了明清以后包括建筑装饰在内的实用艺术的发展方向。

6.2.3.2 文艺精神勃发自由人性

“明代美学是中国古典美学向市民文化转型分化的时期。”[3] 明末清初一个突出的文化娱乐现象是以小说、戏曲为代表的市民文艺的极度繁盛。戏曲这种原本作为与“雅”的诗歌相对的“俗”文艺的兴盛，在明清时期对于社会生活与大众文化产生了重大的影响。据传清康熙时期仅苏州一地的戏班就以千计。乾隆年间徐扬的《姑苏繁华图》描绘的苏州胥门到山塘街最为繁华的商业文化区中不到两公里的地段戏曲场景就多达十余处。从“高雅堂会”到“春台戏社”，从三弦琵琶到街头杂耍，脍炙人口的爱情伦理故事、宗教经典故事、历史传说故事咸集于此。这里有绚丽夺目的视觉盛宴、令人震撼的戏剧冲突，小小戏台尽显人生百

[1] 肖鹰．明代美学的历史语境 [J]. 辽宁大学学报 (哲学社会科学版), 2013(04): 118.
[2] 肖鹰．明代美学的终结之路 [J]. 学术月刊 , 2013(06): 122.
[3] 肖鹰．明代美学的终结之路 [J]. 学术月刊 , 2013(06): 122.

态，承载世人情感。戏曲丰富了社会各阶层的娱乐活动，推动了市民文艺的普及。

充满世俗味的戏曲吸引了那些报国无门、隐逸民间的士人，他们寄情戏文，或借古喻今，或针砭时弊，或鸣不平之音，品戏评戏、作曲填词创作成为他们直抒胸臆的艺术途径。写戏、观戏、赏戏成为文士阶层不可或缺的文化生活之一，彻底颠覆了戏曲不登大雅之堂的陈规。统治阶级的腐朽没落、思想领域的相对宽松、商品经济的蓬勃发展、上层阶级的导向作用、戏曲的刊印发行，使戏曲以不可阻挡之势蔓延于社会的各个阶层，成为人们最喜爱的、引领社会风尚的文化娱乐活动。戏曲热潮为苏南民间建筑装饰提供了极为丰厚的创作蓝本。戏文体装饰将久远历史与真实社会中的人间百态与世俗场景引入民众的生活空间，起到了娱乐与怡情的作用。

许慎在《说文解字》中认为："俗，习也。"意"俗"之本意为民俗、风俗。俗文艺在审美上多具有情感炽烈、思想明快、形式粗简等特征，具有自然率真之美。在封建社会高度发达的明清时期，俗文艺在形式及情感表达上逐渐趋于精致细腻。戏曲在娱乐、教化的同时，还具有动人生情的功能。李世英认为清初的戏曲创作倾向和批评主张就是"崇情尚雅"，"雅"一则为戏曲与诗歌具有同源性，二则"雅"为文士阶层的审美倾向和意趣，前文已述。"情"为世俗的"情"、人性的"情"。他认为清初戏曲艺术思想的主导倾向是"注重戏曲艺术'言志''抒情'的功能，强调'真情'的表达。"[1] 正如明代周之标所言："戏曲者，有是情且有是事"。事可生情、情可动人，"唯情至真"是戏曲之所以能够引发人们共鸣之原因。戏曲这种富有市井审美趣味的俗文艺，非常符合人们对于现世美好生活的追求和向往。它在明清时期从乡村、民间走入城市，容纳了更为深广的世俗内涵。苏南民居戏文体建筑装饰也顺应了时代的文艺潮流，呈现出鲜明的"俗"之特征。

除却大量基于儒家思想的伦理教化题材，苏南民居建筑装饰题材还涉及生动鲜活的现世生活及风俗人情，具有娱乐、休闲及大众化的俗文艺特质，更多地体现出新兴市民阶层的文化诉求，更加自由和酣畅淋漓

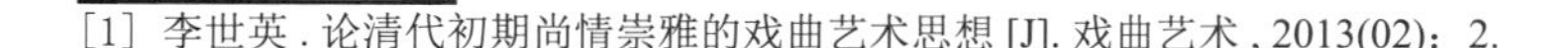

[1] 李世英 . 论清代初期尚情崇雅的戏曲艺术思想 [J]. 戏曲艺术 , 2013(02)：2.

地表达情感。在戏文体建筑装饰中，既有上层文人雅士的生活场景或片段，也有下层社会普通民众的生活图景。无论是为了人间至情勇于和封建制度桎梏博弈的《荆钗记》、《牡丹亭》、《西厢记》等传统剧目，还是为了世间大爱而成就英雄壮举的《杨家将》、《岳飞传》、《包公案》等历史剧目，都是社会各阶层所喜闻乐见的。种种与日常生活相关、赞赏人性的戏文故事题材赋予苏南民居建筑装饰浓厚的现实主义色彩和人文主义情怀。《西厢记》、《牡丹亭》等言情戏曲题材的加入是苏南建筑装饰的巨大突破。人们利用戏曲的生动形象来表达争取人性自由的强烈诉求，在一定程度上反映了民众对封建礼教的抗争和对社会现实的批判。民居建筑装饰中日益增多的人性化主题是民众自我意识逐步觉醒的体现，是其真情实感的流露，代表着新兴市民阶层的生活理想和价值追求，从一个侧面反映出新兴商人阶层和市民阶层在精神上的崛起，标示着时代的进步。

“从嘉靖到乾隆的文艺潮流，不管表现方式如何五花八门，多种多样……却大多呈现出对儒家核心伦理教义的脱离、违反甚至背弃。他们的心性、性情等，都更是个体血肉的，他们与情欲、与感性的生理存在、本能欲求，自觉不自觉地联系得更为紧密了。”[1] 在“三纲五常”的儒家道德规范之外出现了“情”的扩张与充溢。人们意欲冲破礼教的桎梏，向往和追求生活中的物质与精神享受。新的生活方式和价值观念影响了苏南民居建筑装饰，使其更加具有“近情动俗”的世俗化与生活化倾向。

6.3 因循固化与中西交融——变革期

从清道光至民国，苏南地区的传统民居建筑装饰上承明清时期的传统体系，下启中西文化冲突与交汇背景下的变革与转型。在近百年的历程中，既有旧式体系在传承沿袭中的因循固化，也有面对西方文化的强势入侵，应时代发展之趋势开新式装饰风气之先河而所做出的种种调适和探索。苏南地区具有深厚的历史人文底蕴，坚守和秉持传统的力量相当强大，故而在苏南地区的城市及乡镇建筑的主流形式仍是基本沿袭旧貌，总体建筑活动仍固守在传统民居建筑的体系中，局部有或多或少的

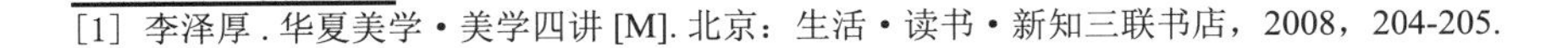

[1] 李泽厚 . 华夏美学・美学四讲 [M]. 北京：生活・读书・新知三联书店，2008，204-205.

改变；另一方面，苏南地区自身优越的经济基础、工商业传统、东临上海的特殊地理位置使其对于新事物及西方文化具有更强的开放性和包容性。因此，这一地区的建筑理念也随之发生了相应变化，从模仿到吸收融合，形成富有地域特色的中式为主、西式为辅的传统民居，而民居建筑的装饰手法与风气也随之改变。

6.3.1 繁缛堆砌失神采

乾隆时期以后，清朝迅速走向衰落。随着政治及经济的衰微，苏南传统民居建筑装饰艺术的发展渡过了它的高峰，在嘉庆后期进入由盛而衰的转折期。其后，传统民居建筑装饰多延续乾嘉时期的视觉形式及题材内容，还增加了大量谐俗主题及吉祥寓意的题材。从整体而言，嘉庆以后的传统民居建筑装饰既没有康雍时期的古朴雄浑，也缺乏乾嘉时期的强健灵动，呈现因循固化、缺乏创新的局面。期间虽亦有少量优良案例出现，但多属“铺锦列绣，亦雕绘满眼”之类，这一时期苏南民居建筑装饰的美学品格开始有所下降。

6.3.1.1 内忧外患与同光中兴

“至咸丰期，文恬武嬉。满洲纨绔用事……揭竿四起，以太平军为蔓延最广”[1]。太平天国战乱直接导致了苏南地区人口锐减和土地荒芜，“并由此引发了苏南历史上最大规模的移民”，“苏州府从 1851 年到 1865 年，人口从 654.3 万锐减到 229 万人口，减幅达 65%；同时期常州府[2]从 440.9 万人锐减到 119.6 万人，减幅达 72.9%”[3]。咸丰十年（1860）太平天国李秀成攻克苏州府，苏州经历了庚申之战乱，阊门、山塘等经济繁华区毁于战火。大批人逃离苏州，以苏州为核心的苏南地区的商业经济、社会文化遭到重创。咸同之时，苏南地区饱受战争、动乱之苦，“土木之事遭受顿挫，建筑装饰呈现衰落迹象，几乎无可取之处”[4]。“道光以来，伏莽遍地”[5]，道光二十年（1840）中英鸦片战争，清政府战败，中国进入半封建半殖民地的近代社会，从此清廷陷入内忧外患的社会危

[1] 孟森 . 清史讲义 [M]. 南京 : 江苏文艺出版社 , 2010: 364.
[2] 据晚清时期的行政区划，常州府领无锡、武进、阳湖、靖江、江阴、金匮、宜兴、荆溪 8 县。
[3] 刘俊 . 晚清以来长江三角洲地区空间结构演变过程及机理研究 [D]. 南京 : 南京师范大学 , 2009: 53.
[4] 郭翰 . 苏州砖刻 [M]. 上海 : 上海人民美术出版社 , 1963: 序 .
[5] 孟森 . 清史讲义 [M]. 南京 : 江苏文艺出版社 , 2010: 395.

机中，急剧衰落。1842年《南京条约》割地赔款，上海被迫开放为通商口岸，成为以贸易为中心的新型城市，逐渐取代了苏南地区主要城市苏州的商业、经济和文化的中心地位。因政治腐败、战乱侵扰、经济衰退等因素影响，苏南地区传统民居的营造活动有一定的减缓，建筑装饰亦受到一定的影响。

1870 年后，即同治后期与光绪年间，苏南地区于同光中兴时期因经济复苏、文化繁荣而重新兴起了置地造园建宅的热潮，出现了一些佳作。苏州悬桥巷 27 号的洪宅、人民路铁瓶巷的任宅（光绪六年）（1880）、仓桥浜的邓宅（光绪三十二年）（1906）、大新桥巷庞宅（光绪九年）（1883）、王洗马巷万宅、桃花坞大街费宅等均为光绪年间相对精美的宅居。

6.3.1.2 脱离建筑本体的“吉祥装饰”和“艺术品化”

清代中后期，苏南地区文人花鸟画中出现了大量谐俗主题的画作，迎合市民阶层的审美趣味。文士阶层托物言志的题材被赋予了新的吉祥寓意，例如岁寒三友，清雅高洁的竹子被人们解读为竹报平安；志节清高的松鹤被寓意长生不老。其他的禽鸟虫鱼、瓜果菜蔬等都也被寓以各种功利性的吉祥寓意，例如金鱼与“金玉”谐音、蝙蝠与“福”谐音、鸡冠与“官”谐音、花瓶与“平”谐音，逐渐形成“金玉满堂”、“平安如意”等程式化的组合模式（图 6-13）。

苏南地区民居建筑装饰在道光以后也有一些工艺较为考究的作品，但基本上是承袭旧制，在艺术风格上乏善可陈，发展成更为精巧的“艺术品”。受乾嘉时期建筑装饰细腻繁缛审美倾向、工艺品发展趋向以及缙绅巨贾竞奢斗富等因素的影响，自嘉庆以来，建筑装饰“艺术品”化的趋势愈演愈烈，建筑装饰被日益禁锢在技艺的狭小世界中，虽然精致纤巧，但堆砌造作、矫饰琐细，装饰的艺术趣味日趋猥琐。不仅建筑装饰如此，家具以及室内陈设诸如雕塑、漆器、珐琅等诸多相关艺术，无一例外。这种建筑装饰“艺术品”化趋势所呈现出的繁琐的形式表象，不仅逐渐失却了明代的自然简约之美，也失却了康乾时期求变与创新的气韵，转而追求繁纹重饰，更加讲求纤巧华丽，常于某个装饰构件上施以满雕密饰，工艺、题材等无所不用其极（图 6-14）。繁琐堆砌的风

图 6-13 周庄沈厅轩梁吉祥图案蝙蝠

Fig. 6-13 The auspicious pattern of bats of Shenting Hall in Zhouzhuang Town

图 6-14 春在楼老爷房沿廊雕饰的艺术品化倾向

Fig. 6-14 The artistic tendency of carving along the corridor in Chunzai Building of Dongshan

格使民居建筑装饰蜕变为斗富的形式符号。原本属于艺术创作层面的建筑装饰蜕变为工匠谋生的手段，缺失了对于高尚精神和丰富性灵的表现。

对此，清代钱泳在《履园丛话》中有述："屋既成矣，必用装修，而门窗扇最忌雕花。……今苏、杭庸工皆不知此义，惟将砖瓦木料搭成空架子，千篇一律，既不明相题立局，亦不知随方逐圆，但以涂汰作生涯，雕花为能事"[1]，说明那时的他已经意识到装饰趋繁之风，并持以否定的态度。民居建筑视觉形式应遵循民居的构造逻辑与建筑构件的本体样态，手法恰当地使居住空间得以美化与增益。如果为了装饰而装饰，以"多"与"满"来孤立地追求细枝末节上的雕镂细琢，不仅不能达到预期的装饰效果，反而会产生负面作用。清代中后期走向堆砌繁缛的建筑装饰艺术即是如此，它在将精致富丽形式推向极端的同时因为脱离了建筑的本体和空间的实质而加速了自身在精神上的衰败。

6.3.1.3 堆锦绣，去古朴

苏南民居建筑装饰在清中后期整体因循就制，在民居建筑结构造型转向简练方直、装饰细节趋于繁琐和程式化的过程中出现了个别精彩之作，比如有"雕花楼"之称的西山仁本堂。仁本堂建筑装饰将儒家伦理、地域特色、艺术审美与时代精神相结合，装饰风格上追求"满"和"全"。仁本堂从老宅初建至新宅落成，跨越了康、乾、道、咸四朝百余年，在建筑体量、组合形式、装饰题材、视觉形式等方面均反映出清代建筑装饰艺术的发展与变化。仁本堂徐家于宋室南迁时徙居至西山，据蔡焔《堂里湾记》载，徐氏为"勤稼穑，服商贾，诗书而外，绝无他慕"，集耕作、诗书、商贾于一体的世家。乾隆年间家道繁盛，并早已开设当铺，由此可以看出资金相当雄厚。仁本堂分为老宅和新宅两部分，中隔一备弄，老宅居东、新宅居西，当铺就位于老宅的西落。老宅初建于康熙年间，乾隆四十四年（1779）进行翻建与扩建，道光元年（1821）"仁本堂"主厅竣工，毁于 1987 年。"新宅于咸丰三年（1853）起造，为雕花楼主体，共三落五进、二十六底十六楼，总面积达 2500 平方米"。[2] 咸丰时期的新宅竭尽装饰之能事，长窗、梁柱等大小木作上皆施以精镂

[1] 鲁晨海．中国历代园林图文精选·第五辑 [M]. 上海：同济大学出版社，2006: 218.
[2] 郑曦阳．苏州西山仁本堂建筑雕饰艺术的文化特性分析 [J]. 艺术百家，2008(02):113.

细作的雕饰，墙面、门景、月洞也作唯美秀雅的砖雕，可谓无处不雕、无雕不精。新宅起造之时，正值苏南地区民居装饰雕作讲求精致化的高峰时期，不久太平战火即延至苏南地区，当地社会经济遭受重创，再少有良作出现，即使同光中兴以后，有个别富商巨贾兴建雕花楼，但若论格调之风雅、技艺之精湛几乎无出其右者。

图6-15 仁本堂花厅花篮柱
Fig. 6-15 Pillar with carved-pattern of flowers' basket in parlour in Renben Hall

以木雕为主体装饰的东花厅是仁本堂的精华所在，大木作、小木作的雕饰均精巧华丽且颇具地方特色，为咸丰时期苏南地区的巅峰之作。大木作装饰的主题为“吉祥止止”，小木作的主题为“古雅秀逸”、“自然天趣”与“吐故纳新”。“吉祥止止”表达了宅主对于美好生活的向往;“古雅秀逸”反映出苏南人所特有的文人情怀；“自然天趣”凸显了宅主充满自然主义情怀的个性表现；“吐故纳新”体现出宅主丰厚的经济实力和时尚创新的精神。东花厅形制为花篮厅，前步柱悬空雕镂为花篮状，状若竹篾手工编就的精美竹篮，篮内镂雕“四君子”梅兰竹菊（图6-15），梁垫及蒲鞋头前承轩梁、后接大梁，依其结构巧妙雕成如意状，并雕饰卷草作缠绕状。主要承重的大梁及轩梁构件上均施满雕饰，轩梁居中对称三段式构图，中饰“狮子戏球”，左右两侧为“喜鹊登梅”。大梁构图同轩梁，居中雕“松鹤延年”、“麒麟吉祥”等吉祥图式，两旁均雕以枝叶繁茂的葫芦，以寓“福禄绵绵”之意。

东花厅下层长窗裙板的“山水林麓”与“博古清供”雕饰营造出“古雅秀逸”的视觉艺术形象。该组裙板山水雕饰近景、中景、远景层次分明，山石、树木、亭台、茅舍等景物之间穿插错落有致，如山水立轴一

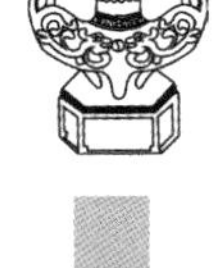

般，颇具神韵。在画面中不仅包含传统山水画中的云水、山峦、秀木等自然景物，而且还融进了茅舍竹篱、亭台楼阁、佛塔寺庙等现实生活场景，虽不见人，但却极其巧妙地让观者感受到人的活动，在高远的山水意境中融入了世俗生活的气息（图 6-16）。

"'岁朝清供图'在清中后期江南地区成为文人画盛行的题材类型"[1]，兼工带写、图文并茂。东花厅长窗及半窗的中夹堂板上雕有一系列博古清供组图，具有寓意吉祥、雅俗相济之特征。它构图精巧，以展开的画卷为底，上饰各种古器，并配暗八仙，还有拂尘、画戟等相关器物。在长仅盈尺的夹堂板上如展开的画卷，器物造型优美，构图灵动，刻工精致细腻，既有高古秀劲之意，又有淳雅秀美之感，古雅俊秀、文气斐然（图 6-17）。从明代的文徵明、唐寅、徐渭、董其昌，到明末清初的陈洪绶，再到清中后期的李鳝、赵之谦、任伯年、吴昌硕，扬州画派、吴门画派以及海上画派的诸多画家都创造过博古清供题材的画作。博古清供图亦是文人画世俗化的代表，于清中后期在苏南民居中成为比较多见的装饰题材，并在形式上逐渐形成相对固定的组合模式。博古画中既有体现文人雅兴之作，也有迎合市民世俗审美之作，具

图 6-16 仁本堂山水林麓雕饰
Fig. 6-16 Carving decoration of landscape and trees in Renben Hall

[1] 陈健毛．"岁朝图"与清中后期江南地区的雅俗观 [J]. 苏州教育学院学报，2007（02）: 22.

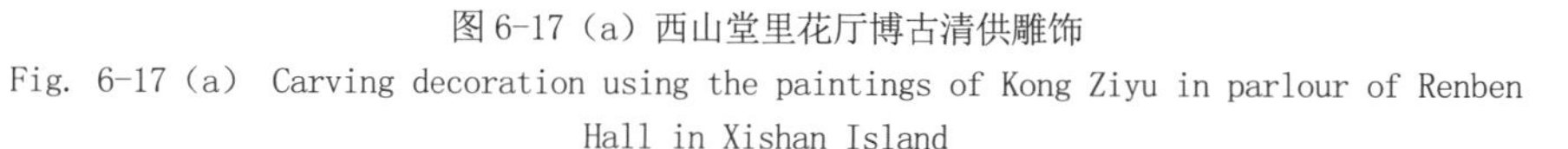
图6-17（a）西山堂里花厅博古清供雕饰
Fig. 6-17（a） Carving decoration using the paintings of Kong Ziyu in parlour of Renben Hall in Xishan Island

有“富贵清高”、“平安吉庆”等祈福康宁之意，正如钱泳在《履园丛话》中道：“须于俗中带雅方能处世，雅中带俗可以资生。”

东花厅长窗装饰大胆采用了新型材料。同光年间，西方文明对苏南地区产生了方方面面的影响，玻璃由海外传入该地，巨商大贾们不惜花费重金将其用作炫耀之物。玻璃大大改善了室内的采光，同时突破了明瓦对内心仔间距尺寸和图案形式的束缚，出现了中心嵌玻璃绷子的内心仔形式。以曲线为造型形式的海棠纹、软条等得以大量应用，促使长窗内心仔的装饰形式发生了重大变化。东花厅长窗内心仔以复杂的夔式花纹做边框，上下居中各镶嵌玻璃一块，体现出奢华而又时尚的装饰风貌。

“风烟绿水青山国，篱落紫茄黄豆家”，这种充满田原诗情的画面

在东花厅二楼的窗上有生动体现。二楼裙板上雕有各色蔬菜瓜果，例如玉米、丝瓜、扁豆、南瓜等，中夹堂板以金樱子呼应，线条流畅，意境恬淡，颇具花鸟画的神韵。后窗裙板上雕饰西山的各色水果，如枇杷、樱桃、石榴、水蜜桃等，并以蝴蝶、蜻蜓、知了、螳螂等昆虫与之相配。中夹堂板以豆荚、葡萄等缠枝图案相配，全然是一派“想见故园蔬甲好，一畦春水辘轳声”的美好画面。将这种极富地域特色的“乡土天趣”之物，通过雕饰使其登堂入室，体现出宅主对乡土的眷恋之情，反映出苏

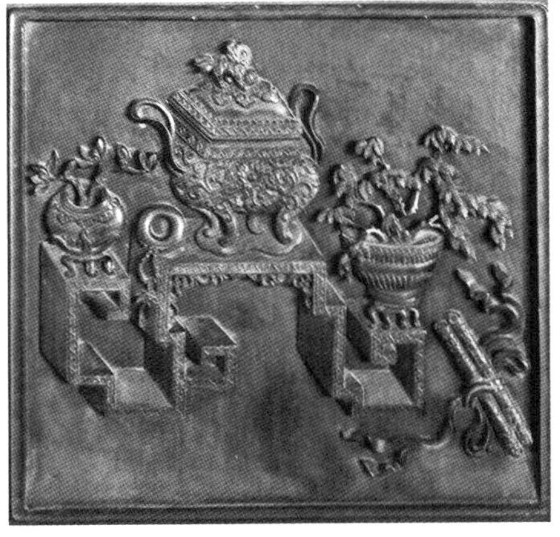

图 6-17（b）西山堂里花厅博古清供雕饰

Fig. 6-17 (b) Carving decoration using the paintings of Kong Ziyu in parlour of Renben Hall in Xishan Island

南地区优渥的风土物产及幽雅恬适的生活风貌。

西山仁本堂新宅东花厅的木作雕饰锦绣，集浮雕、剔雕、透雕、混雕等工艺手法于一体，刀法圆润娴熟、运刀如笔、工艺精湛。题材及形式上既承袭传统又富有新意；装饰材料体现出当时的消费时尚，具有一定的创新意识，是咸丰时期苏南地区建筑装饰艺术的代表之作。从艺术品位和设计思想上讲，清末民初，民族工商业较为发达的苏锡常一代出现多处类似仁本堂的豪华宅院，它们均因雕饰过于繁缛而在整体形象上失去了清纯雅致的古风，这与其宅主们亦儒亦商的身份相吻合。

6.3.2 中西杂糅现变异

清道光二十年（1840）中英鸦片战争以后，随着《南京条约》条约中五口通商的开放，西方的建筑文化全面入侵和传播。苏南传统民居建筑装饰领域同样受到巨大冲击和影响，部分传统民居呈现出以中为主以西为辅、中西杂糅的局面。“西方建筑文化主要通过三条渠道对中国近代建筑产生影响，即教会传教渠道、早期通商渠道以及民间传播渠道”[1]。苏南地区的传统民居主要是在通商和民间传播两种渠道的影响下形成中式为主、西式为辅的、杂糅变异的现象。

6.3.2.1 受冲击，思重构

帝国主义在华殖民扩张导致的上海、苏州开埠贸易和无锡、常州近代民族工商业崛起，推进了传统民居建筑装饰中西交汇的进程。清道光年间，随着鸦片战争战败，“中国中心论”的传统观念被侵略者的坚船利炮所击碎。在“师夷长技以制夷”思想观念的指导下，清政府从1860 年开启了长达 35 年的洋务运动，促使中国最早一批工业建筑的诞生。1942 年上海被辟为通商口岸，上海开埠后很快取代广州成为中国对外贸易的中心，也成为帝国主义在中国进行经济侵略的中心。上海于1845 年专门划出 830 亩土地作为租界区。租界区发展迅速，“逐渐形成独立的城市新区”[2]。随着租界区建造大量各式建筑供殖民者居住、金融、宗教、商业、娱乐所需，新的建筑结构及形式相继诞生。“1899 年，

[1] 杨秉德. 中国近代中西建筑文化交融史［M］. 武汉：湖北教育出版社，2003:129.
[2] 杨秉德. 中国近代城市与建筑（1840—1949）［M］. 北京：中国建筑工业出版社，1993:4.

上海租界继续扩充范围，并发展为中国最主要的商埠城市之一”[1]，随着对外贸易的兴盛，以及中西方文化交流的频繁，20 世纪初短短 30 多年的时间中，不同国家、不同流派、不同风格的建筑同时涌入上海，上海成为不同国家建筑的汇聚地。传统建筑及装饰体系都受到强烈的冲击。随着上海与苏南地区各地的工商业的频繁交流，近代建筑风格大规模地向与其毗邻的苏南地区辐射与渗透。1907 年沪宁铁路的全线开通使苏南地区的商业贸易重新获得发展，对其现代化进程起到巨大的推进作用。上海新式的生活方式与审美价值取向等对苏南地区产生了一定的影响与冲击，崇洋慕新之风也迅速影响到苏南传统民居的建筑装饰。

光绪二十一年（1895），苏州在《马关条约》中被辟为对外商埠口岸，盘门外青旸地被划为日本租界。“苏州开埠，给政治、经济、文化领域带来一定的影响”[2]。无锡原隶属于常州府，自古以来是文化、经济发达的重要市镇，堪称中西文化交汇的前沿。它于近代率先开启了民族工商业的现代化历程，涌现出一批声名卓著的实业家，创办了众多实力雄厚的民族企业，“拥有诸如棉纺织业、缫丝业、面粉业等诸多产业，成为中国民族工商业的发祥地之一”。[3]“经济的发展与工业的发达带来建筑业的兴旺”，[4]带动了一大批有西式痕迹的近代工业建筑的建设。同时，苏南地区的实业家乐于投资科教、文卫等公共事业，形成了一批理念先进的中西融合的公共建筑。此外，部分实业家也顺应时代潮流兴建自己的新式宅邸，率先建成一批以中为主、以西为辅的居住建筑。这些受西式风格影响的建筑，以及其所代表的先进理念不可避免地对苏南整体民居建筑装饰手法形成影响。

直觉的、人文的、内敛自守的传统文化，与理性的、科学的、具有扩张性质的西方文化在这个特定时期发生碰撞。在部分地承袭传统建筑装饰文化特质的基础上，苏南地区传统民居建筑装饰融汇西方建筑文化特质，从多个角度对传统形式做出调整更新，呈现出以中为主以西为辅，中式为体、西式为用，中与西、新与旧多元交融的新面貌。

[1] 杨秉德．中国近代城市与建筑（1840—1949）［M］．北京：中国建筑工业出版社，1993:6.
[2] 王国平．苏州史纲［M］．苏州：古吴轩出版社，2009:352.
[3] 章立，章海君．无锡近代工业建筑的保护和再利用 [C]. 2006 年中国近代建筑史国际研讨会，2006：560.
[4] 刘先觉，王昕．无锡运河地区近代工业建筑的形成 [C]. 2006 年中国近代建筑史国际研讨会，2006：378.

6.3.2.2 装饰观念的外显与开放

苏南传统民居无论是在空间组织模式上，还是装饰语言的表达上都具有强烈的封闭性和内向性，而以中为主、以西为辅的传统民居则更具包容性和开放性。内向性是中国传统文化中的儒家宗法礼制观念与封闭的生活方式在传统民居建筑结构和外在形式上的必然要求。例如在空间组织上，沿街立面一般不开窗，以实墙为主，仅在入口处开门，整体外观异常封闭。因此在苏南地区传统城市街道中，民居整体外观相似，个体贫富差异、审美差异等都隐藏在外观相似的高墙之内。

"随着人们对传统和既定社会秩序的逆反日愈高涨；随着工商业的兴起以及消费革命，经济系统的市场经济倾向加速；又因娱乐商业化和个人主义增高，社会上就流行着各种不同的生活方式与风尚……"[1]。"清朝末年的新政与立宪标志着清代对于科技和现代的吸纳从洋务运动的器物层面扩大到制度层面，社会风尚也从鄙洋转变为崇洋。……'洋风'成为文明开化的象征，建筑形式也演化为社会时尚。"[2] 包括知识分子在内的相当一部分民众认为传统的封闭生活方式是落后的，他们倡导西化的生活方式和审美观念。西式建筑注重外部空间的装饰和塑造，其外显张扬的装饰形式直接宣示着宅主的品位喜好和社会地位。从国外进口的新型装饰材料能够显现宅主的实力和财富。西式建筑文化极大地满足了人们求新求变的心理，苏南民居在装饰观念和形式上逐渐趋向外显和开放。

早期苏南地区融合西方建筑文化的传统民居多出自民间工匠之手。受民间匠师设计水平、施工技艺、建筑材料的限制，这一时期民居的空间组织以及装饰形式多从传统形式中延续和演变而来，属于传统民居的范畴。建于民国时期的苏州东山春在楼就是该时期的精彩之作。春在楼在空间布局、构件形制、装饰题材及风格上都遵循传统建筑体系严谨对称、典雅庄重之特点；受时代大趋势和宅主在上海谋生、创业、致富经历的影响，又呈现出许多趋洋开放的特色，其门楼雕饰上明显具有外向

[1] （美）张春树，骆雪伦．明清时代之社会经济剧变与新文化 [M]. 上海：上海古籍出版社，2008:274.

[2] 邓庆坦，辛同升，赵鹏飞．中国近代建筑史起始期考辨—20 世纪初清末政治变革与建筑体系整体变迁 [J]. 天津大学学报 (社会科学版), 2010(02)：140.

的性格，多处局部采用具有西方建筑特点的装饰形式与材料，体现出中主西辅的新风貌。

传统的砖雕门楼一般为单面门楼，而春在楼则在内外两面皆有精美雕饰，外为“天锡纯嘏”、内为“聿修厥德”（图6-18），花卉博古、戏文故事等无一不精。外为“天锡纯嘏”门楼，花岗岩石库门配单坡板瓦顶，分上中下三枋。上枋左右雕兰、梅，中饰四组博古图，由梅、兰、菊花、牡丹花卉以及佛手、石榴等各类瓜果及各类器皿组成，虽物品繁多，但各归其所，井然有序。中间字碑阳刻“天锡纯嘏”，下枋以回纹组成如意、祥云，内以蝙蝠、佛手、灵芝、菊花及牡丹等点缀。垂花柱圆雕灵芝、如意等。

内立面上枋为八仙庆寿，王母娘娘召集蟠桃盛会，八仙携奇宝前往祝寿的场景，突出“寿”的主题；紧挨其下为“十鹿图”，为“禄”主题，中以树木山石分割，守手卷之旧法，两两相依，刻画细致生动。下枋镂雕郭子仪拜寿，喻多子多福，福寿双全。中枋字碑刻“聿修厥德”。左右兜肚分别是尧舜禅让与文王访贤，喻“贤”与“德”。加之门楣中镂雕双喜，顶脊正中堆塑万年青聚

图6-18（a外立面）东山春在楼双面门楼体现外显和开放的装饰观念

Fig. 6-18 (a) Two-sided gatehouse of Chunzai Mansion in Dongshan Peninsula which represented the opening ideal of decoration

图 6-18（b 内立面）东山春在楼双面门楼体现外显和开放的装饰观念
Fig. 6-18 (b) Two-sided gatehouse of Chunzai Mansion in Dongshan Peninsula which represented the opening ideal of decoration

图 6-19 东山春在楼铸铁栏杆

Fig. 6-19 Metal railing of Chunzai Mansion in Dongshan Peninsula

宝盆，门楼的内立面聚集了“福、禄、寿、喜、财”之意，表达了对生活的美好憧憬。

春在楼的空间布局遵循古制，但并不是完全按照传统民居形制中门厅、轿厅、正厅及堂楼的序列串联组织的。一进大门即是高敞宽阔、装饰瑰丽繁缛的前楼，相当于传统的正厅，突破了传统布局限定，具有一定的外向意识。在前楼二楼、室内短窗下方、晒台等处都应用了铸铁栏杆。铸铁为典型的西式建筑材料，与中式“延年益寿”、“双喜”等吉祥文字图案结合，可谓别具匠心（图 6-19）。在老爷房、少爷房以及书房等内窗上安装了进口彩色玻璃，并以不同颜色寓意春夏秋冬，这在当时是一种奢侈的时尚。在装饰图案上也大胆融入诸多西式装饰元素，例如将前楼檐柱的柱头处理成科林斯式样；前楼及后楼天井二楼的四周裙脚饰有极富洛可可风格的花环、绶带、璎珞等纹样。这些西式图案与如意、葡萄、松鼠等寓意吉祥的传统装饰题材巧妙穿插，形成一种中式为主、西式为辅的豁达气象（图 6-20）。春在楼建筑装饰局部西化的大胆尝试既体现出宅主与匠师对苏南传统建筑文化的坚守，又体现出他们对西式物质文明与艺术样式的向往，造就了极具时代特色的传统民居风貌。

6.3.2.3 空间形态的重构与变异

受西方建筑文化和生活方式的影响，苏南传统民居空间序列组织方式在延续旧制的基础上也逐渐发生变异。传统民居的轴线纵向布局的形成主要受传统儒家伦理等级观念的影响，而西方文化的冲击加剧了人们对既定等级伦理制度的逆反心理，人们开始倾向于更具外显性和开放性

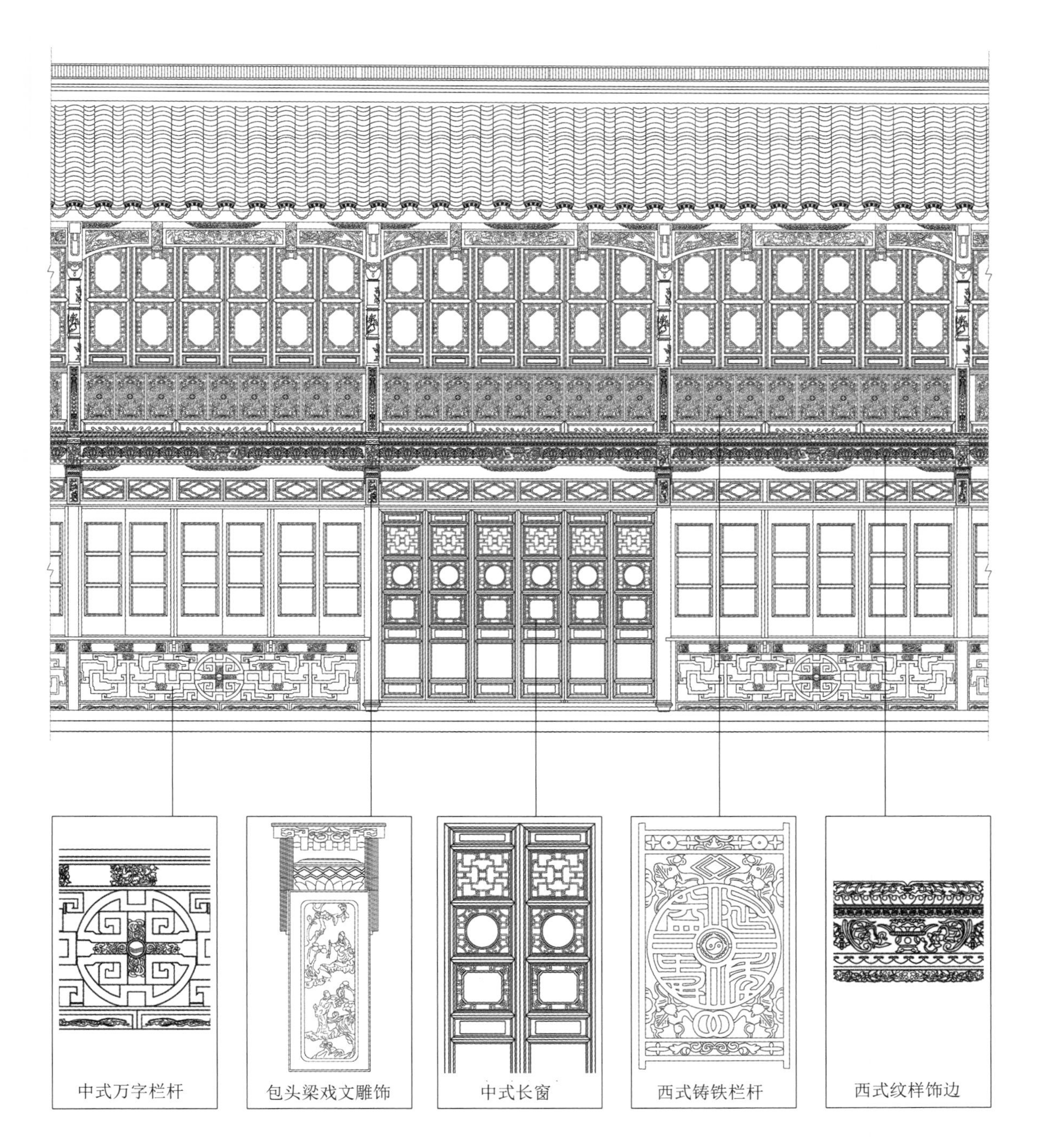

图 6-20 东山春在楼以中为主、以西为辅的前楼立面

Fig. 6-20 Vorderhaus' facade which is Chinese-based and supplemented by the Western style of Chunzai Mansion in Dongshan Peninsula

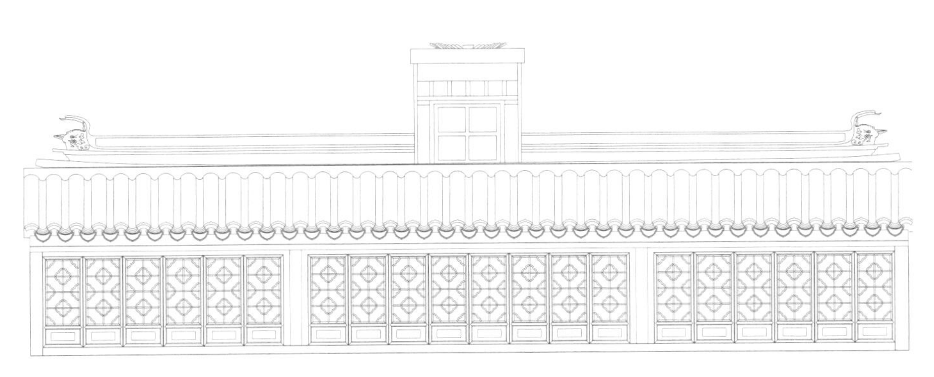

图 6-21 周庄朱宅大厅传统屋脊顶部增设老虎窗
Fig. 6-21 Added dormer on the top of the traditional ridge in Zhu's house in Zhouzhuang Town

的西式建筑空间组织形式。于是传统民居沿中轴线纵向布局的方式逐渐发生了变化，在平面上出现了横向并联以及围合并联等空间组织方式。在垂直关系上，传统民居的平房空间逐渐向垂直方向叠加的楼房演变。例如无锡荣巷街 182 号即是通过东西向的内廊将多个功能体量相仿的个体空间串联起来，与传统苏南民居纵向序列布局形成明显差异。杨藕芳祠堂也是采用回廊将各个单体空间联系起来，形成围合集中的并联空间模式。

苏南民居垂直叠加的空间发展，一方面是受西式建筑纵向独立式形体的影响，另一方面源于近代民族工商业迅猛发展后新的建筑材料、技术和结构使民居建筑采用纵向叠加构造成为可能。无锡的张惠臣宅即是演变过程中的一种模式，以传统庭院空间为主体，同时在形体上借鉴了西式别墅体块式组合的方式。

人们还通常通过增加外廊、老虎窗、阳台等西式空间形式来逐渐替代传统的蟹眼天井、天井甚至庭院等空间，民居的整体建筑形态从内向转向外显。“最初被租借地的洋行及领事馆等建筑所用，从而成了强权和先进文化的象征”。[1] 在趋新慕洋的社会观念下，一些人也开始建造具有外廊式样特征的私人宅邸，外廊作为室内空间的延伸，成为可以容纳多种日常活动的生活空间。在立面上通过增设窗户等形式，丰富房屋的外部造型和增加房屋的开放性。例如周庄朱宅大厅的顶部即增设了老

[1] 刘亦师 . 殖民主义与中国近代建筑史研究的新范式 [J]. 建筑学报 , 2013（09）：11.

虎窗（图 6-21），丰富了传统内向空间形态的变化。阳台、窗户、老虎窗等既具通风采光的功能，又能联系沟通室内外的空间，同时丰富了建筑立面的表情，形成了新的建筑语言。

6.3.2.4 模仿、折衷与革新

西式建筑与中式传统体系的结构、材料、建造技术等完全不同，它改变了人们对于建筑的审美观念。传统民居的空间模式、组合方式、装饰形式的革新带来了新的空间感受和审美体验。清末民初，苏南地区民居建造一度繁盛，出现了一些沿袭古制又融合西方建筑文化特色的精品。初期以中为主、以西为辅的传统民居建筑主要来自两个群体：一是大批商家大贾、文人政客回乡营造宅居和祠堂；二是新兴民族资本家在本地建造宅居。他们在中式为主、西式为辅的传统民居建筑中，“并非总是以移植、克隆的方式呈现，而更多地呈现出被本土建筑文化吸收消化和与本土文化相互融合的过程”[1]，这个过程可看作是对中西建筑文化解构与重构的过程。他们根据自身的身份、地位、爱好、需求及自然条件，以积极的态度对外来文化进行选择和调适。有的是在中式建筑的主体中加入了局部西式装饰形式；有的是用西式的表皮包裹中式的建筑空间；有的对现代材料进行大胆尝试。这两个具有示范作用的群体影响到普通民众对民居装饰形式的选择。

20 世纪 10 年代以后，苏南民居从早期地融入西式装饰元素的中式为主的传统民居逐步发展成为以结构形态为主的几何式体块化建筑。石库门民居在建筑形式及材料上体现了这样的转变。此时传统民居的石库门的边框与上槛由传统石料组成，改为砖砌门樘或钢筋混凝土质门樘与过梁。在装饰形式上，民间工匠没有对某种西式建筑类型或风格的完整模仿与刻意追求，而是通过民间传播渠道借鉴西方古典建筑中的局部形式与构件，将诸如巴洛克式半圆拱券山花、哥特式的尖券山花、各种古典柱式、柱头、古典纹饰以及西式栏杆等富有西方古典建筑风格的装饰元素随意选取、组合，灵活运用在石库门以及窗、栏杆等处，以率性自由的方式体现出时代的影响。

[1] 过伟敏 . 近代江苏南通与镇江两地“中西合璧”建筑的比较 [J]. 湖北民族学院学报（哲社版），2015（01）：13.

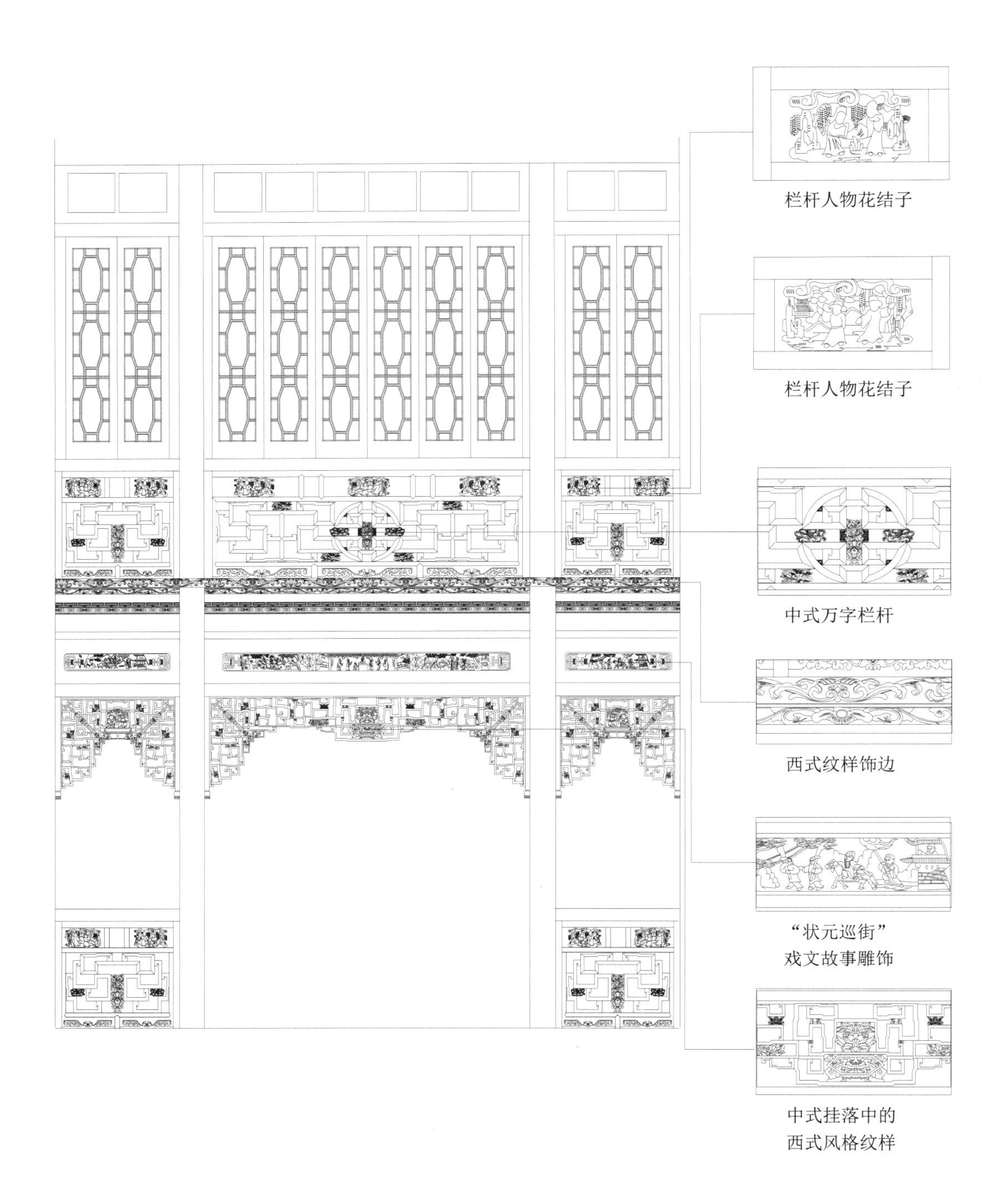

图 6-22 无锡张卓仁故居中式为主、西式为辅的外立面
Fig. 6-22 External wall Western-based and supplemented by the Chinese style of Zhang Zhuoren's Former Residence in Wuxi

民间匠师采用折衷的手法，尽力使原本属于传统中国和现代西方的各种建筑元素协调共生。无锡周新镇周新桥东堍的张卓仁故居“厚德堂”是典型的中式为主、西式为辅的宅院。张卓仁为无锡南桥镇低田下人，少年即到上海做学徒，后经多年奋斗积累，自设多家铁行及机器修理厂，任上海铁业公会理事长，融入西方装饰元素的“厚德堂”即是其上海事业生涯的见证。厚德堂建于光绪三十二年（1906），三进两天井，前门外立面的中式石库门上为西式门头、内立面则是典型的传统砖雕门楼。前面一进为中式平房；后面两进突破传统平层的做法，为两层，体量高大宏伟，装饰精细繁丽，具有庄重秀丽的空间感受。外立面的装饰、门窗等均具有浓郁的西式风格，为了融入更多的西方元素，后立面窗户上还设置了木质的百叶窗。而内院进落式结构布局及装饰主体仍沿袭传统中式（图 6-22），局部融合西式装饰及材料。例如前后两进天井四周长廊的栏杆为西式水泥宝瓶栏杆，矮墙用水泥抹面，装饰西式浮雕纹样，立面表情十分活跃。中西不同材料质感和视觉表征既有对比又有呼应，空间界面在整体上既统一又富有细节变化。在新旧激荡的特殊历史时期，在传统生活方式和崇新慕洋思潮的碰撞中，经济、文化相对发达的苏南地区出现了一批极富创造性的传统民居形象。无锡树园里有一处相对较小的中式为主、西式为辅的民国传统民居，它的建筑细节生动优美，从外立面的装饰形式到装饰材料都体现出传统民居对西式建筑文化的吸纳（图 6-23）。

这一时期剧烈的社会变迁使人们的生活方式发生转变。民居建筑装饰融入各种外来元素，积极地适应新的生活方式，满足了人们在使用功能和精神审美方面的新需求，同时也对多元并存、融合中西的建筑语言进行了大胆探索并形成了独特的传统民居的风貌。

本章小结

苏南传统民居建筑装饰在艺术风格和审美取向上呈现出鲜明的时代特征，可分为三个时期：明末至清顺治年间为“发育期”，建筑装饰呈现出经世致用与尚雅摈俗的艺术风格；康熙至嘉庆年间为“定型期”，建筑装饰呈现出崇情尚雅与工巧繁丽的风格特征；嘉庆末年至民国为“变

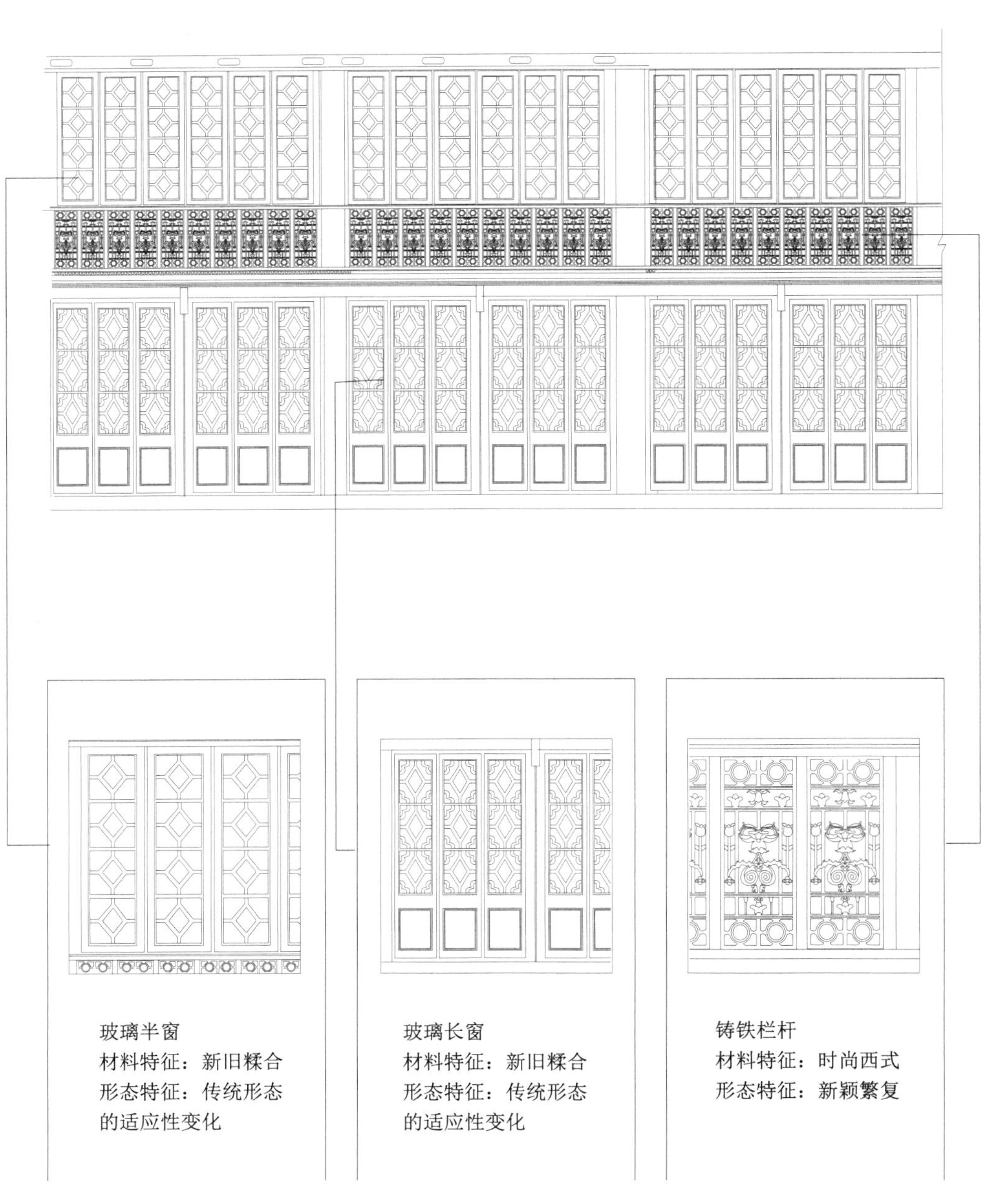

（a）内立面

图6-23 无锡树园里5号中式为主、西式为辅的传统民居

Fig. 6-23 Traditional dwelling 5th which is Chinese-based and supplemented by the Western style in Donggang Arboretum, Wuxi

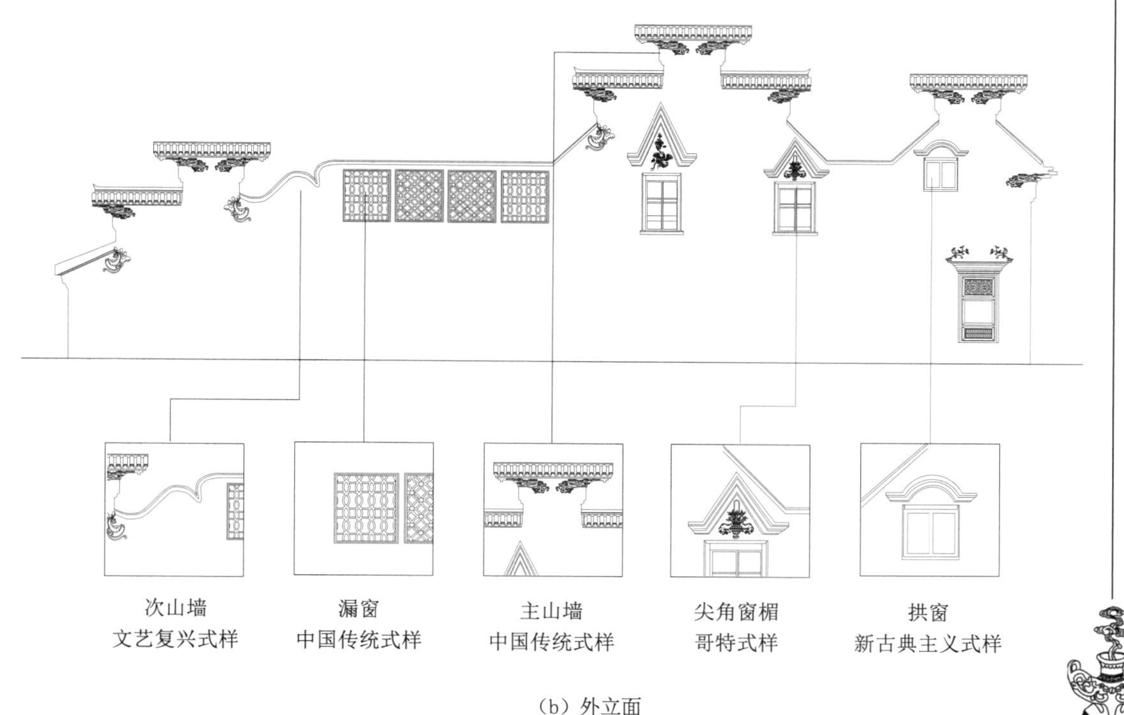

（b）外立面

图 6-23 无锡树园里 5 号中式为主、西式为辅的传统民居

Fig. 6-23 Traditional dwelling 5th which is Chinese-based and supplemented by the Western style in Donggang Arboretum, Wuxi

革期”，建筑装饰呈现出因循固化与中西交融的态势。

在发育期，苏南传统民居装饰整体上承袭明制，并在相当长的一段时间里保持了这种雅秀少纹的装饰风格。这一期间的建筑装饰以简洁少纹的几何纹样为主，兼有植物花卉等装饰图形。遵从删繁去奢、崇实达用、尚雅摈俗的设计原则，采用“宜”的设计理念与手法，呈现出自然天成、简朴醇厚、文雅隽秀的美学品格。

随着社会经济的繁荣、民间风尚的变迁、独立人性的觉醒和市民文艺的普及，苏南地区的生活价值观发生了极大改变，建筑装饰的题材及风格也随之发生转向，出现了大量花鸟、山水等文人画体纹样，戏文体纹样、吉祥图形以及博古清供等题材也开始出现并逐渐兴盛。清康熙至嘉庆年间为定型期。这一时期的民居装饰材美工巧、题材新颖、造型饱满，呈现出崇情尚雅、工巧繁丽的审美意趣。装饰风格及工艺日趋繁杂，

出现从简素到繁丽、从文雅到雅俗相济的风格转变，出现了许多雍容与典雅共存的精良之作，达到了清代建筑装饰的最高水平。

清道光以后，内忧外患、经济衰退，苏南民居建筑装饰呈现因循固化、守旧式微的态势。在题材、工艺等方面基本上沿袭旧制，但在规模和神韵上都逊于前朝，吉祥图形大量出现，戏文纹样依旧是主要装饰题材，在艺术上难以达到较高的美学境界。部分建筑装饰因过分追求富丽，在工艺上不惜人力物力，甚至达到雕缋满眼的地步。然而，繁琐堆砌带来了滞重与沉闷。这一时期的装饰坚劲雄浑不如康熙、灵动生气不比乾嘉，“就建筑文化而论，也就表现出热闹非凡、琳琅满目的特征，但却无什么创新而言”。[1]

清末民初，在西方文化的冲击下，苏南地区的意识形态、价值观念以及生活方式等都发生了巨大变化。苏南地区凭借优越的地理位置、丰富的物产资源、广阔的市场成为中国民族工商业的发祥地，这些都促成了传统民居建筑装饰风格的中西杂糅与创新变异。与典型的传统民居相比，受西方建筑文化影响的传统民居在空间观念及装饰形态上均发生了诸多变化：空间处理转向外显和开放，出现了对西方装饰元素的克隆、嫁接与移植等，这些都反映了中西建筑文化在那个特殊历史时期的碰撞与交融。

[1] 沈福煦，沈鸿明 . 中国建筑装饰艺术文化源流 [M]. 武汉：湖北教育出版社，2002：63.

第 7 章 苏南传统民居建筑装饰的意境建构

“作为中国传统美学的核心范畴，意境是一种东方超象审美理论”[1]，根源于中华民族传统的宇宙生命意识和哲学观念。“从古到今，对于意境的探讨不外乎三类范畴：王国维、朱光潜的情景交融；刘禹锡、宗白华的虚实相生；严羽、司徒空的韵味无穷。”[2] 意境作为心理活动的审美范畴，其生成由客观实境和心灵映射构成，情景交融是创造和生发意境的重要方式和手段。在意境生发过程中深浸着主体的心灵意味，是“心灵的具体化”[3]，具有“超以象外”的特征。

苏南民居的建筑装饰是情感、观念以及思想的艺术载体。首先，建筑装饰的“象”可从三个不同层面被感觉和认知：第一，建筑装饰形成自身的艺术形态，是可以被直接感知的具有相对独立性的审美对象。第二，建筑装饰与民居结构、材料等紧密契合，承载装饰的建筑构件的内在特性与构造逻辑间接地通过装饰得以艺术展现。第三，建筑装饰是民居空间的建构元素。借由建筑装饰，民居空间的视觉层次得以丰富，空间体验得以建构。其次，建筑装饰的“意”深含于其“象”中。建筑装饰富于感染力的视觉形象、象征性的文化隐喻等都会引发审美主体的联想，建筑装饰的“立象以尽意”[4] 促成了审美心理意象的再创造；最后，建筑装饰的“境”生成于文化意象被接受和时空体验被感知的动态过程中。

对于居者而言，家不仅仅是身体的物理住所，更是精神文化之寄居所在。因此，建筑装饰不仅仅是单纯追求自身形式美的艺术创作，更是

[1] 蒲震元 . 一种东方超象审美理论 [J]. 文艺研究 , 1992（01）:11.
[2] 支运波 . 意境的无境之源与诗学转换 [J]. 云南师范大学学报（哲学社会科学版）, 2015（05）:79.
[3] 朱永春 . 传统民居的意境构成及现代意义 [C]. 无锡：第 13 届中国民居学术会议暨无锡传统建筑发展国际学术研讨会，2004: 7.
[4] 楼宇烈 . 王弼集校释（下・周易略例・明象）[M]. 北京 : 中华书局 , 1980:609.

建构民居空间意境的建筑语言。明清时期苏南民居的建筑装饰具有追求纯真唯美的造物理念和高雅脱俗的人文思想。文人和匠师秉承深厚的人文传统，通过意境、诗境、画境三条途径完成苏南民居的建筑空间的意境建构。

7.1 情境——心灵的寄托

情境最早出现于唐代王昌龄的《诗格》，他认为诗有三境，即物境、情境、意境，情感是诗歌的主要创作表达对象。作为生活起居空间的民居，“情”是生命与自然的融通呼应、交契互感之表达，是蕴含在建筑形态中的文化心理结构，是个性化、多元化文化生活方式的生发基础，是民居空间的本质属性之一。建筑装饰则是建构情境的一系列有意味的图式和秩序性的构造，是营造情感体验的重要途径。

得天独厚的地域环境和深厚的人文积淀是苏南民居建筑文化的深层基础。民居建筑艺术是当地人民在日常生活中表达思想情感的绝好载体。它的装饰语言中隐含着一个清晰的情感序列：清晰体现宗法伦理意识的儒家情怀、雅致清逸的文人情趣以及直抒胸臆的世俗情意。

7.1.1 儒家情怀

一切外在的视像表征，包括建筑形态均发端于人的内在自觉，遵循特定人群的文化心理结构。中国传统文化以儒家伦理道德为核心，儒家的核心价值观是孔子提出的仁政思想，血缘基础、心理原则、人道主义、个体人格是“仁”的基本组成。它不仅陶冶情操、规范行为、区别是非、协调秩序，并为社会各阶层建立起相应的制度化体系。以伦理为本位的文化特质，使得人们并不向抽象的彼岸世界寻求精神寄托，而是注重在具体可感的现实生活中实现自我。因此，中国人的文化心理结构的基础是伦理情感，情感观照是传统儒学区别于其他学派的首要特征。苏南民居建筑装饰是封建社会人伦公理的宣传工具，是传统社会人格、道德教育的最佳载体之一，以赏心悦目的审美形象传播符合统治阶级意图的价值观，在潜移默化中实现对民众的教化。

7.1.1.1 礼乐空间

“礼为德之端、乐为德之华”[1]，“礼乐”寄寓于民居空间布局的秩序中。“建筑并非是单纯以实用和功能对空间的掌握，而是对内外空间的一种审美人格化的影响”[2]。与日常生活密切相关的民居建筑空间及装饰，承载着规约社会关系、规范社会礼仪和传播儒家思想的功能。建筑装饰首先不是为了娱目，而是以礼乐文明来强化以儒家思想为中心的心理结构和文化立场。

“礼”体现在建筑空间与伦理位序严格对应的关系中。在封建制度和宗法制度的长期影响下，苏南民居的独特结构，例如大型民居中的轴线与备弄的设置，充分体现了以血缘关系为纽带、以儒家伦理道德为核心的宗法制度下的家庭形态与结构，清晰地折射出封建社会的意识形态和生活方式，是儒家文化伦理纲常和礼仪精神在建筑布局中的演绎。在按进落制所组成的深宅大院中，前后左右空间排列完备有序、主次关系分明，能满足几代同堂之大家族的生活起居需求，民居建筑装饰是对儒家思想以及宗族观念的通俗化和视觉化，它象征和暗示了国家秩序观念中君王对臣子、主流对边缘的控制。正如金观涛教授所言：“由子孝、妇从、父慈的伦理观念建立起来的家庭关系，正是民顺、臣忠、君仁的国家关系的缩影。作为组织国家的基本单元，家庭是国家结构的同构体，极大地扩充了封建大国对于个人的控制和管理能力。”[3] 宗法一体化结构被物化于容纳家庭日常生活的民居建筑中，大型民居成了宫殿、宗庙、宗祠的微缩同构体，它的空间秩序、结构形制与建筑装饰无时无刻不起着警醒和教化作用。单体建筑以及小型民居则更多表现出一种顺其自然、随遇而安的适应性与随和性。安分守己、宁静淡泊、知足常乐的风貌反映出儒家思想主张的适合于一般底层民众的生存之道。

传统民居除了在空间序列中体现内外有别、尊卑有序的儒家思想与宗法观念，还会凭借建筑装饰所特有的艺术感召力，营造出富于审美情境与仪式感的礼乐空间。例如苏南民居不同地位的厅堂会饰以不同的正

[1] 邵方 . 儒家思想与礼乐文明 [J]. 政法论坛，2016(11)：183.
[2]（捷）欧根・希穆涅克 . 美学与艺术总论 [M]. 董学文译 . 北京：文化艺术出版社，1988：171.
[3] 金观涛 . 在历史的表象背后・对中国封建社会超稳定结构的探索 [M]. 成都：四川人民出版社，1984：34.

脊式样，最为粗简的房屋或游廊饰游脊，仅在中间“龙口”位置灰塑花纹；普通民居通常以相对精致的甘蔗、纹头或雌毛脊饰；讲究的厅堂则多以哺鸡吻饰。在大型民居中，主要厅堂和次要厢房之间的脊饰也体现出类似的明确秩序。在宗法一体化结构的封建大国中，权力从上至下、由内而外地建构起一套稳固的生活秩序和民间习俗。建筑装饰与其他间接宣教载体一样，成为社会秩序的象征物。

7.1.1.2“纹”以载道

“修身、齐家、治国平天下”是儒家学说的责任伦理体系，这种积极进取、奋发有为的人格追求反映了儒家的入世情怀和基本价值观。“纹”以载道，承载日常生活的建筑通过空间界面的装饰将上层士人以礼法为背景、传统道德为核心的思想和信仰广泛传递给大众。“穷则独善其身、达则兼济天下”的儒家思想凭借建筑装饰深入民众的生活乃至日常的思想意识之中。正如葛兆光先生所说“思想成为原则，而原则又成为规则，规则进入民众生活，当民众在这种规则中生存已久，它就日用而不知地成为‘常识’”[1]。封建社会顶层的政治权利和文化权力控制了建筑装饰的话语权，人们时刻浸润在统治阶级意志的道德教化中，自然而然地认同他们所倡导的思想意识，进而受其掌控，是“儒化”民众的手段。苏南民居建筑装饰题材非常广泛，但儒家情怀始终是其主旋律，“纹”以载道也一直是上演这一主旋律的基本方式。其原因很简单，尽管包括建筑在内的中国传统建筑造物文化具有极为丰富多元的内涵，但儒家思想在传统造物文化价值体系中的核心位置却始终没有动摇过。

苏南民居建筑装饰常常选取脍炙人口的历史故事或传奇演义的经典片段来宣扬某种符合儒家精神的“道”。例如苏州干将路民宅大厅的棹木上就雕有常遇春冒矢石攻克马鞍山的故事“超登采石”、三国演义中的“空城计”等武戏，还有“杜甫让枣”等历史故事。这些装饰都是利用敬孝节义的典型形象宣扬儒家“仁、义、礼、智、信”等思想观念。苏南民居还会将居家治生的规范和法度、后代子孙立身处世的原则等在建筑装饰中巧妙体现。例如太仓张溥故居长窗的夹堂板和裙板上雕有乳

[1] 葛兆光．中国思想史（第二卷）七世纪至十九世纪中国的知识、思想与信仰 [M]. 上海：复旦大学出版社．2011，273.

姑不怠、劝姑孝祖等二十四孝故事；再如震泽师俭堂的棹木上也雕有二十四孝的彩衣娱亲。利用忠厚朴茂的形象，从孝、悌、忠、信等儒家伦理道德等方面进行劝导性规范，促使世人向往西周式的淳淳世风，渲染儒家道德至上的人间净土，这样的“纹”以载道的装饰手法在苏南民居建筑中比比皆是。即使在商品经济繁荣、生活富裕、市民意识逐渐高涨时，民居建筑装饰仍然强调以儒家思想观念为本的生活态度。例如苏州官太尉桥 13 号的“克勤克俭”砖雕门楼，还有的雕刻“勤俭持家”、“耕读为本”等，传达的都是儒家素朴的生活哲学，是北方意识形态与生活观念在江南乡镇的直接表现。[1]

在以大家庭为单位的世俗社会里，男女有别、长幼有序、孝顺长辈、勤俭节约、去恶从善、读书学道、修身立志等儒家思想观念被反复以直观而又赏心悦目的装饰艺术语言加以演绎，规劝人们要遵循以“秩序”为核心的理性生活法则。按照这种原则建立的具有“秩序”的生活制度，也正是以皇家为代表的国家和士人所推崇的社会秩序的重要方面，是社会各阶层各阶级对儒家道统思想的认同与坚守。

7.1.2 文人情趣

浓烈的文人情趣与雅士气息是苏南民居建筑装饰的重要特质之一。苏南地区自古以来就是文风鼎盛之地，明清时期文人辈出。以清代为例，“全国状元共 112 人，江苏籍 49 人，达状元总数的 43.75%，其中又以苏、常为冠。”[2] 但取得功名步入仕途者毕竟是少数，大量受儒家思想熏陶的文士仍在民间。文士阶层是儒家思想与各种礼制规约的拥护者，还是文艺生活的倡导者，他们“志于道，据于德，依于仁”的志向和精神追求以及“游于艺”的美学趣味和艺术修养均在隐逸内敛、雅致丰富的生活方式中体现出来。文人的生活美学极大地影响了苏南地区各阶层的居住观念，苏南民居由此体现出崇文内敛、寄情山水之文人情趣。

7.1.2.1 寄情山水、巧纳自然

明清时期，在吴门画派及文人园林审美情趣的影响下，苏南民居通

[1] 刘士林．江南城市与诗性文化 [J]. 江西社会科学，2007（10）：190.
[2] 严克勤．几案一局　闲远之思 —— 明清家具的文人情趣（上）[J]. 艺术品鉴，2014（03）：100.

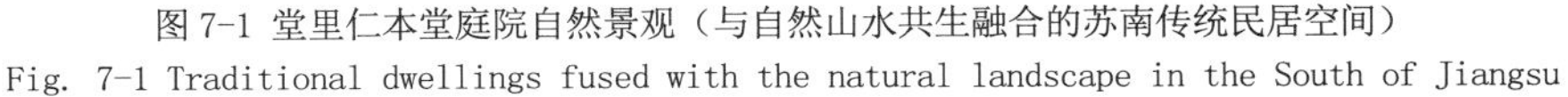

图 7-1 堂里仁本堂庭院自然景观（与自然山水共生融合的苏南传统民居空间）
Fig. 7-1 Traditional dwellings fused with the natural landscape in the South of Jiangsu

过对山水景观的营造和山水题材的装饰在建筑空间中引入自然元素，将审美理想融入现实生活（图 7-1）。“元末四家”对苏南地区的人文艺术影响颇深。其中，“黄公望为常熟人、倪瓒是无锡人、王蒙曾在苏州供职，只有吴镇长居浙江嘉兴。他们擅长山水，形成了划时代的文人画风格”[1]。吴门画派迅速崛起，在承继宋元两代文士画家风流蕴藉审美理想的同时创出新格，形成了多种形式的山水画，如传统山水、纪游山水、园林山水等，借此宣扬文士阶层的价值观和审美追求。他们依靠诗画支撑起文人的独立人格，影响了世人的审美追求。商品化的文人艺术为苏南民居提供了大量品质高雅的装饰蓝本。

文人园林是文人山水画的立体化，是文士阶层书斋生活的延伸以及商贾阶层附庸风雅、消遣娱乐之所。隐逸文士是深浸儒家文教思想的知识阶层，这种深层的文化心理促使归隐避世的文人在兴建宅居时不以单纯满足日常生活基本需求为目的，而是要通过巧纳“自然山水”来实现修身养性，追求真我的生活理想（图 7-2）。“随着苏南地区经济文化

[1] 洪再新．中国美术史 [M]. 杭州：中国美术学院出版社，2013: 265.

图 7-2 东山春在楼花园一角

Fig. 7-2 A Delicate Garden View of Chunzai Building in Dongshan Town

图 7-3 周庄张厅天井小景
Fig. 7-3 Landscape of courtyard in Zhangting hall in Zhouzhuang Town

的繁荣，文人园林极尽其盛，促使自然山水意境到城市山林中的物质形态转换”[1]。文人雅士在“水石潺湲，风竹相吞”的园林中或品茗，或作画，或提跋，使人能够居于城市而得山林之趣，尽享宁静秀雅。文人创设了“市隐”的幽雅环境和理想生活模式。受文人园林的影响，加之得天独厚的自然条件、商品经济的繁荣、思想自由之兴起，苏南传统民居空间呈现出与自然山水共生融合、清新典雅的文人情趣。富商大贾争相营造私家园林，即使普通民居的一方小的天井也要依照文人园林的审美思想和营造手法颇具匠心地植树造景（图 7-3）。

“古宫闲地少”，在空间十分有限的人居环境中，拳石、勺水均有其意，一花一木也蕴味深长。“山水自然构成的庭院不仅体现出苏南地区具有文人情趣特征的生活文化，更体现出陶冶个人情操、传递文人美学价值、蕴含宇宙观、人生观的文化”[2]。与西方园林“强迫大自然接受对称法则”不同，苏南先民通过理水叠石，纳自然山水于庭院之间。在庭院或天井之中可以感受“枝间新绿一重重，小蕾深藏数点红”[3] 的自然之色、“花气袭人知骤暖，鹊声穿树喜新晴”[4] 的自然之味与自然之声、“漠漠疏烟碧草齐，斑斑小雨春泥湿”[5] 的自然之生机。在较小尺度的空间中营造了可以容纳自

[1] 刘毅娟，刘晓明 . 论明代吴门画派作品中的苏州文人园林文化 [J]. 风景园林 , 2014(03)：94.
[2] 黄长美 . 中国庭园与文人思想 [M]. 台北 : 明文书局 , 1986
[3] 丁子予，汪楠 . 中国历代诗词名句鉴赏大辞典 [M]. 北京：中国华侨出版社，2009: 334.
[4] 丁子予，汪楠 . 中国历代诗词名句鉴赏大辞典 [M]. 北京：中国华侨出版社，2009: 109.
[5] 苏州博物馆 . 衡山仰止 —— 吴门画派之文徵明 [M]. 北京：故宫出版社，2013: 159.

我人格理想的“大”景观，充满了自然之美与人文的深意。

苏南民居利用建筑装饰巧纳自然，延伸了室内外的空间意象。长窗是苏南民居中最为常见的立面装饰形式，它的一个重要功能就是在隔断功能空间的同时沟通意象空间。长窗灵活的开启结构使民居空间与大自然酣畅融通，可以使人们感受大自然的寒暑往来和万物的萌生与枯荣。自然景物的形与色、光与影、味与声在建筑空间中“与目谋”、“与耳谋”、“与神谋”。长窗智慧地将光这个特殊性质的自然元素纳入室内，产生不断变化的光影效果。自然光在勾勒轮廓、强化形体、明晰质感的同时还具有时间维度，反映出春夏秋冬晨昏阴阳的丰富变换。光线经长窗不同图案的格心所雕镂进入室内，光影交错、虚实相生，赋予空间更多深度层次，营造出静谧含蓄、清淡玄远的审美意境（图 7-4）。

图 7-4 长窗产生的光影变化
Fig. 7-4 The play of light and darkness generated by the French window

7.1.2.2 外朴内秀、格调雅逸

明朝统治者推行文化专制制度，对文人的思想束缚愈来愈紧。特别是明代中叶，政治腐败、纷争严重，击碎了文人的求仕梦想。特殊的政治环境和残酷的现实逼迫大量文人萌生了逃离传统礼教及世俗束缚的隐逸思想， 选择了既能避世而居、守道出世，又能承载自身精神世界的隐逸生活。受隐逸退居园林生活形态的影响，苏南民居建筑空间形态和建筑装饰的布局呈现出鲜明的崇文雅致、外朴内秀的特质。

苏南传统民居的外立面通常封闭内敛、朴实无华，内部空间装饰则精美秀雅。民居平实内敛的入口外立面、屏蔽路人视线的影壁、与外空间泾渭分明的高墙等，均是符合苏南人平和自守、崇文内敛性格下的形式处理，也是苏南地区文人隐逸生活方式所派生出的与世无争、与外无涉、封闭内向的心态的表征。而宅院内通常竭尽所能地装饰美化。精雕细琢的砖雕门楼上下枋如徐徐展开的画卷，丰富生动、细腻精致。整壁长窗上通透精巧的格心、文气盎然的裙板画面、雕刻精美绝伦的山雾云、各种装饰隔断和空间巧构等，展现出的是一个格调高雅、秀美俊逸的内部生活空间。

砖雕门楼即是外朴内秀、外敛内逸的形式典范。作为宅院以及各院落的主入口，其外立面通常体现出强烈的内向性，大多仅以石质结构示人，极其低调、内敛、谦逊；而内立面却往往精彩异常，根据宅主的身份地位、个性喜好等展现出极其丰富的装饰效果。例如黎里有一座近乎废弃的奎壁凝祥砖雕门楼，内部异常华丽精美。定盘枋上饰一斗三升斗栱，上中下枋均为三段式构图，装饰题材为锦文式。上枋左右两端纹头以卷草纹组成如意状饰，中间雕绵延密集的锦球，如真实锦带穿插而成，繁缛华丽，寓世世代代、连绵不断之意。线刻、高浮雕、镂雕等工艺塑造出极具立体感的锦带。中枋字碑刻“奎壁凝祥”四字，左右兜肚各雕“旭日凤凰”与“祥云麒麟”，凤凰展翅回首，遥望旭日；麒麟昂首张口，呈奔跑势，与凤凰呼应成趣，造型生动。下枋起如意线脚，两端浅刻菊花纹头；中间“一块玉”处极为精彩，为下搭包袱锦式，内饰菊花、牡丹等正面花冠与几何纹样组成的锦纹，两边以回纹边饰收，繁密饱满、秩序感强。坊之两端设垂莲柱。整座门楼内外分明，装饰详略得当，雕刻精妙，美不胜收（图 7-5）。

7.1.3 世俗情意

明清时期，经济的繁荣，城市化的发展，市民阶层的兴起，思想文化的世俗化，使得社会风气和价值观发生了相应变化。人们试图冲破“礼制人伦”等级的桎梏，寻求人性的解放和生活的多样化。这一时期私人园林、民居建筑的营造活动日渐活跃。代表世俗生活文化的“小传统”装饰形式日渐增多，人们试图通过建筑装饰来摆脱礼制“大传统”的重压，从两方面赋予民居空间更多的世俗情韵。一方面建筑装饰中充满活泼人性的“世俗”题材日渐增多，建筑装饰成为描绘现世图景和生活故

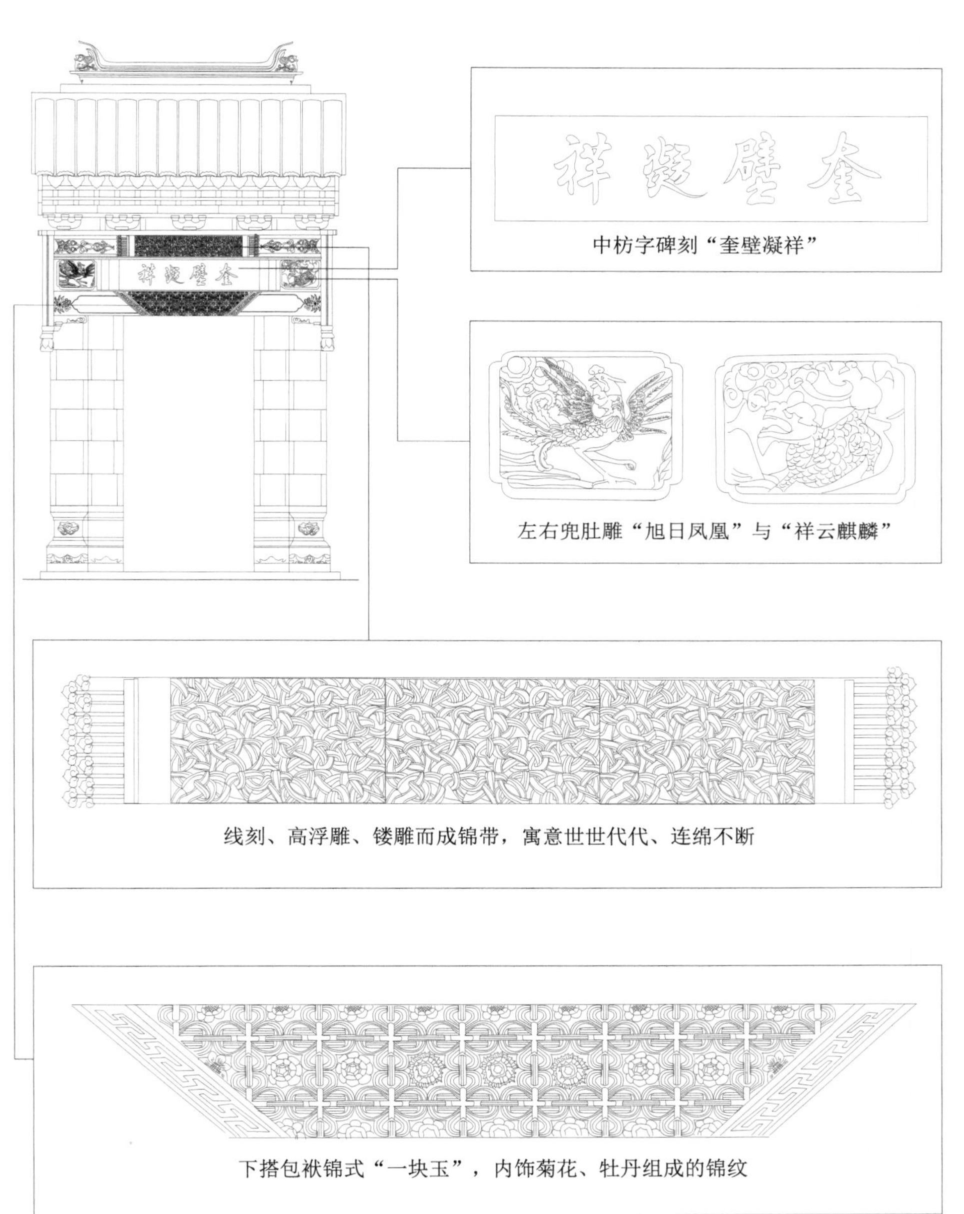

图7-5 黎里“奎壁凝祥”砖雕门楼
Fig. 7-5 Brick-carving gatehouse named “lucky” in Lili Town

事的载体；另一方面，建筑装饰在体量和密度上越来越大地铺陈于民居空间的各种界面与构件，从适形而止、素雅简朴的得体点缀发展为雕缋满眼的审美追求。

7.1.3.1 现世图景

明清时期的苏南民居建筑装饰，呈现出市民生机勃勃的自由意识。诸葛凯先生认为至晚明时期，士人在思想观念和生活方式上都有不同的趋俗痕迹。与前朝文人由于政治失意而借书画直抒胸臆、将物像作为“人格理想的象征符号”[1]不同，明清时期的文人开始出现多种情感倾向，视觉艺术风貌也呈现出多样化的风貌，雅俗观念逐渐发生了变化。“这种雅俗之间的换位，实际上是价值观念和评价体系的变化”[2]。

具有世俗化特征的生活图景是居者心灵的自由舒展和自然呈现。建筑装饰逐渐冲破礼制的藩篱，通过“以文化人”、“以美娱人”、“以情感人”的手法，表达对人性情感与个体精神的体察与关怀，关照个体的审美取向和价值观。它的表现重点转向了与个体体验相契合的广阔的世俗社会，用艺术化的语言表达出生活的本质。例如苏州斜塘郑宅长窗雕饰的“携儿夜游”的温馨场景，以及在西山静修堂厅堂长窗夹堂板上雕饰的“陶三春田园看瓜”、“漂母分餐”（图 7-6）、“嫂不为炊”（图 7-7）等故事都借助于叙事性的装饰，表达个体的生活态度及情趣追求[3]。

图 7-6 漂母分餐
Fig. 7-6 Old lady provide food to Han Xin

7.1.3.2 雕缋满眼

明清时期，随着社会风尚的变迁，市民阶层的扩大，士商阶层的互渗，苏南地区的民居逐渐由崇尚节俭转变为推

[1] 洪再新 . 中国美术史 [M]. 杭州 : 中国美术学院出版社 , 2013:252.
[2] 彭建华 . 中国画论中的“雅”“俗”之变 [J]. 美术观察 , 2008 (10): 111.
[3] 杨耿 . 苏州建筑三雕 —— 木雕 • 砖雕 • 石雕 [M]. 苏州 : 苏州大学出版社 , 2012：83-84.

图 7-7 嫂不为炊
Fig. 7-7 Sister-in-law don' t cook

崇华丽，由实用便生的理性精神演变为关照个体精神境界的宜居乐生意识，尤其是一些名门大宅的建筑装饰日趋雕缋满眼、争奇斗艳，追新求异的世俗之风弥漫整个社会。

从设计社会学角度而言，刻意夸耀的繁丽装饰是缙绅阶层为了树立威望、宣示特权的必要手段。主人借助于宅居内昂贵的材料、优美的造型、繁密的装饰这些具有“华丽”象征意义的符号来昭示自己的富贵，从而成为与社会互动的一个重要姿态。缙绅商贾阶层对生活近乎奢华的追求如风向标般影响和带动了社会其他阶层的生活方式和消费观念。一般民众即便做不到如富贵人家般一掷千金，但对宅居装饰的材质、形式以及工艺等方面的要求也愈来愈考究，追求一种超越传统标准和自身实际生活需求的“奢华”享受。于是，室内陈设愈来愈讲究，民居建筑装饰愈来愈精美繁复，呈现出富丽堂皇、雕梁画栋的世俗趣味。

例如震泽师俭堂，建于同治初年，是晚清时期典型的商贾大宅，融经商与生活一体。整座大宅集砖雕、木雕、漆雕于一体，堪称“镂金错采，雕缋满眼”。

师俭堂现存三座精美清水砖细砖墙门，四进的“世德作求”墙门雕饰极为华丽繁复，是晚清砖细门楼的代表之作。定盘枋上饰一斗六升斗栱，并附六对镂雕卷草枫栱，垫栱板镂雕圆形寿字与云头如意。上枋镂雕各种戏文人物、山水林麓、亭台楼阁，镂雕层次丰富，景致深远，如徐徐展开的长卷一般，可惜人物脸部尽被损毁、无法辨认。上枋两旁垂

图 7-8 师俭堂“世德作求”墙门
Fig. 7-8 The doors in the walls named “morality” in Shijian Hall

挂芽镂雕藤蔓葡萄，寓意瓜瓞绵绵、子孙绵长。上枋下悬置回纹嵌菊花及卷草挂落。中枋花式大镶边，由方夔纹、盘长、铜钱等串连而成，寓富贵连绵。左右兜肚也为戏文，亦被毁，中间字碑“世德作求”，已被损，只留下痕迹。中枋下悬置镂空花卉，中雕倒挂蝙蝠，意为福从天降。下枋为罕见双层结构，上面一层浮雕“四君子”颇具文人画意，下面一层两边对称雕富贵牡丹，中间为戏文人物。整座门楼题材丰富、精雕细琢、细腻生动，虽为砖之本色，却给人以富丽庄重之感（图 7-8）。

三进门厅临街的木雕门楼结构庄重，雕饰精巧细腻，为现存少有的木雕门楼精品。最上为双层冰裂纹横窗，下方悬置挂落，镂雕回纹内嵌梅兰竹菊及牡丹，牡丹居中。上枋为“状元及第”，新科三甲骑着高头大马，春风得意、气宇轩昂，随从撑着罗伞紧随其后，人们站立街旁观望，不同人物的神情、动态、身份、性格等雕刻得惟妙惟肖、呼之欲出，亭台、古木、劲石、奔马等景物穿插有序、生动真切。下枋以整木雕就，两端雕云头雀替巧妙与结构契合，上为卷草夔龙，中间如意画框内雕刻

图 7-9 师俭堂各具特色的撑栱与窗饰
Fig. 7-9 Supporting arch and window decorations in Shijian Hall

备东吴招亲，诸葛亮驱船迎接的戏文，水云舟楫、江岸呼应、人物生动传神。下枋居中如意画框内雕“福禄寿禧”四神，两端对称为松竹如意，下雕吉祥文字“寿”与祥云。

此外师俭堂的撑拱也极富艺术特色，构思大胆、造型新奇（图7-9）。第五进的楼厅八个撑拱分雕“八仙”。第六进的楼撑则以“四君子”梅、兰、竹、菊造型与撑拱结构完美结合，细节十分丰富。长窗及屏门的雕刻也极尽雕工之能事：第五进厅堂的黄柏长窗为玲珑葵式嵌玻璃格心，裙板上雕“水浒”精彩片段；第六进内屏门裙板上雕各式花卉盆景，上部裱以书画；书房屏门上是在建筑装饰中极其少见的漆雕，四扇屏门的裙板上各雕梅、兰、竹、菊及诗文题跋。

7.2 画境——意象的构建

明代中后期，“‘画意’成为文人园林造园关键点的转变”[1]，“以画入园，因画成景”成为匠师们秉持的重要造园理念。受其影响，苏南传统民居也讲求情与景汇、意与象通的诗境与画意。通过建筑装饰对自然景致与物像的描摹与转换，苏南民居建筑空间融入充满画意的审美体验。其景物的装饰处理，与传统绘画颇具异曲同工之处。

7.2.1 经营位置

早在南朝时期，谢赫在《古画品录》中就总结了绘画品评的“六法”，“经营位置”是其中法则之一，体现了艺术家对视觉图像在空间中置陈布势的自觉。唐代，张彦远认为“经营位置”是“画之总要”，并将其具化为“章法”。晚明时期，李日华认为“大都画法以布置意象为第一”，重视意象的经营布置。清代画家邹一桂认为“以六法言，当以经营为第一”。由此可以看出“经营位置”的重要性。

明代，文徵明将画论的“经营位置”用于造园的手法之一，逐渐形成了“以画入园、因画成景”的造园理念，所造文人园林颇具画意。民居建筑装饰也深受其影响，“意在笔先”[2]，任意为持、听从排布，对民居空间中建筑装饰的宏观位置关系及微观构成布局事先经营，是生成

[1] 顾凯．明代江南园林研究 [M]. 上海：东南大学出版社，2010:236.
[2]（明）计成著，刘艳春编著． 园冶 [M]. 南京：江苏凤凰文艺出版社，2015:337.

画境体验的主要途径之一。通过巧妙的组景与取景，取其画意而不局限于实景实物，苏南民居装饰营造出具有园林气质和自然主义情怀的人居画境。

7.2.1.1 意在笔先、置陈布势

意在笔先、置陈布势是匠师对建筑装饰的宏观性整体设计和思考。首先，强调在民居的实体空间中依据类似作画过程中的布局的立意来经营建筑装饰的位置、题材、形式；其次，建立装饰元素与功能、构造、空间、环境之间的系统性关联。它主张“随方制象”、“随曲合方”的灵活变通策略，装饰不必完备、齐整，但要与空间功能、居者身份等匹配、适宜。建筑装饰的结构性组景形成韵律、层次、秩序、虚实、藏露等空间意象，将自然物像的“景”与装饰的“情”有机组织起来，孕育出苏南民居特有的空灵雅静、含蓄婉约的画境。同时，匠师也注重对建筑装饰微观形象的经营，力求顺应装饰的结构，利用装饰的主从、疏密等客观法则进行构图，形成装饰画面的焦点或趣味中心。

例如苏南民居巧妙地利用回廊、栏杆等参与路径安排，营造颇具画意、气韵生动的居游空间（图 7-10）。首先，从功能角度而言，作为联结民居空间的纽带，路径可以有序合理地将各个分散的空间打通以实现单元和整体的空间功能；其次，线型结构的路径，给人以活泼生动的流动感，成为审美画面中重要的分割线与引导线。建筑装饰形成的多层次空间渗透，将植被花草、风雨日月等自然景象与人造空间相融相通，提升民居空间的趣味性和丰富性。

7.2.1.2 取景与组景

在要素众多的民居空间中，形式层面建筑装饰的位置、比例、尺度等显得尤为重要。通过有目的的组景与取景功能，建筑装饰才能够在有限的生活环境中建构出蕴藉深远画意的多层次空间。“美感的养成在于能空，对物象造成距离，使自己不粘不滞，物象得以孤立绝缘，自成境界”[1]。明清时期，在苏南民居建筑中有许多修饰与限定空间情态的建筑装饰语汇，例如廊柱、挂落、插角、栏杆、雀替等，在梁、枋与柱的

[1] 宗白华 . 美学散步 [M]. 上海 : 上海人民出版社 , 2007:26.

图7-10 师俭堂气韵生动的居游空间
Fig. 7-10 Residental space with vivid artistic conception in Shijian Hall

相交处提高结构牢度的同时，还参与了民居空间界面的围合，通过精美的雕饰减弱了结构连接处的生硬感，丰富了立面景框和界面层次，在空间中融入了画意（图 7-11）。并且构成不同形状的取景框，营造了“空”的层次感，使民居空间和景观要素更加灵动。“取景框”能组织、限定观者的视角和视觉流程，既是连接和划分各部分的边界线，又是把功能空间转换成画面的构图线，其边界随视角的转换而转换，具有“移步换景”、“随思迁想”的效果。

苏南民居在设置部分门窗时因地制宜，颇具园林式画意。人们会在大型庭院中设置空窗和地穴等，通过门窗的朝向、尺寸和轮廓的精心设计，使其成为实景“画框”，更加凸显自然景物或人造景物，使其达到入画的境界。李渔在《闲情偶记》中有详尽记述：将面山之窗裁纸嵌边，装饰为画轴样式，窗与碧山实景组成了移步换景的堂画，形成了“尺幅窗、无心画”的趣味和灵境。还设计了扇形窗，置兰则窗兰同构为“扇面幽兰”，置菊则为盎菊吐蕊扇面。“利用窗可组构成画面，而且角度不同，景色也不尽相同，这样，画的境界就无限增多了。”[1] 窗本身也成为形

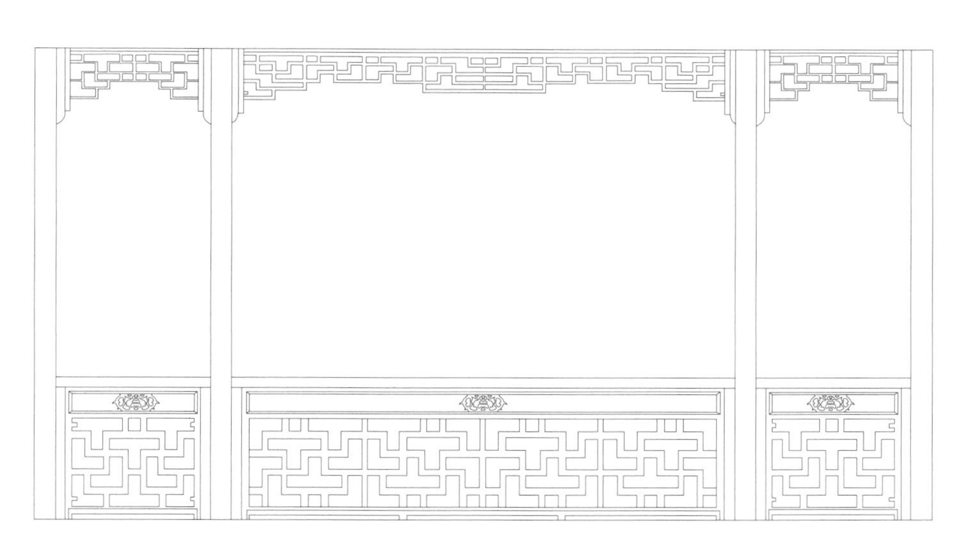

图 7-11 西山仁本堂挂落与栏杆组成的景框
Fig. 7-11 Scope made up by hangings and handrails in Renben Hall in Xishan Island

[1] 宗白华 . 美学散步 [M]. 上海 : 上海人民出版社 , 2007:65.

成画境的一部分。由此可见，经过经营设计后，窗成为一种静态装饰与动态取景相结合的构件，将文人雅士的艺术境界转化到日常生活空间中。

7.2.2 随类赋彩

“随类赋彩”源自谢赫《古画品录》的六法，“随类”为“感应活动中的‘随类’”[1]，刘纪纲先生认为“‘随类赋彩’的‘类’是指各别不同的物象”[2]，意为人们对于相似种类的事物之间的感应，具有象征性特征。苏南民居随循苏南地区自然和人文两“类”资源所蕴含的山水画意蕴，形成了黛瓦白墙、质朴雅秀的色彩体系，折射出苏南地区特有的审美情趣，对苏南传统民居空间的画境生成具有重要意义。

7.2.2.1 赋彩之“类”

苏南地区四季分明、草木葱茏，拥有“三万六千顷、七十二峰”的太湖山水资源。太湖水域阔淼、山水相依、古迹众多、湖岸线曲折蜿蜒，山势有的峭峻奇险、有的岩峦层耸、有的连绵俊秀，构成了一幅幅天然的自然山水画卷。四季更替、湖光山色、春华秋实赋予苏南一个光彩流转、五色斑斓的多彩乾坤。这一方充满色彩的天地使她的居民对颜色的感知与使用具有天生的敏锐和独到的理解，并在造物活动中形成艳而不俗、多而不繁、甜而不腻的独特用色风格。这种风格体现在苏南地区的传统服饰、刺绣、年画以及其他各种民俗器物中。它同时也影响了独具特色的吴门画派及苏南民居建筑装饰所特有的色彩体系。明清时期苏南地区汇集了大批文人和画家。他们游吟于自然画境之中，借景抒情、赋诗作画、藉画写意，以自然山水提高自身的艺术修养。书斋山水、纪游山水等题材的作品不仅在构图意境上洒脱俊秀，而且体现出恬静超逸、清新淡雅的色彩表情。

苏式彩画最能体现苏南地区的素净典雅之彩。常熟彩衣堂是修建于明代中后期的典型江南官绅宅邸，是拥有苏南最完好彩画的民居建筑。彩绘融合了“上五彩”、“中五彩”、“下五彩”的做法，属于等级较高的建筑彩画（图 7-12）。彩衣堂彩画为典型的三段式构图，即“包头（箍

[1] 韩刚 . 谢赫“六法”义证 [M]. 石家庄 : 河北教育出版社，2009:182.
[2] 刘纪纲 . “六法”初步研究 [M]. 武汉 : 武汉大学出版社，2006:261.

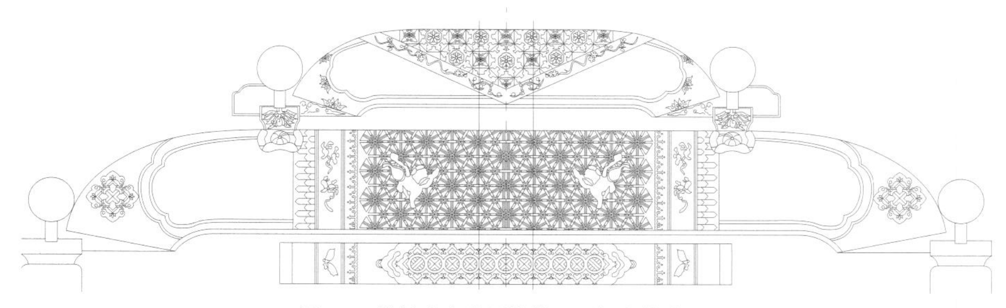

图 7-12 常熟彩衣堂四椽栿、平梁包袱彩画
Fig. 7-12 Supporting beam for four rafters in Caiyi Hall in Changshu, Semicircles-shaped painting on the flat beam
（图片来源 ：摹自潘谷西．中国古代建筑史（第四卷）元、明建筑 [M]．北京：中国建筑工业出版社，2002.）

头）—堂子（枋心）—包头（箍头）”的构图方式。堂子绘制为包袱锦，包头部分有的绘制包袱、有的绘以云纹，灵动吉祥。彩衣堂因构施彩，在不同的建筑构件上施以不同的彩绘方式。用料硕大的四椽栿底面用金线沥粉，与平梁上描金镂雕的云鹤山雾云相呼应，工艺细腻精巧，尽显富丽之气。额枋用堂子包袱锦，绘海棠花和水仙花相间的锦纹，富丽细腻。截面相对较窄的枋子上则仅在正面绘堂子和包头，底面以二方连续图案充实。彩衣堂的彩画间以红、黑、金等暖色，整体色调典雅柔和，于典雅之中尽显富丽之态。

7.2.2.2 素净基调

“色者，白立而五色成焉”[1]、“澹然无极而众美从之”，[2] 黑白的无色之美中蕴含着中国传统文化的哲学理念。从取意自然的山石花草到黑白灰的民居色彩基调，建筑装饰通过“随类赋彩”的方式与自然环境、人文环境高度协调与契合，借鉴文人园和文人画的用色特点，创造出清新优雅之色彩意境。

从民居所处的自然环境而言，苏南民居粉墙黛瓦，形成素朴净雅的黑白基调，与青山绿水的自然环境浑然一体，犹如一幅幅恬淡雅逸的风景画（图 7-13）。从民居自身微观景致来看，粉墙黛瓦与栗色调的梁柱、门窗、栏杆等组成黑白灰三色基调，即使是天井或庭院中植被也遵循“红

[1]（西汉）刘安，东篱子．淮南子全鉴 [M]. 北京：中国纺织出版社，2016: 1.
[2] 麦贤宾．庄子道家智慧一本通 [M]. 北京：石油工业出版社，2015: 219.

梅、绛桃，俱一点缀林中，不宜多植”[1] 的原则，如明代计成所言：“风生寒峭，溪湾柳间栽桃；月隐清微，屋绕梅余种竹；似多幽趣，更入深情。两三间曲尽春藏，一二处堪为暑避”，依自然之势、四季之时、山水画意，植松桂、种兰菊、叠湖石、修水池，依托粉墙，形成花木繁茂、曲径修篁的山水画境，从色彩上体现出江南水乡地域特色与人文气息。

7.2.3 传移模写

早在南齐谢赫明确提出“六法”前，“传移模写”就作为一种艺术实践而存在。[2] 学界认为“传移模写”包涵了两种释义：“一为临摹、复制；二为译解、创作。”[3] 在宋代以前，临摹被认为是“画家之末事”。“明清时期，临摹与创作的界限逐渐模糊，临摹也成为画家的一种特殊创作，清代更是掀起摹古仿古的热潮”[4]。“例如清初正统派的著名画家‘四王’，都是推崇元人笔墨的临古高手”[5]。苏南地区民居建筑装饰的题材很多是通过“传移模写”的方式取自文人画作，从而自然地引入了画意，营造了具有文人气息的画境（图 7-14）。

图 7-13 周庄画境
Fig. 7-13 Picture sense of Zhouzhuang Town

7.2.3.1 文人画的商业化

明清时期，苏南地区的文学、艺术重心出现明显下移现象，呈现出职业化、世俗化、平民化特征，从而扩大了建筑装饰“传移模写”的取材途径。文学艺术重心的下移体现在文

[1]（明）文震亨著，李瑞豪编著 . 长物志 [M]. 北京：中华书局，2012：37.
[2] 吴甲丰 . 临摹 • 译解 • 演奏 —— 略论“传移模写”的衍变 [J]. 中国文化 , 1990(01):47.
[3] 韩刚 . 谢赫“六法”义证 [M]. 石家庄 : 河北教育出版社 , 2009:200.
[4] 吴甲丰 . 临摹 • 译解 • 演奏 —— 略论“传移模写”的衍变 [J]. 中国文化 , 1990(01):51-52.
[5] 洪再新 . 中国美术史 [M]. 杭州 : 中国美术学院出版社 , 2013:341.

图 7-14（a）西厢记版画之窥简 （明）陈洪绶

Fig. 7-14 (a) Chen Hongshou' s Peep diagram of the wood block about Romance of the Western Bower

（图片来源：（明）陈洪绶 . 陈老莲绘明张深之正北西厢秘本图册 [M]. 北京：文物出版社 .）

学载体从诗、词扩大为小说、戏曲，文人绘画从比德寄情之作转为艺术市场的流通商品。艺术市场中包含字画的买卖、仿制、临摹、装裱等。坊刻版画、书籍亦成为艺术商品。创作主体也由士族文人扩大到庶族、市井文人和工匠。文学艺术的消费者也从文士阶层扩大到市民阶层乃至普通的民众。吴门画派中包括唐寅、仇英等多人都以画谋生，其绘画作品是艺术市场的畅销商品。以沈周为例，其画作一出，仿制品立现，几日后即遍布市场。这种文人画家的职业化、艺术品的商业化，临品、仿品众多的趋势提高了艺术品在人们日常生活中的地位。建筑装饰的取材与表现均受这些趋势的影响。从绘画中借鉴而来的“传移模写”之法成为建筑装饰的取材途径与创作方法。

7.2.3.2 题材的扩充与形式的转化

苏南民居建筑装饰通过对文人画作的“传移模写”而具有了秀丽温

图 7-14（b）东山春在楼长窗裙板摹写陈洪绶西厢记插图
Fig. 7-14 (b) The apron board of the French window in Chunzai Mansion of Dongshan

雅的人文底蕴，成为构建民居空间至美画境的主要元素。建筑装饰“传移模写”主要通过两个途径来实现：一为师徒相传、口传心授，以类似“男俊龙眼俏，仕女凤目娇；老者眼复凹，儿童目圆桃”等口诀方式来总结程式化视觉形式，代代相传。还有长期实践过程中积淀下来的装饰题材，例如锦纹类、几何类、文字类、花鸟植物、吉祥图案等；一为明清匠师基于当时流行的视觉艺术形式，如文人花鸟、文人山水、文人博古以及坊刻插图、戏曲艺术、甚至是生活场景等，“传移”到建筑装饰载体上。或是匠师对山水、花卉、虫鱼等自然物象，通过细致入微的观察与体悟，即“意求”与“心取”的方式，取其情致、神韵，在内心构筑出理想化形象，再由感知到再现，外化为具体的装饰视觉图式。

在对于文人画作的“传移模写”中，苏南民居建筑装饰首先摆脱了画作的平面化的维度限制，转换为适合于空间结构的装饰形态，契合了建筑结构的载体特征。从笔至刀的工艺转换推进了装饰语言从平面向立体的发展，呈现出新的画风画貌。苏南民居的建筑装饰载体很多都是“一幅画”的形式，例如整壁长窗、屏门的夹堂板、裙板就如一幅幅画面般呈现出极有秩序的排列；砖雕门楼的上下枋如一幅幅徐徐展开的长卷；折屏如一幅幅挂轴般排列而成；还有许多装饰如雅逸小品般点缀在民居空间中。“明末至清中，市民阶层的不断壮大，宫廷、文人、市民、民间四个阶层之间的文化、审美产生了流转和影响”[1]，民间工匠受隐逸文士的影响，表现出极强的吸收模仿能力和形式的转换、创新能力。建筑装饰在顺应空间结构属性的同时，又能从文人画、戏文艺术、民间版画、坊刻艺术等形式中传移继承其诗画气韵本质。民居装饰的题材与形式前所未有地丰富，花鸟、山水、戏文、生活场景等如一幅幅画卷充溢于日常生活空间，形成极富艺术感染力的空间意境。

7.3 诗境——现实的超越

博学重教的人文传统、疏离政治的民间习性、隐逸洒脱的生活追求、富于灵性的碧山秀水，使得苏南文化中充盈了一种诗性精神。诗意对于我们这个极度重视现世生活的民族来说尤为重要。从某个角度讲，它所

[1] 杭间 . 中国工艺美学思想史 [M]. 太原 : 北岳文艺出版社 , 1994:141.

包含的自由精神与审美品格代表了一个民族的智慧的高峰。正如海德格尔所说："诗意创造首先使居住成为建筑，诗意创造真正使我们居住"。苏南民居以其独特的装饰艺术激发人们的想象力由物质层面的实境向精神层面的虚境跃升，表现出隽永空灵的诗性意境之美。

明代人文精神的觉醒推进了民居诗意生活氛围的建构。苏南民居的建筑装饰通过虚与实、藏与露的空间组织和装饰处理，营造出含蓄宁静的诗境，借助匾额、楹联、诗词书画等装饰元素，赋予建筑空间丰富的情感体验和超越现实的场所感，将空灵雅静的含蓄之美外化于空间介面；它也善于将以象比德的装饰语汇感化人心，营造出诗性语境，在日常生活空间中表达对人性的关怀和对诗意的审美追求。

7.3.1 虚实相济与境生象外

"诗境兼容虚实、化实为虚。"[1] 明清时期特定的政治、经济、文化土壤蕴成了明代文人士大夫的文化心理结构，这是民居建筑装饰设计的思想基础。苏南传统民居的审美取向和艺术品格深受文人园林、吴门画派以及诗词意境的影响，在空间布局中充分表现出对留白、虚空的偏好，由此激发观者的诗意想象。诗境、韵味等中国古典美学的重要范畴在苏南传统民居空间中通过建筑装饰虚实相济、有无相生、时空一体等途径得到充分演绎。苏南民居饱含空灵通透之意趣，一个重要原因是基于建筑装饰的丰富联想与超然体验所蕴成了只存在于理想与幻境中的玲珑诗意。

7.3.1.1 虚涵空间与柔性界面

潘谷西先生认为"在古代中国人的室外自然空间与室内生存空间之间横亘着院落空间、檐下空间、廊下空间等多重屏障，两极之间的多层次中性空间正是中国建筑群多层次的具体表现。"[2] 苏南地区自古以来文风儒雅醇厚、自然环境优渥，具有含蓄内敛、亲近自然的人文传统。民居建筑装饰形成虚涵空灵的空间意象，吻合文人士族的精神世界和文化心理结构，也得到市民阶层的广泛认同和喜爱。空灵与虚涵意味的营

[1] 王明辉．诗境的开创与抵达 [J]. 上海大学学报 (社会科学版) , 2015(04):83

[2] 潘谷西．中国建筑史（第四版）[M]. 北京 : 中国建筑工业出版社 , 2001：241.

造依靠建筑装饰“布置空间、组织空间、创造空间、扩大空间等种种手法”[1] 的巧妙设置和组织。它否定封闭空间与开放空间非此即彼的划分，把不同性质的空间混合在一起，产生多重含义，衍生出极富变化的次生空间，营造出大量内外空间相融互通的虚涵空间。

以廊轩为例，廊轩是联系室内外的过渡空间，具有虚涵特性。廊轩对空间的限定相对较弱，兼具内外两种空间特征。它依藉房屋的实体界面，例如墙面或整壁长窗来围合界定空间，但不限定空间，而是使界面空间化。自然与建筑之间相互捕捉、相互渗透，赋予了边界以柔性，突出了民居的空间结构层次，对于民居深层空间意象的构建具有积极的促进作用（图 7-15）。廊轩外部仅以檐枋下饰挂落或栏杆来分割空间，而不用完整的垂直界面进行封闭式分割，再加上廊柱的“虚间隔”形成灵动的留白，使廊轩空间相对于厅堂来说显得更加开放。这种柔性界面弱化了室内外之间的界限，廊轩内部的“实”与庭院联通的“虚”带来空间的渗透与流动，形成虚实结合的“灰空间”，使空间通透轻盈，与实体建筑相映成趣，促成了民居建筑空间层次的衍生以及审美意象的丰满。

挂落、栏杆、长窗等建筑装饰均能营造模糊、含混的柔性界面，消除不同空间之间的断裂感，柔化空间边界，巧妙地将室内环境延伸到外部，同时也将自然环境纳入空间内部，在分隔空间的同时为相邻空间提供了彼此交融与契合的过渡区域（图 7-16）。过渡区域装饰构件的结构功能与视觉形象巧妙结合，营造出不断变化的层次感和画面感。这种对空间的既存在又不确定、既静态又多变的装饰手法正如传统绘画中的留白一样，营造出有无相生、虚实互补、空灵隽永的意境。

由此可见，由建筑装饰所构成的多层次空间、陪衬性空间、背景式空间等均是形成民居意境的召唤性结构，“虚实相生、无画处皆成妙境”[2]，它们连同解读过程中所形成的意义空间促成了苏南民居建筑诗性意境的生成。

[1] 黄其森 . 院子里的中国 [M]. 北京：作家出版社，1987：141.
[2] 宗白华 . 中国文化的美丽精神 [M]. 武汉：长江文艺出版社，2015: 146.

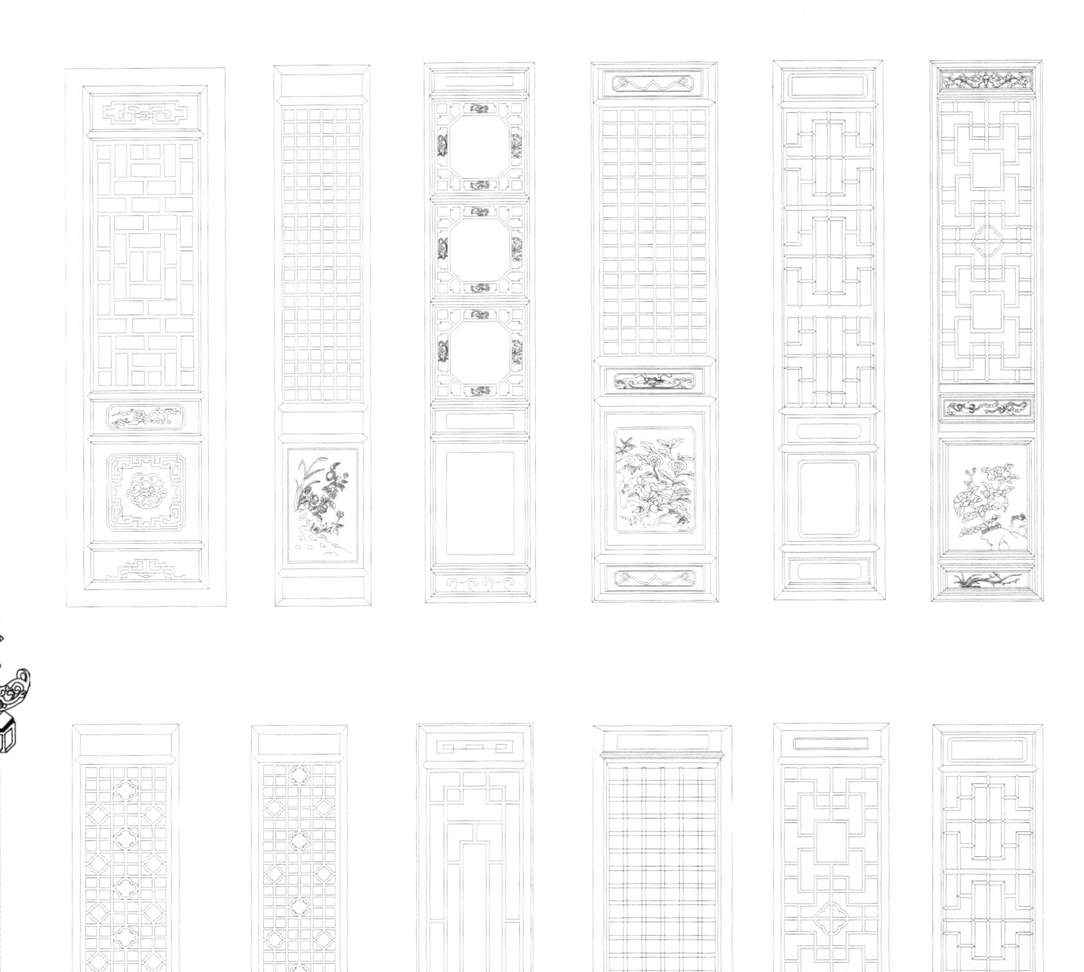

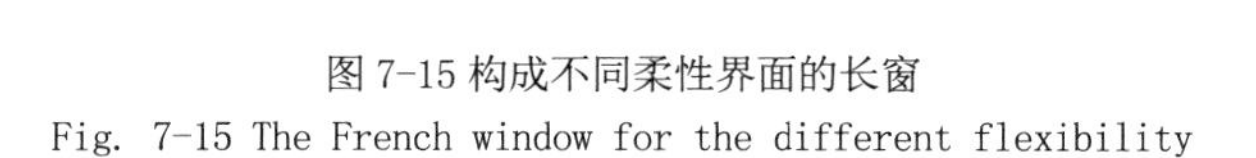

图 7-15 构成不同柔性界面的长窗
Fig. 7-15 The French window for the different flexibility

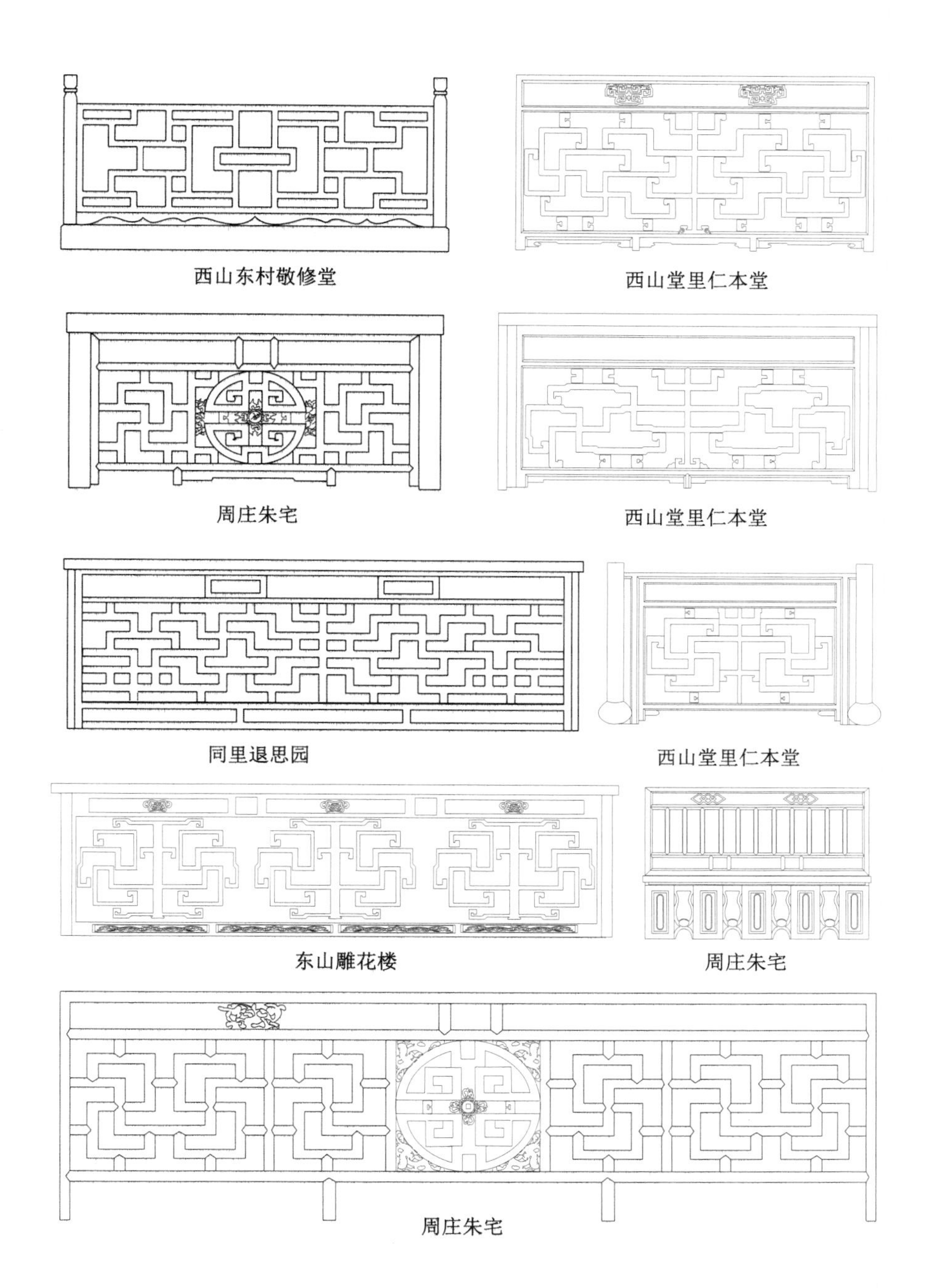

图 7-16 构成多层次空间的各式栏杆
Fig. 7-16 All kinds of handrails for multilevel space

7.3.1.2 景象叠加与藏露互补

建筑装饰借助景象叠加、藏露互补的方式将抽象的时间因素巧妙地转化于民居空间中。通过对装饰界面的虚空化处理，使静态空间包容了场景的序列组合和时间更替变化因素，从而使尺寸有限的民居空间中容纳了丰富的画面层叠效果，实现了功能空间与审美体验的同构关系，在日常生活环境中实现了巧妙的时空切换和诗性的意境交汇。

苏南传统民居的入口空间通常采用诗歌创作中常见的先抑后扬手法，来组织时空结构的更替和变化，巧妙地建构民居空间意象的虚实对比。入口序列在民居轴线上形成多层次的动态空间体验。有节制的形象铺陈与含蓄的视觉引导打开了一个时空交汇的重要维度。同时，直观、感性的装饰形象充分发挥其艺术感染力，“化景物为情思”，激发人们的审美与想象，引起人们的情感和遐想。通过疏密、藏露、围透等装饰艺术方式的处理使民居空间产生了景致的层叠、界面的虚空、空间的变化，形成了装饰意义上的空白，为诗境的形成注入活力。

漏窗在苏南民居中常被用来创造藏露互补的空间意境。漏窗是嵌在墙体中但不可开启的装饰性透空窗。明代计成称漏窗为 “漏明墙”，早在魏晋时期的文人园林中，就有将门窗设置于景观和屋墙交界处的做法，具有隔景和引景的双重功能。“墙在空间的功能是‘隔’，但通过‘漏’生发出诸多的空间意趣。‘隔’将空间划分出丰富的层次，‘漏’溢情于空间之外。”[1] 把“隔”与“透”辩证地放置于虚实相生的柔性空间界面中，营造了情与景汇、意与象通的建筑形式，形成了虚涵的诗性蕴味（图 7-17）。

不同规模、层次的苏南民居中多设有漏窗。小型民居的漏窗简朴素雅、大型宅院的漏窗则富于变化，形式多样。同里退思园设置了诸多不同款式的装饰性漏窗。它们与人的视线几乎持平，适合观景、引景，产生了灵活多变的空间意象。无锡树园里民居漏窗则用于高墙之上，在将单调的围合界面赋予玲珑通透的装饰效果的同时，也成功消除了院墙的闭塞感，形成“隔而不断”的内外关系。

[1] 毛兵 . 中国传统建筑空间修辞研究 [D]. 西安建筑科技大学 , 2008:111.

图 7-17（a） 营造藏露互补空间意境的漏窗
Fig. 7-17 (a) Tracery window for the artistic conception with complementing of each other

图 7-17（b）营造藏露互补空间意境的漏窗与景窗
Fig. 7-17（b）Tracery and scenery-admiring window for the artistic conception with complementing of each other

7.3.2 文本指引与点题立意

从视觉建构到意义建构再到意境建构，对建筑装饰的认知与解读是一个借由视觉文本阐发心灵体验的过程。意境是建筑装饰所要建构的诗性空间，是装饰文本的“实境”与装饰立意的“虚境”的高度统一。实境显现于建筑的实体界面，是客观存在的，可凭借人的感官觉察，具有直观和显性特征。诗境则暗蓄于装饰图式所营造的审美意象以及匾额、楹联、题名、字碑所构筑的文学意象中，需经过人的联想与体悟，具有触发和纷呈迭出的特点。

7.3.2.1 文本情态

厅堂的楹联、匾额、题名，砖雕门楼的字碑以及石刻均是苏南民居

建筑艺术诗性品格的直接表现。它们不仅具有装饰建筑界面的审美功能，而且还是表达民居空间精神的点睛之笔，能够引导主体对民居空间场所精神的领悟。“黑格尔认为建筑艺术是物质性最强的艺术，诗（文学）是精神性最强的艺术。因此，我们可以说，建筑与文学的结合，实质上意味着在物质性最强的建筑艺术中，参合了精神性最强的艺术要素”[1]。

从某种角度讲，苏南民居之美是可“读”的，用文字引导观者对空间的认知，目的是更有效地使基于形式感的审美体验引入更具精神性的诗境。受文人园林的影响，匠师们在对苏南传统民居的山石、影壁、题刻等装饰元素展开精巧设计的同时，常常借助文学形象来美化空间，通过具有文学情态的诗词、题咏等为厅堂或景点进行命名和点题，将无形的人文元素与历史信息点缀在可观可感的景物中。正如胡赛尔所说，“当我们体验词的表象时，我们根本不活在这个词的表象之中，而是完完全全地活在对于它的含义、它的意义的贯彻执行之中”。这些通向诗境的文本指引折射出文人名士开阔旷达的审美情操和深邃哲思。经由文本性装饰，民居空间与诗文意境完美结合。文本性装饰为民居增添了优雅的文人气息与超凡脱俗的韵致，定义了空间属性，标示了场所精神。

苏州震泽师俭堂第四进的清水砖细墙门所题“世德作求”取自《诗•大雅•下武》：“王配于京，世德作求”，告诫子弟要积德行善。第五进所题“慎修思永”语出《书•皋陶谟》：“慎厥身修思永”，意指要真诚修身，以达长久安泰。六进所题“恭俭维德”，还是传扬崇尚积德、勤俭持家。全宅最高地位的敞厅更是利用诗文、书法来点明空间精神。厅堂居中高悬“师俭堂”匾额（图 7-18）。前柱楹联书“东鲁雅言诗书执礼，两京明诏孝弟力田”；后柱楹联书“古训是式，威仪是力；功崇唯志，业广唯勤”，宣扬的是诗礼继世、耕读为本、尊古尚志的儒家思想。堂楼悬挂“贤德瑞昌”匾额，用来强调“贤德”的作用，同时教导通过“艺”来提高自身的修养。内宅厅堂匾额题“祯祺”取自《旧唐书•音乐志三》，为吉祥之意；两边楹联为“日照龙文，泽垂世望；云升骐足，德蔚春华”。整个师俭堂以诗词文本点明，要积德、行善、修身、有志、有识、擅思、慎独、勤俭方能治家立业。充溢于空间的诗文传递了徐氏

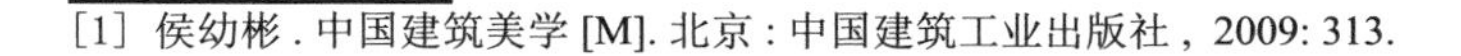

[1] 侯幼彬. 中国建筑美学 [M]. 北京：中国建筑工业出版社，2009: 313.

图 7-18 震泽师俭堂的文本情态

Fig. 7-18 The emotional expression of texts of Shijian Hall in Zhenze Town

儒商的人格追求和精神境界。

文本点缀使苏南民居的砖雕门楼颇具书卷气。门楼中枋视觉中心由四字一组的题刻组成，如“令德贻芳”、“云开春晓”、“松竹承茂”、“忠慎象贤”、“绿野流芳”、“修礼以耕”、“秉经酌雅”、“吟德怀和”等等，为其他地方少有。这些题刻有的颂咏儒家礼教、有的赞美自然风景、有的劝诫修身，它们均文辞绮丽、藻绘相饰、声律铿锵、蕴意深远。

7.3.2.2 书法韵致

字碑、楹联、匾额题名的文本情态给人以联想，而其书法则蕴含了丰富的形意之美，它所传达的韵致是构成苏南民居诗性意境的重要组成部分。例如位于厅堂左右柱子上楹联就是由基于书法艺术的对子演变而来的。“将书写的对联装裱成挂轴来装饰厅堂的形式最早出现于明万历年间。”[1] 至清初，又加入了书画形式，“在厅堂正中背屏上大多悬挂，两侧配以堂联，以后渐为固定格式。”[2]

苏南民居中运用较多的为篆、隶、楷、行等字体，拥有不同的审美风格。篆书圆融平正、朴茂多姿，富金石装饰意味；隶书浑宏厚重、颇具古意；楷书端庄遒劲，识别性强；行书笔意连绵、气韵生动、起伏跌宕，富于节奏感。各种书体借由笔画的虚实、浓淡、刚柔、动静表现出线条的艺术与运动的张力。家资雄厚的人家，通常请名士题写匾额、楹联和砖雕门楼的字碑。使用最多的楷书和隶书最能呈现吴门书派沉静雅致的诗画风格，为民居空间注入了浓郁的书卷气和名士风韵。例如陆巷粹和堂“有容乃大”砖雕门楼的落款为“梅溪钱泳”，字迹朴重中蕴含秀雅。钱泳（字梅溪）是江苏无锡人，为清代著名书法家、学者。棋乐仙馆“鍾蘭蘊玉”的砖雕门楼字碑的落款为“朗亭沈兆霖”，字迹朴实敦厚中透着灵动之气。东山镇潘氏敦厚堂的砖雕门楼外立面中枋字碑为“长发其祥”，内立面中枋字碑为“玉樹流芳”，字迹稳健雄浑，落款均为“是京叶藻”。叶是京为东山镇人，曾于清咸丰、同治年间任高官，后辞官不仕回归东山故里。苏南地区多出状元，自然也少不了状元题刻。如苏州盛家带“春晖朗照”由清乾隆五十五年（1790）状元石韫玉题，字迹

[1] 王以坤 . 书画装潢沿革考 [M]. 北京 : 紫禁城出版社 , 1991: 39.
[2] 张朋川 . 明清书画“中堂”样式的缘起 [J]. 文物 , 2006: 92-93.

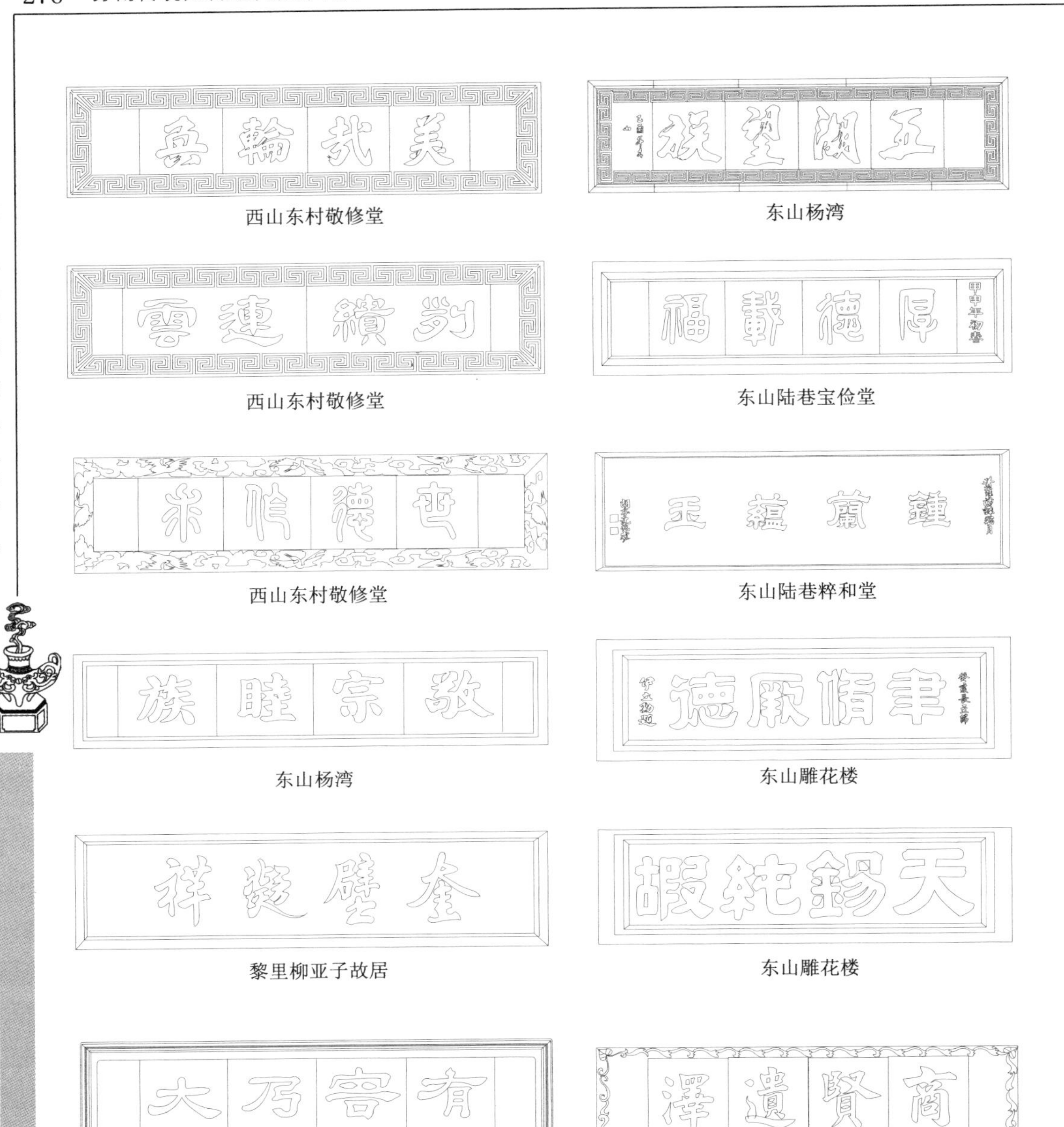

图 7-19 具有书法情态的砖雕门楼各式字碑

Fig. 7-19 All kinds of stele on the brick-carving gatehouse with spirit of the handwriting

潇洒温雅。苏州五爱巷 10 号的“燕翼相承”砖雕门楼由同治状元清末著名外交家洪钧题写，字迹温润秀雅。

苏南民居以装饰的形式将书法艺术巧妙引入空间，从而吸纳了书法所特有的形式美感与人文气质（图 7-19）。装饰性的文本以其语义上的情态和艺术上的韵致点明空间主题、确定空间主从、导引空间序列、渲染空间主题氛围。它们使主观的立意与客观的景象融汇渗透，在感性的日常生活空间中注入理性的思辨精神，开辟出深邃而隽永的诗的境界。

7.3.3 托物言志与闲情偶寄

“言志”与“缘情”是古典诗学的两个重要维度，建筑装饰依托“言志”与“缘情”提升和营造了苏南民居的空间意境。“诗言志”被称为传统诗论的“开山纲领”[1]，《诗大序》中云：“诗者，志之所之也。在心为志，发言为诗。情动于中而形于言”。[2]“诗缘情”出自西晋陆机的《文赋》“诗缘情而绮靡”的名句。“志”是具有礼乐仪式的情感，“情”是遵从个体本能的情感，二者合并构成了诗歌的元理论。中国南北文化存在着实践理性与诗性感性之间的二元对立，苏南地区处于以“经济——审美”为基本内涵的“江南诗性文化”[3] 的范畴之内。苏南民居以托物言志与闲情偶寄的装饰手法营造出富于诗性魅力的生活空间。

7.3.3.1 托物言志

托物言志通常是文人雅士在作品中含蓄表达自身品格情怀的主要手法。他们积极寻求自然物像特点和人的品格志向之间的内在关联性，捕捉超越物像本体的潜在语义。苏南地区拥有得天独厚的自然与人文资源，在民居建筑装饰中，诸多视觉元素突破本体客观形象的制约，被凝练成具有独特内涵和外延的形象符号，承担起象征和隐喻的信息传达功能，成为装饰托物言志的重要载体。梅、兰、竹、菊因其淡泊清雅的品质而被人格化为“四君子”，成为文人花鸟画中主流题材。它们因借物抒怀、缘物寄情的比德功能成为孤傲、清廉、高尚以及不屈的精神象征而备受文人雅士的赏识和推崇。荷花因其出淤泥而不染的特性与高洁品格发生

[1] 朱自清 . 诗言志辨　经典常谈 [M]. 北京：商务印书馆，2011: 7.
[2] 朱自清 . 诗言志辨 [M]. 南京 : 凤凰出版社 , 2008: 25.
[3] 刘士林 . 江南都市文化的“文化理论”与“解释框架”[J]. 江苏社会科学，2006（4）：89.

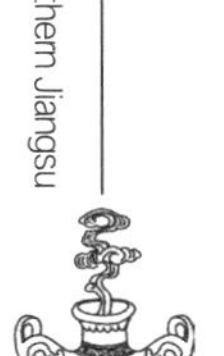

图 7-20 无锡南长街长窗夹堂板琴、棋纹样

Fig. 7-20 The pattern of qin and chess on ornamental panel in Nanchang Street, Wuxi

关联而为人们所钟爱。苏南民居的建筑装饰亦取此法，提倡感物吟志、以小见大，将隐喻和象征作为建筑装饰语言中重要的修辞手法借助于观者的联想构筑有意味的空间。

隐喻和象征其本质上是一种认知现象。依照符号学观点，把建筑装饰视为一种语言，它通过可感的视觉符号表达抽象意义，在视觉符号与情感、思想、意义之间建立起联系，传达特定的意味。民居空间所要表达的“志”与建筑装饰的视觉形式结合，形成一个具有丰富文化内涵和审美象征意义的符号系统。无锡南长街许多民居长窗上饰琴、棋、书、画等图案（图 7-20），这些都是以托物言志为手法的建筑装饰，借助符号化的图形语言，含蓄而优雅地反映了文人式的生活愿景、价值取向以及气节操守。

7.3.3.2 闲情偶寄

明清时期，苏南地区文人雅士或闲居，或隐逸，他们寄情山水、花鸟，使日常生活更加人性化、多元化、诗意化和富于审美趣味。他们不仅通过插花、赋诗、作画、品茗、鼓琴等诸般“闲事”以寄文人趣味，而且开始走近生机勃勃的民间社会，走近色彩斑斓的市民生活，进入“市隐”时代[1]。同时，受文士阶层生活艺术化的影响，民居的建筑装饰设计也逐渐将文士们所追求的诗情画意与日常的闲适生活情调相融合。

营造诗境的“闲情”有属于社会知识精英阶层的“燕闲清赏”之趣和市民大众的日常休闲之乐。苏南民居中被广泛采用的博古清供题材即是从文人以“古董的欣赏与怀想为主的生活审美观”[2]转化而来的。例如建于清乾隆时期的西山敬修堂，厅堂长窗的夹堂板上雕有代表文人雅士琴、棋、书画、茶“四般闲事”的文物器物。古琴、如意瓶花、雅兰、鼎彝、珍瓷、香炉、围棋、屏风、茶具、书画等渲染出古典雅逸的诗性生活空间。另外还有文士出游、雅集等题材，均是对精英文化“闲情”之下的诗意生活图景的雕绘。市民大众的日常器皿和四时果蔬的介入，使得日常居住空间除了“燕闲清赏”之意境外更有了人间烟火之气，把现实生活中的杂感与闲情亦提炼为一种别样的诗意。李渔在《闲情偶寄》中记录了许多具有现实品性的“闲情”装饰设计，例如室内可方可圆、可装裱字画、可做收纳空间的斗笠形室内吊顶设计；被其认为是“生平制作之佳，当以此为第一”的“梅窗”设计；四壁绘花木，中插虬枝，并在其上蓄养鹦鹉画眉，壁画与枝鸟虚实同构的创意独特设计。每个装饰设计都是匠心独运、务实创新的典范，从中可以看出李渔用心体悟生活之后的慧心巧思，确如李渔所言：“若能实具一段闲情、一双慧眼，则过目之物尽是画图，入耳之声无非诗料”[3]，正是闲情、慧眼赋予苏南民居充满生活情趣和人文情调的灵秀诗境。

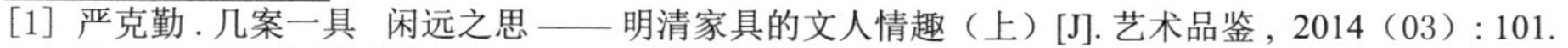

[1] 严克勤 . 几案一具　闲远之思 —— 明清家具的文人情趣（上）[J]. 艺术品鉴，2014（03）：101.
[2] 毛文芳 . 晚明闲赏美学 [M]. 台北：台湾学生书局，2000:66.
[3]（清）李渔 . 闲情偶寄 [M]. 哈尔滨：哈尔滨出版社，2007:71.

本章小结

苏南传统民居建筑装饰是一种以视觉审美为基础、情感体验为中介、理趣意境为归旨的艺术形态。建筑装饰通过情境、画境、诗境的建构，将心灵的寄托、意象的体悟、现实的超越等多层次的精神诉求溶于与人们朝夕相处的居住环境，使之充满令人愉悦的生活情趣和寓意深远的人文意境。

苏南民居建筑装饰对意境的构建秉承了立足于抒情的艺术传统。它不仅是儒家思想文化的重要载体，而且体现着文士阶层与市民阶层的审美趣味与精神追求。苏南民居装饰从儒家情怀、文人情趣、世俗情意三个维度构建起以“情”为核心的意境。

受文人园林“以画入园，因画成景”的造园理念影响，有条件的苏南民居追求至美画境。经营位置是建筑装饰营造画境的首要法则，通过对建筑装饰秩序、虚实、韵律、层次等宏观结构的经营和装饰画面微观层面的处理，以及组景、取景的设置，使民居空间产生超然物外、融情于景的画意。随类赋彩是建筑装饰对苏南地区独特的人文雅韵和多彩自然风貌的感应与转化。黛瓦粉墙的简素文雅和锦饰彩绘的细腻秀丽形成了独具苏南地域特点的色彩体系。传移模写是获取装饰题材的有效途径，通过对文人山水、戏曲文艺、坊刻版画等多种艺术范式的再现及创新，创造出符合苏南民居空间语境的装饰图式，营造富有艺术感染力的画境。

苏南素有以“审美自由为基本理念的诗性文化”[1]，这种超逸活泼、自由灵动的诗性精神经由建筑装饰演化为苏南传统民居空灵隽永的诗性意境。装饰构件通过“景象叠加”和“藏漏互补”的途径实现了“情与景汇”、“意与象通”的空间功能属性的复合、空间审美体验的营造和空间精神内涵的注入，虚实结合地创造出远远大于建筑本体的超然诗境。楹联、匾额、题名、字碑将丰富的文本情态和灵动的书法韵致巧妙融入日常生活空间，突出了空间主题、导引了空间序列。托物言志、以物比德的文本性装饰在民居空间中寓寄了宅主的品格志向，构筑出富于文化意味的空间。以日常生活场景与普通百姓的闲情意趣为素材的装饰，则赋予民居空间田园诗一般的自由、轻松和温馨的氛围。

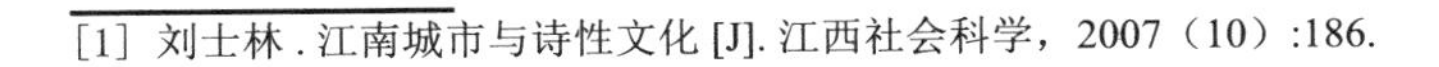

[1] 刘士林．江南城市与诗性文化 [J]. 江西社会科学，2007（10）:186.

由此可见，建筑装饰在合理构建情境，增加人们对空间归属感的同时，也注重与建筑结构、自然景观、人文艺术的互动与引入，形成审美映像丰满的画境。同时通过言志、比德、缘情等手法增强了主体与民居各层次空间的深入体认。建筑装饰通过情境、画境、诗境的层层推进，完整地构建了苏南民居的空间意境。

结论与展望

本书通过对苏南地区传统民居建筑装饰的研究得出以下结论：

苏南地区传统民居建筑装饰的卓著成就是由该地区的自然资源与经济环境、工匠制度与建筑技艺、社会意识与文化形态以及相关艺术的蓬勃发展等多方面的合力而促成的。它是制度、文化、艺术、生活中的信念和期许在日常居住空间界面中的映射，是集体信仰与个体创新、审美理想与建筑技艺相互补充、相互平衡的结果。

苏南传统民居建筑装饰的木雕、砖雕、石雕按其不同的工艺类型形成各自的艺术特色。木雕兼有简朴素雅与精致繁缛；砖雕兼有粗犷简洁与细腻华美；石雕以简素为主，细节丰富，刚柔并济；彩画繁而不乱、满而不溢、优雅温润。根据载体属性，将苏南民居装饰分为结构性装饰和附加性装饰两种类型。结构性装饰的主要诉求是基于结构功能表现构件本体的“骨骼美”，追求结构机能与艺术造型的有机结合；附加性装饰突出的则是对空间界面的修辞与美化，它的题材与形式更为丰富自由，艺术化程度高，更具相对独立的审美价值。

苏南民居建筑装饰题材呈现“崇文尚教与文人符号”、“教化图本与世俗风貌”、“吉祥寓意与宗教信仰”三大类别。在象征意涵层面，三类主题都通过恰当的内容与素材完成了从精神内涵到物态现象的转化，体现出苏南地区独特的地域文化、意识形态和审美理想。在形式表现层面，苏南民居装饰具有向心式、截景式、长卷式、散点式等典型图式，这些图式分别遵循“吸附聚合”、“以小观大”、“有序铺陈”以及“错落有致”的构成规律。

建筑装饰参与了苏南传统民居中“秩序空间”和“虚实空间”两种不同性质的空间体验的建构，装饰与空间之间具有内在的逻辑关系。在“秩序空间”中，建筑装饰从功能逻辑和等级位序出发强化空间的仪式感和象征性，促成视觉审美与秩序理性的有机结合；在“虚实空间”中，建筑装饰通过创建空间层次、营造复合空间等方式，赋予空间流动性和复杂性，增加了日常生活空间在主观意念层面的维度。

苏南传统民居建筑装饰在不同的历史时期体现出清晰的时代特征。依据建筑装饰的传承性和滞后性特征，结合建筑装饰题材、风格、工艺所呈现的实际变化，将苏南地区传统民居建筑装饰的发展演进划分为发育期（明末至清顺治）、定型期（清康熙至嘉庆）、变革期（清嘉庆晚期至民国）三个时期，所对应的艺术风格分别为“经世致用与尚雅摈俗”、“崇情尚美与工巧繁丽”、“因循固化与中西交融”。苏南传统民居装饰在历史变迁中始终相对稳定地贯穿了文人气质和以人为本的精神。它在后期面临西方建筑文化冲击时所呈现出的变异形式发端于空间观念的转向，实现于外来元素的混搭。

苏南传统民居建筑装饰的深层魅力源于其隽永深远的意境建构，而装饰语言与生活观念的互动途径亦在于此。苏南传统民居建筑装饰的意境营造呈现出情境、画境、诗境三位一体的完整结构。装饰所蕴含的“宗法伦理的儒家情怀”、“雅致清逸的文人情趣”以及“直抒胸臆的世俗情韵”指向情境；通过“位置经营”、“随类赋彩”和“传移模写”的艺术法则所营造的审美体验指向画境；空间的虚与实、景物的藏与漏，以及匾额、楹联、诗词书画等文本性装饰的立意和点题赋予日常家居环境充满文化底蕴的诗性意境。

后续研究与展望：

苏南传统民居装饰的系统研究可以从以下三点继续拓展和深入：

1. 本课题虽然强调了和民居建筑装饰相关“人”的因素如工匠、文人、居者等，但是没有对多样化的设计主体、建造主体、居者类型进行深入的分类比较。后续研究可以通过这种分类来解释苏南民居装饰总体特征下的复杂性与差异性。

2. 苏南地区传统民居建筑装饰的匠作技艺与徽州地区、东阳地区属于同一匠作系统，和北方官式营造在不同历史时期也有着千丝万缕的联系和互动。后续研究可以加强对装饰技艺源流的研究。

3. 立足苏南进一步细分地区（例如苏州、无锡、常州等），展开特定历史时期苏南各个地区间的传统民居建筑装饰的比较研究。在研究各地民居装饰地域特征的同时分析形成地区差异性的复杂原因。

本书创新点

1. 以“秩序空间”和“虚实空间”两种不同性质的空间概念阐明建筑装饰与苏南传统民居空间的内在关系。

揭示出建筑装饰对于苏南传统民居的意义不仅在于影响界面而且更在于干预空间。提出苏南民居建筑装饰的两个潜在的重要职能：强化空间的秩序感与生成空间的虚实性。装饰标示和强化了空间的仪式感和象征性，并通过创建空间层次、营造复合空间等方式传达丰富的空间语义。

2. 对苏南地区传统民居建筑装饰断代分期，阐明各个时期的风格特征及背景与成因。

根据建筑装饰继承、延续、演进和嬗变的滞后性特征，结合形式风格生发和定型的考察分析，将苏南地区传统民居建筑装饰分为发育期（明末至清顺治）、定型期（清康熙至嘉庆）、变革期（清嘉庆晚期至民国）三个时期，并将相应的艺术风格归纳为“经世致用与尚雅摈俗”、“崇情尚美与工巧繁丽”和“因循固化与中西交融”。

3. 阐明苏南民居建筑装饰语言与该地区社会意识形态、城乡生活文化之间的互动关系。

以儒家精神为核心的社会意识形态，独具苏南地方特色的城乡生活文化以及包括文人园、文人画、戏曲娱乐、小说坊刻在内的文艺形式和传统民居建筑装饰之间形成紧密的互动关系。装饰的题材形式、工艺特征和风格演变是同时期意识形态、生活文化和文艺形式共同作用的结果；反之，意识形态、生活文化和文艺形式借由民居建筑装饰经“情境”、“画境”、“诗境”等途径所建构的场所精神得以更好的彰显和传播。

参考文献

古文献及专业著作：

［1］（明）胡应麟 . 四库全书 · 少室山房笔丛 · 卷四 [M]. 上海：上海古籍出版社，1987.

［2］（明）计成著，刘艳春编著 . 园冶 [M]. 南京：江苏凤凰文艺出版社， 2015.

［3］（明）计成． 古刻新韵 [M]. 杭州：浙江人民美术出版社，2013.

［4］（清）严可均 . 全三国文 [M]. 北京：商务印书馆，1999.

［5］（清）张廷玉 . 明史 · 舆服志（四）[M]. 北京：中华书局， 2000.

［6］（清）李渔 . 闲情偶寄 [M]. 上海：上海古籍出版社，2000.

［7］（西汉）刘安，东篱子 . 淮南子全鉴 [M]. 北京：中国纺织出版社， 2016.

［8］（宋）沈括，金良年，胡小静 . 梦溪笔谈全译 [M]. 上海：上海古籍出版社，2013.

［9］（明）文震亨著，李瑞豪编著 . 长物志 [M]. 北京：中华书局，2012.

［10］（清）李渔 . 闲情偶寄 [M]. 上海：上海古籍出版社，2000.

［11］祝纪楠 . 营造法原 [M]. 北京：中国建筑工业出版社， 2012.

［12］崔晋余 . 苏州香山帮建筑 [M]. 北京：中国建筑工业出版社， 2004.

［13］陈从周 . 苏州旧住宅 [M]. 上海：上海三联书店，1959.

［14］陈志华 . 北窗杂记 [M]. 河南：河南科学技术出版社，1999.

［15］苏简亚 . 苏州文化概论 [M]. 南京：江苏教育出版社，2008.

［16］张驭寰 . 古建筑名家谈 [M]. 北京：中国建筑出版社， 2011.

［17］朱栋霖，周良，张澄国 . 苏州艺术通史（下）[M]. 南京：江苏凤凰文艺出版社，2014.

［18］陈志华 . 楠溪江中游古村落 [M]. 北京：生活 · 读书 · 新知三联书店，1999.

［19］张乃格，张倩如 . 江苏古代人文史纲 [M]. 南京：江苏人民出版社， 2013.

［20］郭翰 . 苏州砖刻 [M]. 上海：上海人民美术出版社，1963.

［21］王建伟 . 造园材料 [M]. 北京：中国水利水电出版社，2014.

［22］杜国玲 . 吴山点点幽 [M]. 北京：现代出版社，2015.

[23] 杨廷宝著，齐康记述 . 杨廷宝谈建筑 [M]. 北京 : 中国建筑工业出版社， 1991.

[24] 范金民 . 明清江南商业的发展 [M]. 南京 : 南京大学出版社，1998.

[25] 左国保，李彦，张映莹 . 山西明代建筑 [M]. 太原：山西古籍出版社，2005.

[26] 孟凡人 . 明朝都城 [M]. 南京：南京出版社，2013.

[27] 王贵祥 . 中国古代人居理念与建筑原则 [M]. 北京：中国建筑工业出版社，2015.

[28] 过伟敏 . 中国设计全集 (卷一)：建筑类编 · 人居篇 [M]. 北京：商务印书馆，2012.

[29] 钱穆 . 国史大纲 [M]. 北京：商务印书馆，1996.

[30] 郭华瑜 . 中国古典建筑形制源流 [M]. 武汉：湖北教育出版社，2015.

[31] 陈从周 . 梓室余墨：陈从周随笔 [M]. 北京：生活 · 读书 · 新知三联书店，1999.

[32] 童寯 . 童寯文集 [M]. 北京 : 中国建筑工业出版社，2001.

[33] 石荣 . 造园大师计成 [M]. 苏州：古吴轩出版社，2013.

[34] 南炳文，汤纲 . 明史 [M]. 上海 : 上海人民出版社，2014.

[35] 周勋初主编 . 中国地域文化通览 · 江苏卷 [M]. 北京：中华书局，2013.

[36] 沈从文 . 花花朵朵坛坛罐罐 —— 沈从文文物与艺术研究文集 [M]. 北京 : 外文出版社，1996.

[37] 楼庆西 . 乡土建筑装饰艺术 [M]. 北京 : 中国建筑工业出版社， 2006.

[38] 梁思成 . 清式营造则例 · 绪论 [M]. 北京：中国建筑工业出版社，1981.

[39] 梁思成 .《梁思成全集》第五卷 [M]. 北京 : 中国建筑工业出版， 2001.

[40] 刘敦桢 . 中国古代建筑史 [M]. 北京 : 中国建筑工业出版， 2008.

[41] 过伟敏 . 建筑艺术遗产保护与利用 [M]. 南昌 : 江西美术出版社， 2006.

[42] 吴风 . 艺术符号美学：苏珊 · 朗格符号美学研究 [M]. 北京 : 北京广播学院出版社，2002.

[43] 苏州大学非物质文化遗产研究中心 . 东吴文化遗产（第三辑）[M]. 上海 : 三联书店，2010.

[44] 王国平 . 苏州史纲 [M]. 苏州：古吴轩出版社，2009.

[45] 文化部民族民间文艺发展中心 . 中国非物质文化遗产 [M]. 北京：北京师范大学出版社，2007.

[46] 杨耿 . 苏州建筑三雕 : 木雕 · 砖雕 · 石雕 [M]. 苏州 : 苏州大学出版社， 2012.

[47] 周桂钿 . 秦汉思想史（上）[M]. 福州：福建教育出版社，2015.

[48] 周桂钿 . 秦汉思想研究 · 肆：董学探微 [M]. 福州：福建教育出版社，2015.

［49］齐康 . 中国土木建筑百科辞典：建筑 [M]. 北京：中国建筑工业出版社，1999.
［50］程建军 . 中国建筑环境丛书 [M]. 广州：华南理工大学出版社，2014.
［51］王贵祥 . 东西方的建筑空间 : 传统中国与中世纪西方建筑的文化阐释 [M]. 天津：百花文艺出版社，2006.
［52］杨晓阳，刘晨晨 . 中国风水与环境艺术 [M]. 北京：北京工艺美术出版社，2015.
［53］孙红颖 . 管子全鉴 [M]. 北京：中国纺织出版社，2016.
［54］毛兵 . 中国传统建筑空间修辞 [M]. 北京：中国建筑工业出版社，2010.
［55］洪再新 . 中国美术史 [M]. 杭州：中国美术学院出版社，2013.
［56］刘君祖 . 详解易经系辞传 [M]. 上海：上海三联书店，2015.
［57］毛兵 . 混沌 : 文化与建筑 [M]. 沈阳：辽宁科学技术出版社，2005.
［58］李泽厚 . 华夏美学 [M]. 天津：天津社会科学院出版社，2002.
［59］游唤民 . 元圣周公全传 [M]. 北京：新华出版社，2014.
［60］李允鉌 . 华夏意匠 [M]. 香港：香港广角镜出版社，1982.
［61］侯幼彬 . 中国建筑美学 [M]. 北京 : 中国建筑工业出版社，2009.
［62］王世襄 . 明式家具研究 [M]. 香港 : 三联书店，1989.
［63］田家青 . 清代家具 [M]. 北京 : 文物出版社，2012.
［64］刘畅 . 慎修思永——从圆明园内檐装修研究到北京公馆室内设计 [M]. 北京 : 清华大学出版社， 2004
［65］潘谷西 . 中国古代建筑史 (第四卷)　元、明建筑 [M]. 北京 : 中国建筑工业出版社，2002.
［66］孙大章 . 中国古代建筑史（第五卷）　清代建筑 [M]. 北京 : 中国建筑工业出版社 , 2002.
［67］程建军 . 营造意匠 [M]. 广州：华南理工大学出版社，2014.
［68］陈和志 . 震泽县志（刻本）[M]. 上海 : 华东师范大学图书馆，1893.
［69］余英时 . 现代儒学论 [M]. 上海：上海人民出版社，1998.
［70］李正爱 . 江南都市文化与审美研究 [M]. 杭州：浙江大学出版社，2015.
［71］杨匡汉主编 . 20 世纪中国文学经验（上）[M]. 上海 : 中国出版集团东方出版社 , 2006.
［72］俞为民，孙蓉蓉 . 历代曲话汇编 · 清代编　第一集 [M]. 合肥 : 黄山书社，2008.
［73］赵维国 . 教化与惩戒：中国古代戏曲小说禁毁问题研究 [M]. 上海：上海古籍出版社，2014.

[74] 朱力 . 中国明代住宅室内设计思想研究 [M]. 北京：中国建筑工业出版社，2008.
[75] 张翰 . 松窗梦语 [M]. 上海 : 上海古籍出版社，1986.
[76] 鲁晨海编注 . 中国历代园林图文精选 · 第五辑 [M]. 上海：同济大学出版社，2006.
[77] 杨秉德 . 中国近代中西建筑文化交融史 [M]. 武汉：湖北教育出版社，2003.
[78] 杨秉德 . 中国近代城市与建筑（1840 — 1949）[M]. 北京：中国建筑工业出版社，1993.
[79] 过宏雷 . 现代建筑表皮认知途径与建构方法 [M]. 北京：中国建筑工业出版社，2014.
[80] 李泽厚 . 华夏美学 · 美学四讲 [M]. 北京：生活 · 读书 · 新知三联书店，2008.
[81] 孟森 . 清史讲义 [M]. 南京 : 江苏文艺出版社，2010.
[82] （美）张春树，骆雪伦 . 明清时代之社会经济剧变与新文化 [M]. 上海 : 上海古籍出版社，2008.
[83] 童庆炳 . 文学理论教程 [M]. 北京：高等教育出版社，1992.
[84] 楼宇烈 . 王弼集校释（下 · 周易略例 · 明象）[M]. 北京 : 中华书局，1980.
[85] 张伯伟 . 全唐五代诗格汇考 [M]. 南京 : 江苏古籍出版社，2002.
[86] （捷）欧根 · 希穆涅克 . 美学与艺术总论 [M]. 董学文译 . 北京：文化艺术出版社，1988.
[87] 金观涛 . 在历史的表象背后 · 对中国封建社会超稳定结构的探索 [M]. 成都：四川人民出版社，1984.
[88] 葛兆光 . 中国思想史（第二卷）　七世纪至十九世纪中国的知识、思想与信仰 [M]. 上海：复旦大学出版社，2011.
[89] 黄长美 . 中国庭园与文人思想 [M]. 台北 : 明文书局，1986.
[90] 丁子予，汪楠 . 中国历代诗词名句鉴赏大辞典 [M]. 北京：中国华侨出版社，2009.
[91] 苏州博物馆 . 衡山仰止——吴门画派之文徵明 [M]. 北京：故宫出版社，2013.
[92] 顾凯 . 明代江南园林研究 [M]. 上海 : 东南大学出版社，2010.
[93] 宗白华 . 美学散步 [M]. 上海 : 上海人民出版社，2007.
[94] 韩刚 . 谢赫“六法”义证 [M]. 石家庄 : 河北教育出版社，2009.
[95] 刘纪纲 .“六法”初步研究 [M]. 武汉 : 武汉大学出版社，2006.
[96] 麦贤宾 . 庄子道家智慧一本通 [M]. 北京：石油工业出版社，2015.
[97] 杭间 . 中国工艺美学思想史 [M]. 太原 : 北岳文艺出版社，1994.

[98] 王以坤 . 书画装潢沿革考 [M]. 北京 : 紫禁城出版社，1991.

[99] 朱自清 . 诗言志辨　经典常谈 [M]. 北京：商务印书馆，2011.

[100] 王伯敏，任道斌 . 画学集成（明清）[M]. 石家庄 : 河北美术出版社， 2002.

[101] 潘谷西 . 中国建筑史（第四版）[M]. 北京 : 中国建筑工业出版社，2001.

[102] 宗白华 . 艺境 [M]. 北京 : 北京大学出版社，1987.

[103] 毛文芳 . 晚明闲赏美学 [M]. 台北 : 台湾学生书局，2000.

[104] 商子庄 . 木鉴 [M]. 北京：化学工业出版社，2008.

[105] 陆志刚，徐伯元，包立本 . 常州文物古迹（续编）[M]. 珠海：珠海出版社，2009.

[106] 王稼句 . 西山雕花楼 [M]. 上海 : 上海锦绣文章出版社，1963.

[107] 伍嘉恩 . 明式家具二十年经眼录 [M]. 北京：紫禁城出版社，2010.

[108] 同济大学建筑工程系建筑研究室 . 苏州旧住宅参考图录 [M]. 同济大学教材科，1958.

[109] 宗白华 . 中国文化的美丽精神 [M]. 武汉：长江文艺出版社，2015.

[110] 朱自清 . 诗言志辨 [M]. 南京 : 凤凰出版社，2008.

[111] 徐民苏 . 苏州民居 [M]. 中国建筑工业出版社，1991.

[112] 苏州市房产管理局 . 苏州古民居 [M]. 上海：同济大学出版社，2004.

[113] 马振暐，陈伟，陈瑞近 . 苏州传统民居图说 [M]. 北京：中国旅游出版社，2010.

[114] 顾蓓蓓 . 苏州地区传统民居的精锐 : 门与窗的文化与图析 [M]. 武汉：华中科技大学出版社，2012.

[115] 潘新新 . 雕花楼香山帮古建筑艺术 [M]. 哈尔滨：哈尔滨出版社，2001.

[116] 刘延华，黄松 . 苏州师俭堂：江南传统商贾名宅 [M]. 北京：中国建筑工业出版社，2006.

[117] 张道一，唐家路 . 中国古代建筑木雕 [M]. 南京：江苏美术出版社，2012.

[118] 张道一，唐家路 . 中国古代建筑石雕 [M]. 南京：江苏美术出版社，2012.

[119] 张道一，郭廉夫主编 . 古代建筑雕刻纹饰 [M]. 南京：江苏美术出版社，2007.

[120] 王其钧 . 中国建筑装修语言 [M]. 北京：机械工业出版社，2008.

[121] 刘森林 . 中华装饰 : 传统民居装饰意匠 [M]. 上海：上海大学出版社，2004.

[122] 周君言 . 明清民居木雕精粹 [M]. 上海：上海古籍出版社，1998.

[123] 周学鹰，马晓 . 中国江南水乡建筑文化 (精) [M]. 武汉：湖北教育出版社，2006.

[124] （美）肯尼思 · 弗兰姆普敦 . 建构文化研究 [M]. 北京：中国建筑工业出版社，2007.

[125] 易存国 . 敦煌艺术美学 [M]. 上海：上海人民出版社，2013.
[126] 王其钧 . 中国古建筑语言 [M]. 北京：机械工业出版社，2007.
[127] 施文球 . 姑苏宅韵 [M]. 上海：同济大学出版社，2008.
[128] 侯幼彬 . 中国建筑之道 [M]. 北京：中国建筑工业出版社，2011.
[129] 王仲奋 . 婺州民居营建技术 [M]. 北京：中国建筑工业出版社，2014.
[130] 钱达 . 苏州民居营建技术 [M]. 北京：中国建筑工业出版社，2014.
[131] 陆邵明 . 建筑体验——空间中的情节 [M]. 北京：中国建筑工业出版社，2007.
[132] 沈克宁 . 建筑现象学 [M]. 北京：中国建筑工业出版社，2016.
[133] （挪）诺伯舒兹 . 场所精神 : 迈向建筑现象学 [M]. 施植明译 . 武汉：华中科技大学出版社，2010.
[134] （日）伊东忠太 . 中国古建筑装饰 [M]. 北京：中国建筑工业出版社，2006.
[135] 赵新良 . 诗意栖居 : 中国传统民居的文化解读 [M]. 北京：中国建筑工业出版社，2008.
[136] 沈庆年 . 古宅品韵 [M]. 苏州：苏州大学出版社，2013.
[137] 王其钧 . 古典建筑语言 [M]. 北京：机械工业出版社，2006.
[138] 赖德霖 . 解读建筑 [M]. 北京：中国水利水电出版社，2009.
[139] （美）阿诺德 · 伯林特 . 环境美学 [M]. 长沙：湖南科学技术出版社，2006.
[140] （英）罗杰 · 斯克鲁顿 . 建筑美学 [M]. 北京：中国建筑工业出版社，2003.
[141] 萧默 . 营造之道 [M]. 北京：生活 · 读书 · 新知三联书店，2008.
[142] 巫鸿 . 重屏 [M]. 上海：上海人民出版社，2009.
[143] （美）拉波波特 . 文化特性与建筑设计 [M]. 常青，张昕，张鹏译 . 北京：中国建筑工业出版社，2004.
[144] 王其钧 . 中国园林建筑语言 [M]. 北京：机械工业出版社，2007.
[145] 沈福煦，沈鸿明 . 中国建筑装饰艺术文化源流 [M]. 武汉：湖北教育出版社，2002.
[146] 王其钧 . 近现代建筑语言 [M]. 北京：机械工业出版社，2007.
[147] 刘甦 . 传统民居与地域文化 [M]. 北京：中国水利水电出版社，2010.
[148] 汪森强 . 走进老房子 [M]. 南京：江苏美术出版社，2005.
[149] 杭间 . 清华艺术讲堂 [M]. 北京：中央编译出版社，2007.
[150] 王其钧 . 中国民居 [M]. 北京：中国电力出版社，2012.
[151] 顾祖钊 . 艺术至境论 [M]. 天津：百花文艺出版社，1999.

[152] 李秋香，罗德胤，陈志华 . 浙江民居 [M]. 北京：清华大学出版社，2010.

[153] 王强 . 流光溢彩：中国古代灯具设计研究 [M]. 镇江：江苏大学出版社，2009.

[154] 凌继尧 . 中国艺术批评史 [M]. 上海：上海人民出版社，2011.

[155] 陈志华，李秋香 . 中国乡土建筑初探 [M]. 北京：清华大学出版社，2012.

[156] 刘先觉 . 现代建筑理论 [M]. 北京：中国建筑工业出版社，2008.

[157] 孙大章 . 中国民居之美 [M]. 北京：中国建筑工业出版社，2011.

[158] 程大锦 . 建筑 : 形式、空间和秩序 [M]. 天津：天津大学出版社，2008.

[159] 巫鸿 . 时空中的美术 [M]. 北京：生活 · 读书 · 新知三联书店，2016.

[160] 楼庆西 . 中国古建筑二十讲 [M]. 北京：生活 · 读书 · 新知三联书店， 2004.

[161] 曹林娣 . 图说苏州园林——门窗 [M]. 黄山：黄山书社，2010.

[162] 曹林娣 . 图说苏州园林——木雕 [M]. 黄山：黄山书社，2010.

[163] 李砚祖 . 设计之维 (设计大讲堂)[M]. 重庆：重庆大学出版社，2007.

[164] 肖伟胜 . 视觉文化与图像意识研究 [M]. 北京：北京大学出版社，2011.

[165] （希）安东尼 ·C· 安东尼亚德斯 . 建筑诗学 : 设计理论 [M]. 北京：中国建筑工业出版社，2006.

[166] 赖德霖 . 走进建筑　走进建筑史 : 赖德霖自选集 [M]. 上海：上海人民出版社，2012.

[167] 李幼蒸 . 理论符号学导论 [M]. 北京：中国人民大学出版社， 2007.

[168] 楼庆西 . 装饰之道 [M]. 北京：清华大学出版社，2011.

[169] 王贵祥 . 中国古代木构建筑比例与尺度研究 [M]. 北京：中国建筑工业出版社，2011.

[170] 胡陨著，故宫博物院编 . 明清宫廷家具二十四讲 [M]. 北京：紫禁城出版社，2006.

[171] 徐进亮 . 礼耕堂 : 平江历史街区 : 潘宅 [M]. 苏州：古吴轩出版社，2011.

[172] 唐纪军 . 苏州园林营造技艺 [M]. 北京：中国建筑工业出版社，2012.

[173] 马炳坚 . 中国古建筑木作营造技术 [M]. 北京：科学出版社，1991.

[174] 马未都 . 中国古代门窗 [M]. 北京：中国建筑工业出版社，2002.

[175] 梁思成 . 建筑文萃 [M]. 北京：生活 · 读书 · 新知三联书店，2006.

[176] 梁思成 . 中国建筑艺术二十讲 [M]. 北京：线装书局，2006.

[177] 孟凡人 . 明代宫廷建筑史 [M]. 北京：紫禁城出版社，2010.

[178] 陈从周 . 品园 [M]. 南京：江苏凤凰文艺出版社，2016.

[179] 李泽厚 . 美的历程 [M]. 北京：生活 · 读书 · 新知三联书店，2009.

[180] 蔡凌 . 侗族聚居区的传统村落与建筑 [M]. 北京：中国建筑工业出版社，2007.

[181] 曹林娣 . 中国园林艺术概论 [M]. 北京：中国建筑工业出版社，2009.

期刊、博士研究生、会议论文：

[1] 侯幼彬 . 建筑民族化的系统考察 [J]. 新建筑，1986(022).

[2] 陆元鼎 . 中国民居研究五十年 [J]. 建筑学报 . 第 15 届中国民居学术会议 : 特刊，2007(12).

[3] 李砚祖 .“ 材美工巧 ”：《周礼 · 冬官 · 考工记》的设计思想 [J]. 南京艺术学院学报 (美术与设计版)，2010(05).

[4] 李砚祖 . 长物之镜——文震亨《长物志》设计思想解读 [J]. 南京艺术学院学报 (美术与设计版)，2009(05).

[5] 章舒雯 . 计成和李渔的生活经历比较及其对造园风格的影响研究 [J]. 中外建筑，2014(09).

[6] 刘森林 . 明代江南住宅建筑的形制及藻饰 [J]. 上海大学学报（社会科学版），2014(05).

[7] 张朋川 . 沈周在文人画史上的地位 [J]. 中国书画，2016(10).

[8] 李砚祖 . 环境艺术设计 : 一种生活的艺术观——明清环境艺术设计与陈设思想简论 [J]. 文艺研究，1998(06).

[9] 曹林娣 . 中华文化的 “ 博物志 ”——略论苏州园林建筑装饰图案 [J]. 苏州大学学报（哲学社会科学版），2007(07).

[10] 纪立芳 . 清代苏南民居彩画研究 [J]. 华中建筑，2011(04).

[11] 杨廷宝 . 中国古代建筑的艺术传统 [J]. 东南大学学报（自然科学版），1982(03)

[12] 苑洪琪 . 清代皇帝的苏州情结 [J]. 紫禁城，2014(04).

[13] 张朋川 . 中国古代山水画构图模式的发展演变 [J]. 南京艺术学院学报 (美术与设计版)，2008(02).

[14] 赵山林 . 戏曲生态学：古代戏曲研究的新视角 [J]. 常州工学院学报（社科版），2006(04).

[15] 胡德生 . 一件雍正元年制造的漆箱蕴含的祥瑞思想 [J]. 紫禁城，2013(03).

[16] 胡德生 . 清代家具装饰纹样 [J]. 故宫博物院院刊，1995(04).

[17] 潘鲁生 . 传统汉字图形装饰 [J]. 文艺研究，2006(08).

[18] 朱孝岳 .《长物志》与明式家具 [J]. 家具，2010(04).

[19] 朱家 . 雍正年的家具制造考 [J]. 故宫博物院院刊，1985(03).

[20] 刘亦师 . 殖民主义与中国近代建筑史研究的新范式 [J]. 建筑学报，2013(09).

[21] 过伟敏 . 近代江苏南通与镇江两地 “ 中西合璧 ” 建筑的比较 [J]. 湖北民族学院学

报（哲学社会科学版），2015(01).

[22] 程日同 . 由守雅持正到雅俗相济——文徵明诗画融通过程中的文艺“俗”化路径 [J]. 河北学刊，2013(11).

[23] 肖鹰 . 化雅人俗：明代美学的终结之路 [J]. 学术月刊，2013(06).

[24] 肖鹰 . 明代美学的历史语境 [J]. 辽宁大学学报 (哲学社会科学版)，2013(04).

[25] 李世英 . 论清代初期尚情崇雅的戏曲艺术思想 [J]. 戏曲艺术，2013(02).

[26] 郑曦阳 . 苏州西山仁本堂建筑雕饰艺术的文化特性分析 [J]. 艺术百家，2008(02).

[27] 陈健毛 .“岁朝图”与清中后期江南地区的雅俗观 [J]. 苏州教育学院学报，2007(02).

[28] 章立，章海君 . 无锡近代工业建筑的保护和再利用 [J]. 2006 年中国近代建筑史国际研讨会，2006.

[29] 刘先觉，王昕 . 无锡运河地区近代工业建筑的形成 [J]. 2006 年中国近代建筑史国际研讨会，2006。

[30] 邓庆坦，辛同升，赵鹏飞 . 中国近代建筑史起始期考辨——20 世纪初清末政治变革与建筑体系整体变迁 [J]. 天津大学学报 (社会科学版)，2010(02).

[31] 何建中 . 东山明代住宅小木作 [J]. 古建园林技术，1993(01).

[32] 何建中 . 东山明代住宅大木作 [J]. 古建园林技术，1992(04).

[33] 郑丽虹 . 苏州东山古民居建筑装饰研究 [J]. 民族艺术，2009(03).

[34] 张朋川 . 中国古代花鸟画构图模式的发展演变 [J]. 南京艺术学院学报 (美术与设计版)，2008(08).

[35] 蒲震元 . 一种东方超象审美理论 [J]. 文艺研究，1992(01).

[36] 支运波 . 意境的无竟之源与诗学转换 [J]. 云南师范大学学报（哲学社会科版），2015(05).

[37] 邵方 . 儒家思想与礼乐文明 [J]. 政法论坛，2016(11).

[38] 刘士林 . 江南城市与诗性文化 [J]. 江西社会科学，2007(10).

[39] 严克勤 . 几案一局　闲远之思——明清家具的文人情趣（上）[J]. 艺术品鉴，2014(03).

[40] 刘毅娟，刘晓明 . 论明代吴门画派作品中的苏州文人园林文化 [J]. 风景园林，2014(03).

[41] 彭建华 . 中国画论中的“雅”“俗”之变 [J]. 美术观察，2008(10).

[42] 吴甲丰 . 临摹 · 译解 · 演奏——略论“传移模写”的衍变 [J]. 中国文化 . 1990(01).

[43] 王明辉．诗境的开创与抵达 [J]. 上海大学学报（社会科学版），2015(04).
[44] 张朋川．明清书画“中堂”样式的缘起 [J]. 中国书画，2006(05).
[45] 刘士林．江南都市文化的“文化理论”与“解释框架”[J]. 江苏社会科学，2006(04).
[46] 赵林平．晚明坊刻戏曲研究 [D]. 扬州大学，2014.
[47] 姜娓娓．建筑装饰与社会文化环境 [D]. 清华大学，2004.
[48] 刘俊．晚清以来长江三角洲地区空间结构演变过程及机理研究 [D]. 南京：南京师范大学，2009.
[49] 毛兵．中国传统建筑空间修辞研究 [D]. 西安建筑科技大学，2008.
[50] 郑丽虹．明代中晚期“苏式”工艺美术研究 [D]. 苏州大学，2008.
[51] 杨晓辉．明末清初艺术观念嬗变研究 [D]. 东南大学，2015.
[52] 陈国华．明清社会变迁对戏剧文化的影响研究 [D]. 厦门大学，2008.
[53] 申明秀．明清世情小说雅俗流变及地域性研究 [D]. 复旦大学，2012.
[54] 胡瑜．清代常州剧坛研究 [D]. 南京师范大学，2013.
[55] 仲兆宏．晚清常州宗族与社会事业 [D]. 苏州大学，2010.
[56] 孟琳．“香山帮”研究 [D]. 苏州大学，2013.
[57] 刘月．中西建筑美学比较研究 [D]. 复旦大学，2004.
[58] 藤森照信．外廊样式——中国近代建筑的原点 [C]. 第四次中国近代建筑史研究讨论会论文集，1993.
[59] 朱永春．传统民居的意境构成及现代意义 [C]. 无锡：第 13 届中国民居学术会议暨无锡传统建筑发展国际学术研讨会，2004.

后 记

本书是在我的博士论文基础上，经过长时间再次思考修订而成的，在本书将要付梓之际，内心颇有感触。首先要感谢我的导师过伟敏教授，感谢导师让我接触到这个充满艺术魅力和深刻文化内涵的研究课题。在研究过程中，导师言传身教，以深厚的学术素养以及严谨的治学态度一直激励和鞭策着我，为我树立了治学和为师的榜样，使自己不敢有些许怠慢。

在研究过程中，还得到张凌浩教授、辛向阳教授、顾平教授、王强教授、过宏雷教授、魏洁教授等人的悉心指导和无私帮助，令我受益匪浅，特此感谢。朱文涛副教授、刘佳副教授、陈原川副教授在文本写作、田野调查、典型样本测绘等环节中，都无私地对我传授经验、给予建议，对他们内心充满感激之情。同时还要衷心感谢我的诸多亲友们，是他们的真诚鼓励和帮助，使我始终觉得世界是如此美好和温暖。

在博士研究过程中，我和我的学生们先后近 30 次到实地进行田野调查，并根据实际调研和参考文献，整理绘制了 400 余份典型样本，为研究的顺利展开获取了大量珍贵的一手资料。感谢和我一起辛苦田野调查、测绘、图例整理的同学们，他们是刘桂铭、赵紫薇、周艳婷、潘莹仪、孙侨、瞿洁云、王辰、徐子雯、潘晓敏等同学，恕我不能一一列出，他们的辛勤付出使论文的基础资料得以顺利、全面收集，特此感谢。在基础资料收集过程中，还得到了苏州、无锡、常州相关研究机构和地方志馆、史志馆的支持和帮助，为研究无私提供了许多宝贵资料，特此感谢。本书参考并引用了诸多国内外学者的研究成果，不能一一列出，特此感谢。感谢中国建筑工业出版社以及本书责任编辑贺伟老师、吴绫老师、李东禧老师，他们对工作追求卓越的态度和精神，使本书得以顺利及时完成。

最后，要感谢我的家人，他们一直给予我精神和行动上的无私关爱与支持，使我能够全身心地投入到研究中，使本项研究得以顺利完成。

本书的研究内容对于本人而言，具有一定的挑战性，尽管在过去几年的研究期间始终兢兢业业、孜孜以求，内心不敢有半点怠慢，但终因个人的学识和精力所限，难免出现不足与错误之处，还望各位专家不吝赐教。

崔华春

2017 年 12 月于江南大学设计学院